高齢者用食品の開発と展望

Prospects and Development of the Food for The Elderly

《普及版／Popular Edition》

監修 大越ひろ，渡邊　昌，白澤卓二

シーエムシー出版

はじめに

　平成23年度の高齢社会白書によると，日本の65歳以上の高齢者人口は過去最高の2,958万人となり，総人口に占める割合（高齢化率）も23.1％となっている。高齢者人口が20％を越えた社会は超高齢社会と定義されるので，日本はまさに超高齢社会である。この超高齢社会において，誰でもが，健康で生き生きと生活できる長寿社会が実現できれば幸せなことではあるが，現実には年齢と共に，身体機能は衰えてくる。身体機能が低下した高齢者にとって，おいしく，しかも安全な食品開発とはどのようなものなのであろうか。

　日本の死亡率を厚生労働省の統計でみると，肺炎はここ10数年来死亡原因の第4位を占めている。これを年齢別に見ると，約90％の人が65歳以上の高齢者であり，この高齢者が罹患する肺炎の多くは誤嚥性肺炎といわれている。また，窒息による事故も高齢者の比率が高くなっている。これらの要因は加齢による身体機能の低下といえる。人は身体機能が低下してくると，義歯などの影響で，まず咀嚼機能が低下してくるため，硬いものは食べにくくなる。さらには，脳血管疾患や様々な要因で摂食・嚥下機能も低下してくるので，食べ物を唾液と混ぜ合わせて食塊とすることや，嚥下すなわち，飲み込むことも困難になってくる。高齢者でも健康であれば，若年者と同じような食事が楽しめるので問題は生じないが，どんな人でも，加齢とともに身体機能は確実に低下してくるのである。このような状況から考えると，健全な長寿社会に向けての食品開発の取り組みとしては，「安全性とおいしさ」が考慮された，食べやすい食品の開発に期待したいところである。

　そこで本書では，第1章で「高齢者の身体的特徴の変化」について，順天堂大学教授の白澤卓二先生に監修いただき，第2章では，介護予防という視点から，「疾病予防食品の開発」について，㈳生命科学振興会理事長の渡邊　昌先生に監修をお願いし，これらの分野に造詣の深い研究者に執筆をいただいた。さらに，第3～6章までは，実際に高齢者用食品の開発に関わっている方々を中心に具体的な事例を含め，執筆をお願いした。最後に第7章として，病院や施設などで，高齢者の栄養管理や食介護に関わっている方々にお願いし，高齢者の食事の問題点について執筆していただいた。

　本書が高齢者用食品の開発に関わる研究者や，食品業界の方々に利用していただき，長寿社会に向けた高齢者用食品開発に活用していただければ幸いである。

2012年7月

日本女子大学　大越ひろ

普及版の刊行にあたって

本書は2012年に『高齢者用食品の開発と展望』として刊行されました。普及版の刊行にあたり、内容は当時のままであり加筆・訂正などの手は加えておりませんので、ご了承ください。

2019年5月

シーエムシー出版　編集部

監　修

大越 ひろ	日本女子大学　家政学部　食物学科　教授
渡邊　　昌	㈳生命科学振興会　理事長
白澤 卓二	順天堂大学大学院　医学研究科　加齢制御医学講座　教授

執筆者一覧（執筆順）

南野　　徹	千葉大学大学院　医学研究院　循環病態医科学　講師
齋藤 義正	慶應義塾大学　薬学部　薬物治療学　准教授
齋藤 英胤	慶應義塾大学　薬学部　薬物治療学，医学部　消化器内科　教授
廣川 勝昱	㈱健康ライフサイエンス　代表取締役，東京医科歯科大学　名誉教授
細井 孝之	㈳国立長寿医療研究センター　臨床研究推進部　部長
藤本 千里	東京都立神経病院　神経耳科　医師
山岨 達也	東京大学　医学部　耳鼻咽喉科学教室　教授
河合 崇行	㈳農業・食品産業技術総合研究機構　食品総合研究所　食品機能研究領域　食認知科学ユニット　主任研究員
関根 誠史	日清オイリオグループ㈱　中央研究所
野坂 直久	日清オイリオグループ㈱　食用油技術部　主管
宮坂 清昭	三井製糖㈱　商品開発部
岩部 美紀	東京大学大学院　医学系研究科　糖尿病・代謝内科　分子創薬・代謝制御科学講座　特任助教
山内 敏正	東京大学大学院　医学系研究科　糖尿病・代謝内科　講師
門脇　　孝	東京大学大学院　医学系研究科　糖尿病・代謝内科　教授
橋本 道男	島根大学　医学部　生理学講座環境生理学　准教授
大野 美穂	社会医療法人 仁寿会　加藤病院診療部　栄養科　管理栄養士
加藤 節司	社会医療法人 仁寿会　加藤病院　理事長，病院長
渡部 睦人	東京農工大学　農学部附属硬蛋白質利用研究施設　研究員
上原 一貴	東京農工大学　農学部附属硬蛋白質利用研究施設

野村 義宏	東京農工大学 農学部附属硬蛋白質利用研究施設 准教授
江口 文陽	東京農業大学 地域環境科学部 森林総合科学科 林産化学研究室 教授
大野 尚仁	東京薬科大学 薬学部 免疫学教室 教授
別府 茂	ホリカフーズ㈱ 取締役執行役員
南野 昌信	㈱ヤクルト本社 中央研究所 基礎研究一部 理事
志田 寛	㈱ヤクルト本社 中央研究所 基礎研究一部 免疫制御研究室 主任研究員
大越 ひろ	日本女子大学 家政学部 食物学科 教授
藤崎 享	日本介護食品協議会 事務局長
伊藤 裕子	キユーピー㈱ 研究所 健康機能R&Dセンター 介護食チームリーダー
中村 彩子	三菱商事フードテック㈱ 多糖類部
海野 弘之	㈱明治 健康栄養ユニット 栄養事業本部 メディカル栄養事業部 開発グループ
外山 義雄	㈱明治 研究本部 食品開発研究所 栄養食品開発研究部
坂本 宏司	広島県立総合技術研究所 食品工業技術センター 次長, 技術支援部長
伊東 繁	沖縄工業高等専門学校 校長
髙木 和行	みづほ工業㈱ 常務取締役
立石 佳彰	㈱T.M.Lとよはし 常務取締役
庄林 愛	㈱タカキヘルスケアフーズ 取締役
金 娟廷	㈶にいがた産業創造機構 高圧プロジェクトチーム 研究員, 新潟大学 農学部 外国人客員研究員

庵原　啓　司	㈱マルハニチロホールディングス　中央研究所　第一研究グループ　副主管研究員	
佐　藤　　　薫	雪印メグミルク㈱　ミルクサイエンス研究所　主幹	
河　野　光　登	不二製油㈱　つくば研究開発センター　フードサイエンス研究所　主席研究員	
小　泉　聖　子	新田ゼラチン㈱　ペプチド開発部	
土　屋　大　輔	新田ゼラチン㈱　開発部　アプリケーション・ラボ	
井　上　直　樹	新田ゼラチン㈱　ペプチド開発部	
杉　原　富　人	新田ゼラチン㈱　ペプチド開発部　マネージャー	
岡　崎　智　一	松谷化学工業㈱　研究所　第二部　3グループ　グループリーダー	
見　孝　博	三栄源エフ・エフ・アイ㈱　第一事業部　次長	
石　谷　孝　佑	一般社団法人　日本食品包装協会　理事長	
小　野　松太郎	藤森工業㈱　研究所　パッケージ開発グループ　主任	
大　山　　　彰	㈱細川洋行　営業事業部　取締役副事業部長	
大須賀　　　弘	一般社団法人　日本食品包装協会　顧問	
若　林　秀　隆	横浜市立大学附属市民総合医療センター　リハビリテーション科　助教	
饗　場　直　美	神奈川工科大学　応用バイオ科学部　栄養生命科学科　教授	
増　田　邦　子	社会福祉法人母子育成会　特別養護老人ホームしゃんぐりら　栄養係　係長	
品　川　喜代美	シダックス㈱　総合研究所　管理栄養士	
房　　　晴　美	医療法人ラポール会　青山第二病院　栄養科　管理栄養士	

執筆者の所属表記は、2012年当時のものを使用しております。

目　　次

第1章　高齢者の身体的特徴の変化

1　加齢と循環器系の変化
　　………………南野　徹　…　1
　1.1　はじめに ……………………… 1
　1.2　加齢による血管機能・構造変化 … 1
　1.3　加齢にともなう血管機能障害に関与する分子 ……………………… 3
　1.4　血管細胞の老化 ……………… 4
　1.5　加齢に伴う心臓の機能・構造変化とその機序 ……………………… 5
　1.6　おわりに ……………………… 6

2　加齢と消化器系の変化
　　………齋藤義正, 齋藤英胤　…　7
　2.1　加齢と嚥下能 ………………… 7
　2.2　加齢と萎縮性胃炎, 酸関連疾患 … 8
　2.3　加齢と下部消化管疾患 ……… 8
　2.4　過食・アルコール摂取・脂肪食と肝胆膵疾患 …………………… 10
　2.5　加齢に伴うDNAメチル化異常と発癌 ……………………………… 11
　2.6　エピジェネティクスとアンチエイジング ……………………………… 12

3　加齢と免疫系の変化　…　廣川勝昱　…　13
　3.1　はじめに ……………………… 13
　3.2　免疫系の機能不全がかかわる疾患 … 14
　3.3　免疫機能の低下要因 ………… 16
　3.4　免疫力の低下やバランスを定量的に判定する方法 ……………………… 17
　3.5　免疫力の回復方法の判定について … 20
　3.6　おわりに ……………………… 21

4　骨粗鬆症　………………細井孝之　…　23
　4.1　骨粗鬆症の概念と分類 ……… 23
　4.2　骨粗鬆症の病態 ……………… 24
　4.3　骨粗鬆症の診断 ……………… 25
　4.4　骨粗鬆症関連の血液・尿検査について ……………………………… 26
　4.5　骨粗鬆症の治療 ……………… 27
　4.6　高齢者における転倒・転落予防の重要性 ……………………………… 28

5　加齢と味覚・嗜好変化（味覚低下）
　　………………藤本千里, 山岨達也　…　29
　5.1　はじめに ……………………… 29
　5.2　味覚伝導路の概要 …………… 29
　5.3　味覚閾値の加齢変化 ………… 31
　5.4　味覚の加齢変化の原因 ……… 32

第2章　疫病予防食品の開発

1　高血圧予防食品素材と加工食品開発
　　……………………………………… 34
　1.1　減塩　………………河合崇行　…　34
　　1.1.1　高齢高血圧発症のメカニズム … 34
　　1.1.2　減塩と高血圧予防 ………… 35

1.1.3	塩味代替物・塩味増強物質の探索 …… 35		けるアディポカインの関与 … 52
1.1.4	おいしさを損なわない減塩商品の開発 …… 36	2.2.3	アディポネクチン/アディポネクチン受容体の生理的・病態生理的意義 …… 52
1.1.5	減塩醤油，減塩味噌 …… 36	2.2.4	アディポネクチン受容体 AdipoR アゴニスト開発の試み … 53
1.1.6	海産物ペプチドを利用した減塩 …… 37	2.2.5	おわりに …… 54
1.1.7	メイラード反応生成物を利用した減塩 …… 37	3	アルツハイマー病予防食品素材と加工食品の開発－ω3系脂肪酸
1.1.8	香辛料・ハーブを利用した減塩 …… 38		… **橋本道男，大野美穂，加藤節司** … 56
1.1.9	酢を利用した減塩 …… 38	3.1	はじめに …… 56
1.1.10	匂いによる塩味増強 …… 39	3.2	アルツハイマー病とω3系脂肪酸 … 56
1.2	α-リノレン酸の血圧上昇抑制効果 …… **関根誠史，野坂直久** … 41	3.3	ADの予防効果とω3系脂肪酸，とくにDHA …… 59
1.2.1	高血圧と脂質 …… 41	3.4	食品素材としてのω3系脂肪酸 …… 60
1.2.2	ALAの血圧上昇抑制効果 …… 42	3.5	アルツハイマー病予防ω3系脂肪酸強化食品の開発の留意点 …… 62
1.2.3	ALAの血圧上昇抑制メカニズム …… 44	3.6	おわりに …… 64
1.2.4	おわりに …… 44	4	骨質強化のための食品素材と加工食品の開発
2	糖尿病予防食品素材と加工食品の開発 …… 46		… **渡部睦人，上原一貴，野村義宏** … 66
2.1	低GI—イソマルチュロース（パラチノース®）— …… **宮坂清昭** … 46	4.1	骨質強化とは …… 66
2.1.1	緒言 …… 46	4.2	骨質強化のための食品素材 …… 66
2.1.2	GI …… 46	4.3	機能性食品素材としてのサメ …… 67
2.1.3	イソマルチュロース …… 47	4.4	加工食品の開発例 …… 69
2.1.4	おわりに …… 51	4.5	高齢者用食品について考える－現場に学ぶ－ …… 70
2.2	オスモチン …… **岩部美紀，山内敏正，門脇 孝** … 52	5	免疫強化のための食品素材と加工食品の開発 …… 72
2.2.1	はじめに …… 52	5.1	きのこ …… **江口文陽** … 72
2.2.2	肥満によるインスリン抵抗性にお	5.1.1	アトピー性皮膚炎に対する効果 …… 75

5.1.2　自己免疫病気の現況と治療 … 76
　5.2　β-グルカン ……… **大野尚仁** … 79
　　5.2.1　はじめに ……………………… 79
　　5.2.2　βグルカンの調製法と構造の特徴
　　　　　……………………………… 79
　　5.2.3　免疫系によるβグルカンの認識と
　　　　　活性化機構の特徴 ………… 80
　　5.2.4　粘膜免疫系の活性化 ……… 83
　　5.2.5　個人差と系統差の特徴 …… 84
　　5.2.6　安全性とリスク …………… 84
　　5.2.7　まとめ ……………………… 85
6　栄養強化食品 ………… **別府　茂** … 87
　6.1　高齢者と低栄養 …………………… 87
　6.2　予防と改善に必要な栄養素 ……… 87
　6.3　栄養強化食品 ……………………… 89
　6.4　法律 ………………………………… 92
　6.5　病院・高齢者施設と在宅 ………… 92
　6.6　災害と要援護者の栄養 …………… 93
7　腸管免疫のための食品素材と加工食品の
　　開発 ……… **南野昌信，志田　寛** … 94
　7.1　はじめに …………………………… 94
　7.2　腸管免疫の特性 …………………… 94
　7.3　腸管免疫に影響を及ぼす食品素材
　　　　………………………………… 95
　7.4　おわりに …………………………… 100

第3章　介護食品の開発

1　介護食品とは ………… **大越ひろ** … 101
　1.1　はじめに …………………………… 101
　1.2　介護食の開発 ……………………… 101
　1.3　介護食の条件 ……………………… 101
　1.4　介護食から介護食品へ …………… 102
　1.5　介護食品 …………………………… 102
　1.6　市販介護食品の種類 ……………… 103
2　介護食品に求められる物性機能
　　……………………… **大越ひろ** … 105
　2.1　えん下困難者用食品の基準 ……… 105
　2.2　段階的な食事の物性機能とは …… 106
　2.3　物性基準の意味 …………………… 106
　2.4　段階的な食事の統一基準への模索
　　　　………………………………… 107
3　物性規格（ユニバーサルデザインフード）
　　……………………… **藤崎　享** … 109
　3.1　はじめに …………………………… 109
　3.2　日本介護食品協議会の設立と介護食品
　　　の区分について …………………… 109
　3.3　ユニバーサルデザインフードの定義と
　　　区分 ………………………………… 110
　3.4　とろみ調整食品のとろみ表現に関する
　　　自主基準 …………………………… 110
　3.5　おわりに …………………………… 112
4　レトルト食品 ………… **伊藤裕子** … 115
　4.1　レトルト食品の概要 ……………… 115
　4.2　レトルト食品の市場状況 ………… 116
　4.3　レトルト食品の特長 ……………… 116
　4.4　レトルト食品の課題 ……………… 118
　4.5　市販レトルト食品 ………………… 118
　4.6　レトルト食品の今後の展望 ……… 120
5　とろみ調整食品 ……… **伊藤裕子** … 122
　5.1　はじめに …………………………… 122
　5.2　とろみ調整食品の市場状況 ……… 122

5.3 とろみ調整食品の必要性 …… 122	8.1 総合栄養食品とは …………… 139
5.4 とろみ調整食品の特徴 ……… 123	8.2 総合栄養食品制度の概要 …… 140
5.5 市販とろみ調整食品 ………… 124	8.3 総合栄養食品の現状と課題 … 140
5.6 とろみ調整食品の今後の展望 … 125	8.4 総合栄養食品の将来 ………… 142
6 ゼリー状食品 …… **伊藤裕子** … 127	8.5 介護食と総合栄養食品 ……… 145
6.1 はじめに …………………… 127	9 栄養機能食品
6.2 ゼリー状食品の市場状況 …… 127	…… **海野弘之,外山義雄** … 146
6.3 ゼリー状食品の必要性 ……… 128	9.1 栄養機能食品とは …………… 146
6.4 ゼリー状食品の特長と市販商品 … 128	9.2 わが国の健康や栄養に関わる表示制度の歴史的背景 …………… 147
6.5 ゼリー状食品の課題 ………… 132	9.3 栄養機能表示制度の概要 …… 147
7 冷凍食品 ………… **中村彩子** … 133	9.4 介護食と栄養機能食品 ……… 150
7.1 介護食における冷凍食品の意義 … 133	9.5 栄養機能食品化を進める亜鉛・銅の需要 ………………………… 150
7.2 介護食における冷凍食品の種類 … 133	9.6 介護食における栄養機能食品の課題 ………………………… 151
7.3 冷凍介護食の開発 …………… 135	
7.4 おわりに …………………… 138	
8 総合栄養食品 …… **海野弘之,外山義雄** … 139	

第4章 高齢者用食品開発のための新しい製造技術

1 凍結含浸法による高齢者・介護用食品製造技術 …………… **坂本宏司** … 152	2.3 農産物への衝撃波適用による加工 … 162
1.1 凍結含浸法とは ……………… 152	2.4 衝撃波処理装置 ……………… 164
1.2 凍結含浸法を利用した高齢者・介護用食品の開発 …………… 153	2.5 まとめ ………………………… 165
1.3 真空包装機を利用した凍結含浸法 … 157	3 食品のナノ化技術 …… **髙木和行** … 166
1.4 安全性評価のための臨床試験と新規嚥下造影検査食の開発 ……… 158	3.1 はじめに ……………………… 166
	3.2 ナノ化について ……………… 166
1.5 おわりに …………………… 158	3.3 ナノエマルションについて …… 167
2 衝撃波を利用した食品製造技術 …… **伊東 繁** … 160	3.4 脂肪乳剤 ……………………… 171
	3.5 食品における高圧ホモジナイザーの利用 ……………………… 172
2.1 はじめに …………………… 160	3.6 リポソーム(ナノカプセル) … 172
2.2 衝撃波とは ………………… 160	3.7 高圧ホモジナイザーによるその他の例 …………………………… 173

3.8 食品分野での高圧ホモジナイザーに期待される効果 …………… 174
3.9 おわりに …………… 174
4 低温スチーム加工技術
　　…………… **立石佳彰** …… 176
4.1 はじめに …………… 176
4.2 低温スチーム加工技術の原理 …… 176
4.3 低温スチーム加熱処理素材のペースト化技術 …………… 177
4.4 実験 …………… 177
4.5 特定給食施設加熱冷却調理工程別例集 …………… 182
4.6 低温スチーム調理法の課題と今後 …… 184
4.7 まとめ …………… 185
5 高齢者向けパンの製造技術
　　…………… **庄林　愛** …… 187
5.1 はじめに …………… 187
5.2 高齢者の摂食機能低下とパンの物性 …………… 187
5.3 高齢者のパンの摂取状況 …………… 188
5.4 高齢者向けパンの開発状況 …………… 188
5.5 高齢者向けパンの製造技術 …………… 189
5.6 高齢者向けパンの安全性評価 …………… 190
5.7 おわりに …………… 192
6 畜肉加工技術
　　…………… **別府　茂, 金　娟廷** …… 194
6.1 はじめに …………… 194
6.2 肉の構造 …………… 194
6.3 畜肉と肉の硬さ …………… 195
6.4 軟化加工 …………… 195
6.5 介護食としての肉加工 …………… 197
6.6 展望 …………… 199
7 魚肉加工技術 …………… **庵原啓司** …… 201
7.1 はじめに …………… 201
7.2 新しい軟化魚肉の加工方法 …………… 202
7.3 軟化魚肉の加工事例 …………… 204
7.4 軟化魚肉"素材deソフト"の特徴 …… 204
7.5 おわりに …………… 206

第5章　高齢者向け食品素材

1 タンパク質 …………… 208
　1.1 乳タンパク質 …… **佐藤　薫** …… 208
　　1.1.1 骨の代謝機能維持に関わる乳塩基性タンパク質（MBP®） …… 208
　　1.1.2 カルシウムの吸収を促すカゼインホスホペプチド（CPP） …… 210
　　1.1.3 筋肉代謝・合成に関わるホエイタンパク質・ホエイペプチド …… 211
　　1.1.4 体内水分保持に有効な乳タンパク質 …………… 213
　1.2 大豆タンパク質 …… **河野光登** …… 216
　　1.2.1 はじめに …………… 216
　　1.2.2 大豆タンパク質の栄養価 …… 216
　　1.2.3 大豆タンパク質の生理機能（その1）－メタボ，脂質異常，高血糖の改善効果－ …………… 218
　　1.2.4 大豆タンパク質の生理機能（その2）－腎機能低下予防効果－ …………… 219
　　1.2.5 おわりに …………… 221

1.3 コラーゲンペプチド
　……………小泉聖子, 土屋大輔,
　　　　　井上直樹, 杉原富人 … 222
　1.3.1 はじめに ………………… 222
　1.3.2 コラーゲンペプチドの吸収について
　　　 ……………………………… 222
　1.3.3 コラペプPU摂取による褥瘡への
　　　 効果 ………………………… 223
　1.3.4 コラペプPUの創傷治癒促進メカニズム
　　　 ……………………………… 225
　1.3.5 コラペプPUの経腸栄養剤への応用
　　　 ……………………………… 226
　1.3.6 おわりに ………………… 227
2 脂肪（長鎖脂肪酸, 中鎖脂肪酸）
　……………野坂直久, 関根誠史 … 229
　2.1 はじめに ……………………… 229
　2.2 食品中の油脂の役割とゲル状油脂による物性変化
　　 ……………………………… 229
　2.3 中鎖脂肪酸の長期摂取による低栄養改善効果 ……………………… 230
　2.4 その他の機能性脂肪酸と高齢者 … 232
3 炭水化物 ……………岡崎智一 … 234
　3.1 はじめに ……………………… 234
　3.2 加工澱粉 ……………………… 234
　3.3 加工澱粉の高齢者食品への利用 … 236
　3.4 難消化性デキストリン ……… 238
　3.5 おわりに ……………………… 239
4 その他（増粘安定剤他）
　…………………………船見孝博 … 240
　4.1 はじめに ……………………… 240
　4.2 テクスチャーモディファイヤーとしての食品ハイドロコロイドの有用性 … 241
　4.3 高齢者用のゼリー状食品に使用されている食品ハイドロコロイド（テクスチャーデザインコンセプトによる新しい介護食ゼリーの開発）……… 243
　4.4 おわりに ……………………… 249

第6章　高齢者食品向け容器・包装技術

1 緒言 ……………石谷孝佑 … 251
2 高齢者向け食品の長期保存用容器包装と包装技術 ………小野松太郎 … 252
　2.1 はじめに ……………………… 252
　2.2 高齢者向け食品と包装形態 …… 253
　2.3 食品の長期保存のために …… 253
　2.4 長期保管のための包装容器と包装技術（流動食パウチ製品を具体例として）
　　 ……………………………… 255
　2.5 おわりに ……………………… 259
3 高齢者向け液体食品のスパウト付き包装容器の機能 …………大山　彰 … 260
4 高齢者食品の開封強さの考え方と易開封性・イージーピール … 大須賀　弘 … 265
　4.1 はじめに ……………………… 265
　4.2 開封性のJIS規格 ……………… 265
　4.3 バリアフリーとユニバーサルデザイン
　　 ……………………………… 267
　4.4 種々の易開封性の考え方 …… 267
　4.5 開封性の定量的評価の動向 … 269

第7章　高齢者福祉施設などにみる高齢者の食事と食介護の問題点

1　食介護とサルコペニア … **若林秀隆** … 272
　1.1　はじめに ………………………… 272
　1.2　サルコペニアとは ……………… 272
　1.3　食介護とサルコペニア ………… 275
　1.4　おわりに ………………………… 275
2　高齢者の栄養の問題点
　　　……………………… **饗場直美** … 277
　2.1　高齢者の栄養問題とその背景 …… 277
　2.2　高齢者施設における栄養管理 …… 278
　2.3　高齢者の摂食・嚥下状況の把握 … 279
　2.4　口から食べることの意味と難しさ … 280
　2.5　在宅高齢者への食の支援 ……… 281
3　介護老人福祉施設における高齢者の食事
　　と問題点 ……………… **増田邦子** … 282
　3.1　はじめに ………………………… 282
　3.2　介護老人福祉施設における食事と多職
　　　種の連携 ………………………… 282
　3.3　摂食機能にあわせた食形態の分類
　　　……………………………………… 283
　3.4　高齢者向き調整食の調理の工夫 … 285
　3.5　水分補給の工夫 ………………… 286
　3.6　おわりに ………………………… 286
4　委託給食企業から見た高齢者の食事の問
　　題点 ………………… **品川喜代美** … 288
　4.1　はじめに ………………………… 288
　4.2　委託給食において提供される高齢者の
　　　食事 ……………………………… 288
　4.3　委託給食企業から見た高齢者の食事の
　　　問題点 …………………………… 292
5　急性期病院における高齢者の食事と問題
　　点 ………………………… **房　晴美** … 294
　5.1　高齢者の病態の特徴 …………… 294
　5.2　高齢者の栄養管理 ……………… 295
　5.3　高齢患者の食事 ………………… 299
　5.4　おわりに ………………………… 302

第1章　高齢者の身体的特徴の変化

1　加齢と循環器系の変化

南野　徹*

1.1　はじめに

「ヒトは血管から老いる」といわれるように，加齢に伴う循環器系の変化は，ヒトの老化の一部といっても過言ではない。本稿では，加齢に伴う心血管系の構造・機能変化とその原因について概説する。

1.2　加齢による血管機能・構造変化

加齢による血管の老化は様々な心血管疾患の罹患率を増大させる。例えば，高血圧は加齢とともに増加し，65歳以上の高齢者では約60％が高血圧に罹患している。加齢とともに収縮期血圧は上昇し，拡張期血圧はむしろ低下する。その結果，脈圧の開大が著しくなる（図1）。高齢者

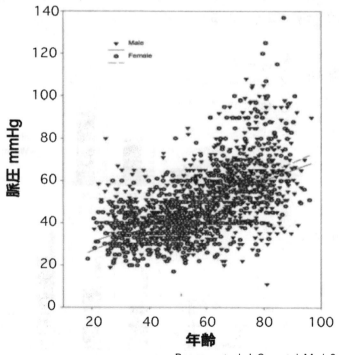

Pearson et al J Gerontol Med Sci 1997 より改変

図1　加齢に伴う脈圧の変化

＊　Tohru Minamino　千葉大学大学院　医学研究院　循環病態医科学　講師

における収縮期血圧の増大と脈圧の増大は，血管老化の主要な指標であり，重要な心血管疾患や脳卒中の危険因子である。冠動脈疾患や脳卒中の有病率や重症度は，加齢にともない増加する（図2）。剖検症例を検討した研究では，60歳以上の約半数が有意な冠動脈病変を有していたことが示されている。

　ヒトは加齢にともない典型的な血管の構造変化を示すようになる[1]。比較的大型の弾性型動脈において，動脈壁厚は増加するのに対し動脈径は徐々に拡張し，その結果内腔面積は増大する。加齢にともなう動脈壁厚の増加は主に内膜の肥厚によるものであることがわかっている。血管の硬さの指標として脈派速度が用いられるが，加齢にともなって有意に増加し，その増加は，動脈壁厚の増大だけでなく，老化にともなう血管細胞外基質の変化や動脈壁石灰化と，次に述べるような血管拡張能の低下によっても影響されていることが知られている。加齢にともなう血管の変化は，構造変化のみではなく，様々な機能異常を含んでいる。内皮依存性の血管拡張反応は，脈圧が増大しはじめる年齢において有意に低下していく（図3）。加齢にともない易血栓性が亢進し，心血管疾患や脳卒中の発症を増加させていると考えられているが，それには血液中の凝固系や血小板機能の異常だけではなく，抗血栓作用を含む内皮機能の障害も関与している。これらの老化にともなう血管の形態変化や機能変化は必ずしも動脈硬化が存在しない段階においても認められることから，血管の老化は，糖尿病や高脂血症など他の心血管危険因子と作用することによって，動脈硬化病変の進展に関与しているものと考えられる。

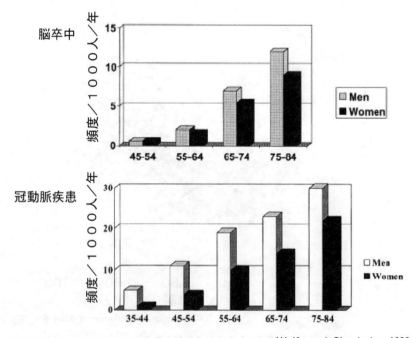

Wolf et al Circulation 1993 より改変

図2　加齢と動脈硬化性疾患

第1章　高齢者の身体的特徴の変化

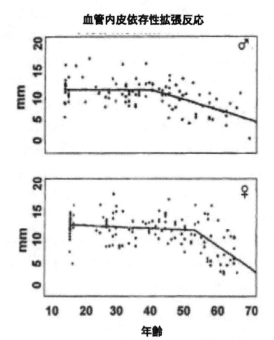

図3　加齢と血管内皮機能
Celermajer et al JACC 1994 より改変

1.3　加齢にともなう血管機能障害に関与する分子

　加齢にともなう血管機能障害に関与する分子に関する研究の多くは，動物モデルを用いて行われている[2〜4]。高齢者において認められるような血管壁の構造変化，すなわち動脈壁厚の増加や内腔の拡大は，老化した動物モデルにおいても観察される。老化によって局所の炎症性サイトカインや増殖因子，メタロプロテアーゼ，細胞間接着因子などの発現・活性が増加し，その結果，活性化した平滑筋細胞が中膜から遊走し内膜を形成する。血管傷害後の平滑筋細胞の遊走・増殖反応は加齢にともない増加するが，その機構としては，これらのサイトカイン・増殖因子発現亢進とそれらに対する平滑筋細胞の反応性の亢進，あるいは増殖阻止因子に対する反応性の低下，細胞外基質変化によるアンカーリング作用の低下が関与する。細胞外基質の変化としては，コラーゲン／エラスチン比の増大がみられ，老化にともなう血管コンプライアンスの低下に寄与する。血管の石灰化の分子機構についても検討されており，種々の因子により平滑筋細胞から骨・軟骨形成細胞へ分化しうることが示されている。加齢にともない内皮細胞におけるサイトカインや細胞間接着因子の発現は亢進し，炎症性細胞の接着を増加させ内膜の形成を促進する。内膜下に侵入する骨髄由来の細胞はマクロファージだけでなく平滑筋細胞にも分化し，内膜の形成に関与することが知られている。

　老化した動物モデルにおいても内皮依存性の血管拡張反応の低下は認められる。その主要な原因は，血管内皮細胞における一酸化窒素（NO）の産生の低下であると考えられている。NOは，血管拡張反応だけでなく，炎症性細胞の接着や抗血栓性作用，平滑筋細胞の遊走・増殖反応の抑

制にも関与している。その産生は内皮型NO合成酵素（eNOS）に依存しており，実際eNOSの発現は老化にともない減少すると考えられている。しかし，eNOSの発現変化については，加齢によって増加するという報告もある。その報告では，産生されたNOが，老化にともない増加したsuperoxideと反応する結果，peroxynitriteの形成が促進され，実際産生されるNO量は低下するというものである。さらに，peroxynitriteは抗酸化酵素の活性を低下させるため，いっそうsuperoxideの産生増加が促進される。老化にともなうsuperoxide産生の増加には，inducible NOSやNADPH oxidaseの活性増加，ミトコンドリアのcytochrome c oxidaseの活性低下が関与するという報告もある。これらに対してアンジオテンシンⅡやエンドセリンといった血管収縮分子の産生は，老化にともない増加することが知られている。特に局所のアンギオテンシンⅡ産生の増加による影響は，コラーゲン分泌の増加，炎症性サイトカインの発現亢進，酸化ストレスの増加，平滑筋細胞の増殖促進など多岐にわたり，その重要性が多くの研究で報告されている。また，血管におけるplasminogen activator inhibitor-1の発現は加齢にともない低下することが知られており，易血栓性の増加に寄与する。

1.4 血管細胞の老化

上述したように，加齢にともなって様々な分子の発現が変化し，血管の老化を促進していると考えられるが，老化がどのようにしてこのような変化をもたらすかについては全く知られていなかった。通常ヒト正常体細胞の分裂回数は有限であり，ある一定期間増殖後，細胞老化とよばれる分裂停止状態となる。その寿命は培養細胞のドナーの年齢に相関すること，また早老症候群患者より得られた細胞の寿命は有意に短いことも報告されていることから，細胞老化のヒトの個体老化に対する関与が示唆されてきた[5]。実際最近の検討では，冠動脈プラーク表面に老化した血管内皮細胞が認められるのに対し，内胸動脈など非動脈硬化巣では認められないことが明らかとなった（図4）[6]。また，進行した動脈硬化病変部位では老化平滑筋細胞を内膜に認めたが中膜では認めなかった[7]。これらの老化血管細胞では，eNOSの発現低下，炎症性分子の発現亢進など様々な血管機能障害の形質を示したことから，血管細胞老化の動脈硬化病態生理に対する関与

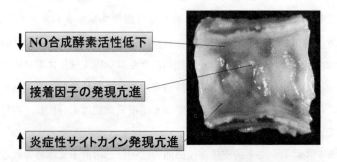

T Minamino et al Circulation 2002 より改変

図4　ヒト動脈硬化巣における血管老化細胞（濃染部）

が示唆されている[8]。

1.5 加齢に伴う心臓の機能・構造変化とその機序

　左室肥大や心不全，心房細動は，加齢とともに増加することが知られている（図5）[9]。左室肥大は，加齢に伴う高血圧や肥満といった要素によって，さらにその頻度は増加する。左室肥大は，心不全や冠動脈疾患，脳卒中に対して，高血圧などその他の危険因子と独立した危険因子であることもわかっている。加齢に伴う心不全の発症には，必ずしも左室収縮障害を伴わない。約半数の高齢心不全患者では，左室収縮障害ではなく拡張障害が認められることが知られている。心房細動は，高齢者において5-10％の頻度で認められる。心房細動は，心不全発症の原因となるばかりでなく，脳卒中のリスクを4倍程度まで増加させる。

　加齢に伴う心臓構造の変化には，心筋細胞の肥大や間質のコラーゲン量の増加，心筋細胞数の減少などが含まれる。その結果，心エコーでは左室壁厚の増加として認められる。これらの構造変化に伴って，左心室の拡張能は，加齢とともに低下し，心不全発症リスクを増大させる。一方，安静時の左室収縮機能は，高齢者でも比較的良く保たれているが，運動負荷時の左室収縮機能は，加齢に伴って障害される。その結果，一回拍出量を保つために，高齢者では運動負荷時の左室容積が，有意に増加している。

　交感神経系は，心拍数の増加や心収縮力の増強によって，心拍出量を増加させるように働く。高齢者では，このような交感神経系に対する反応性が低下していることが知られており，その原因として，アドレナリン受容体の感受性低下が挙げられる。このような反応性の低下は，運動時の心拍数増加や収縮能増強を障害し，加齢に伴う運動耐容能の低下の原因となっている。心拍数の「ばらつき」は，加齢に伴い低下するが，これは高齢者における自律神経系のバランスの障害が原因であると考えられている。このような障害は，高齢者における不整脈発症頻度の増加に繋がっている。心房細動の発症には，このような自律神経系のバランスの障害と，上述の心機能障

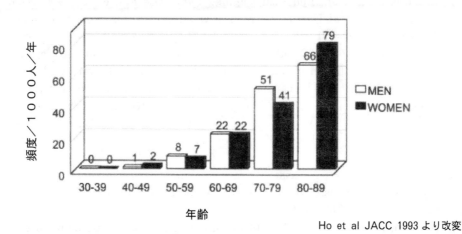

Ho et al JACC 1993 より改変

図5　加齢と心不全

害による心房径の拡大が原因となっている。

　動物モデルにおいても，ヒトと同様な加齢に伴う構造・機能変化が認められる。その原因としては，交感神経系やレニン・アンジオテンシン系などの関与の他，心筋細胞におけるカルシウム動態の変化などの関与が示されている。また，心筋細胞の遺伝子発現の変化によって形質転換がおこり，収縮機能などが低下することも示唆されている。また，加齢とともに，心臓内に存在する心筋幹・前駆細胞の老化が進み，老化した心筋細胞が増加するが，加齢に伴う心機能障害の発症に関与しているという報告もある[10]。

1.6　おわりに

　加齢に伴う心血管系の変化について概説した。これまでは，その表現系のみが研究されてきたが，最近では血管細胞や心筋細胞レベルの老化が，それぞれ血管老化や心老化に関与していることが明らかとなりつつある。今後さらにその老化のメカニズムの解明が進むことによって，新たな治療の開発に繋がっていくものと思われる。

文　　献

1) Lakatta, E.G., *et al.*, Arterial and cardiac aging: major shareholders in cardiovascular disease enterprises: Part I: aging arteries: a "set up" for vascular disease., *Circulation*, **107**, 139-146 (2003)
2) Lakatta, E.G. Arterial and cardiac aging: major shareholders in cardiovascular disease enterprises: Part III: cellular and molecular clues to heart and arterial aging., *Circulation*, **107**, 490-497 (2003)
3) Najjar, S.S., *et al.*, Arterial aging: is it an immutable cardiovascular risk factor?, *Hypertension*, **46**, 454-462 (2005)
4) Brandes, R.P., *et al.*, Endothelial aging., *Cardiovasc Res*, **66**, 286-294 (2005)
5) Faragher, R.G., *et al.* How might replicative senescence contribute to human ageing?, *Bioessays*, **20**, 985-991 (1998)
6) Minamino, T., *et al.*, Endothelial cell senescence in human atherosclerosis: role of telomere in endothelial dysfunction., *Circulation*, **105**, 1541-1544 (2002)
7) Minamino, T., *et al.*, Ras induces vascular smooth muscle cell senescence and inflammation in human atherosclerosis., *Circulation*, **108**, 2264-2269 (2003)
8) Minamino, T., *et al.*, Vascular aging: insights from studies on cellular senescence, stem cell aging, and progeroid syndromes., *Nat Clin Pract Cardiovasc Med*, **5**, 637-648 (2008)
9) Lakatta, E.G., *et al.*, Arterial and cardiac aging: major shareholders in cardiovascular disease enterprises: Part II: the aging heart in health: links to heart disease., *Circulation*, **107**, 346-354 (2003)
10) Anversa, P., *et al.*, Life and death of cardiac stem cells: a paradigm shift in cardiac biology., *Circulation*, **113**, 1451-1463 (2006)

2 加齢と消化器系の変化

齋藤義正[*1]，齋藤英胤[*2]

2.1 加齢と嚥下能
2.1.1 誤嚥性肺炎

日本では高齢化に伴い高齢者の肺炎が多く，現在では全死因の第4位で，高齢者の死因では第1位になった。高齢者肺炎で特に注目すべきは誤嚥性肺炎である。

誤嚥性肺炎は，加齢現象に伴う嚥下能低下のために口腔内に常在する病原体が唾液などの分泌物あるいは食物とともに気道内に侵入して発症する肺炎である。若い健康人でも何らかのタイミングで水分，食物などを誤嚥することはあるが，ほとんどの場合は咳嗽反射により気道外に排出される。ところが，高齢者になると反応性，反射の低下により気管内に留まってしまう。70歳以上では全肺炎症例の70％以上が誤嚥性肺炎と報告されている[1]。

食物が直接気管内に入る顕性誤嚥と，寝ている間などに口腔内分泌物が気道内に入る不顕性誤嚥に分類される。絶食で点滴管理していても誤嚥性肺炎が発症することを考えると不顕性誤嚥はこの種の肺炎の発生機序として重要である。高齢者では，健常でも夜間誤嚥するが，脳血管障害やパーキンソン病などの疾患が合併すると，嚥下筋の運動機能が低下し，夜間の不顕性誤嚥のリスクが増えることにより起こりやすくなる。

誤嚥性肺炎は反復することが多く，治療とともに予防が重要である。嚥下機能を評価するための嚥下機能検査や胃瘻栄養などの経管栄養が普及し，呼吸器病専門医ではなく，消化器病専門医が誤嚥性肺炎の治療や予防に携わることも多くなった。

2.1.2 嚥下機能検査

誤嚥性肺炎は，明らかな誤嚥の確認，または嚥下障害の存在と肺の炎症所見の確認によって診断される。明らかな誤嚥は嚥下機能検査により診断される。検査には，簡易スクリーニングテストと嚥下造影などがあり，スクリーニングの中では最も簡便かつ安全なテストとして反復唾液嚥下テストがある。

2.1.3 内視鏡的胃瘻造設術

嚥下機能が低下し栄養補給困難な場合や栄養状態の改善を期して，嚥下機能を改善させる有用な手段として経管栄養がある。中でも胃への水分，栄養の入り口として人工的に造られた口（瘻孔）を腹壁と胃内腔の間に内視鏡的に造設する内視鏡的胃瘻造設術（Percutaneous Endoscopic Gastrostomy, PEG）が活用されている。主な適応疾患は脳血管障害，認知症，神経疾患や口腔，咽頭，食道の癌などで，長期間あるいは永続的に経口摂取困難な場合の栄養補給ルート目的，および外科的治療が困難で長期間，減圧管の留置が必要な症例に対する減圧ドレナージ目的がある。

---

* 1　Yoshimasa Saito　慶應義塾大学　薬学部　薬物治療学　准教授
* 2　Hidetsugu Saito　慶應義塾大学　薬学部　薬物治療学，医学部　消化器内科　教授

医学的観点から PEG が一般化し件数が増加する一方，多くの症例で本人の同意取得なしに PEG 造設が行われている現状があり，倫理的課題をふまえた適応基準の再検討が必要である。

2.2 加齢と萎縮性胃炎，酸関連疾患

ピロリ菌の発見以前には，胃酸分泌機能は加齢とともに低下すると報告されてきたが，研究の大半が胃粘膜萎縮やピロリ菌感染の有無について考慮せずに行われてきた。酸分泌能は胃粘膜の萎縮，特に胃底腺領域や壁細胞数の減少に大きく左右され，最近の研究では胃粘膜萎縮は，ピロリ菌感染による慢性胃炎の結果生じることが強く示唆されている。したがって，加齢の胃酸分泌能への影響を明らかにするにはピロリ菌感染やその結果生じる胃粘膜萎縮の有無を考慮して再検討する必要がある。

これまでの報告では，萎縮のない正常な胃体部粘膜は，男性では加齢による酸分泌低下は認められず，女性では加齢とともに酸分泌の増加傾向が認められた[2]。Feldman らも同様に 206 人の健常者において，胃粘膜萎縮とピロリ菌感染を考慮して補正すると，加齢は酸分泌に影響しないと結論している[3]。すなわち，高齢者の胃粘膜萎縮およびそれに伴う低酸症も，加齢に伴う生理現象というよりピロリ菌感染症の結果である可能性がある。

近年，消化器領域においては高齢者に逆流性食道炎が多く認められる。また，高齢者の胃・十二指腸潰瘍は出血など合併症が多く，高齢者における酸関連疾患は日常臨床上重要な課題となっている。その治療・予防には酸分泌抑制薬が有効であるが，その病態を理解する上でも高齢者における酸分泌機能の特徴を明らかにする必要がある。

2.3 加齢と下部消化管疾患
2.3.1 大腸憩室疾患

食生活の欧米化に伴い，大腸癌とともに大腸憩室疾患はわが国でも増加しつつある。佐野らは注腸検査により発見された大腸憩室疾患 2239 例（男性 1289 例，女性 950 例，男女比は 1.3）を対象に大腸憩室疾患と加齢との関係について検討を行っている[4]。本疾患の頻度を年代別にみると加齢とともに上昇し，80 歳以上では 20.3％と高率である。病型別には右側型，両側型，左側型の順に多く，各病型の年代別頻度は右側型は 50 歳代，60 歳代に多く，左側型は加齢に伴って上昇し，80 歳以上で 9.6％と最高であった。年代毎の頻度をみても左側型の占める割合は加齢とともに増加し，80 歳以上の両側型大腸憩室の 83％が左側優位例であった。憩室個数をみると，加齢とともに 10 個以上の多発例が多くなり，特に 16 個以上の群発例は 80 歳以上の憩室・疾患例の 32％に認められた。合併症である憩室炎は 1.3％にみられ，憩室出血は 2.8％に認められた。年代別では 70 歳代で 3.7％，80 歳代で 10.5％と高齢者に憩室出血が多い。

大腸憩室疾患は従来から欧米に多くアジアでは少ないとされてきた。わが国でも以前は頻度の少ない疾患とされ 1960 年代までの報告では 1〜4％ぐらいであったが，最近都市部を中心に増加し，1970 年代には 4〜10％，1980 年以降は 10％を超える報告が多くなってきている。大腸憩

第1章 高齢者の身体的特徴の変化

室が加齢とともに増加することについては，多くの報告が一致する。大腸内圧という攻撃因子と大腸壁の抵抗性という防御因子との関係から，大腸内圧上昇により大腸壁の抵抗減弱部位が脱出して憩室ができると考えられるが，大腸壁は加齢とともに脆弱化し，特にS状結腸で著しいという報告がある。また，S状結腸は大腸のなかでも管径が小さいため，大腸内圧が高くなりやすいためという説もある。

2.3.2 便通異常

高齢者の便通異常には加齢に伴う消化管の形態的・機能的変化が関与している。また，高齢者では，大腸癌，偽膜性大腸炎，虚血性大腸炎などの器質的疾患が増えること，心理的要因，食事摂取内容の変化や不規則な生活習慣，水分摂取・運動不足などもあげられる。さらに，さまざまな慢性疾患の治療に服用している薬剤の影響も考える必要がある。これらの要因が複雑に関与して，若年者とは異なった高齢者に特徴的な便通異常を引き起こしている。

（1） 下痢

高齢者はホメオスターシス維持能力が低下し，下痢に伴って脱水や電解質の異常を起こしやすく，重篤な合併症を引き起こす場合がある。したがって下痢の原因疾患の治療もさることながら，補液や電解質の補正といった適切な対症治療が必要となる。高齢者のもう一つの特徴は，炎症性腸疾患や悪性腫瘍などの器質的疾患に由来する場合が多いことである。すなわち，若年者の下痢では対症的な治療を行いながら経過観察が可能なことも多いが，高齢者では最初から器質的疾患除外のため検査を考慮する必要がある。

下痢の分類としては発症機序や持続期間による分類（急性下痢・慢性下痢）などがある。高齢者の急性下痢の原因は非高齢者の場合とほぼ同じであり，細胞侵入型の細菌である赤痢，チフス，病原性大腸菌，キャンピロバクターや腸管内毒素産生型の細菌であるコレラ，ビブリオ，毒素原性大腸菌，そしてウイルスの腸管感染によって発症する。高齢者の急性下痢症としてさらに特徴的なものは，抗生物質投与中に起こる下痢症である。特に広域抗生物質を投与した場合に，腸内細菌叢の変化により Clostridium difficile の増殖が起こり，毒素産生によって起こる偽膜性大腸炎は高齢者に好発する。また，主に左側大腸粘膜の虚血のため下痢，血便，腹痛をもって発症する虚血性大腸炎も，高齢者に好発する下痢症の重要な疾患である。

高齢者慢性下痢の原因は，非高齢者の場合と大きな差異はない。また，抗癌剤，利胆剤，プロスタグランジン製剤（胃潰瘍の治療に用いられている），レセルピンやβブロッカーなどの降圧剤は慢性下痢を生じやすく，これらの薬剤の薬剤歴聴取は重要である。

下痢は単なる症状であり，その原因を明らかにし，それを治療すれば自然に消失する。電解質の補正や補液などの対症療法とともに原疾患に対する治療を行う。ただし，感染性下痢では止痢剤の投与により重症化を来すことがあるので，原則的に止痢剤の投与は行わない。

（2） 便秘

便秘は症候性，医原性，器質性，機能性便秘に分類できる。症候性便秘は，種々の原疾患に伴って出現するもので，糖尿病，アミロイドーシス，甲状腺機能低下症などの内分泌代謝疾患や脳血

管障害がその原疾患の主なものである。とくに糖尿病や脳血管障害は高齢者に高頻度に認められ，高齢者便秘の原因として重要である。

医原性便秘は，薬剤の副作用や過度の安静臥床によって起こる便秘で，高齢者に多い。薬物の中では，消化管の正常な蠕動運動を減弱する抗コリン剤，カルシウム拮抗剤，向精神・神経系薬剤，モルヒネなどが知られている。

器質性便秘は，腸管に器質性疾患があるために起こる便秘で，大腸癌をはじめとする悪性腫瘍や，虚血性腸炎の瘢痕狭窄が主な原因となる。このタイプの便秘が最も重篤で，便秘を訴える例では器質性便秘の鑑別をまず第一に考える。機能性便秘は，痙攣性と弛緩性に分けられ，痙攣性は過敏性腸症候群（irritable bowel syndrome, IBS）の一部に認められる。本症では，腸管の収縮運動を促進する副交感神経系の過緊張状態があると考えられ，大腸はspasticとなって内腔が狭くなるが，痙攣性便秘は腸管の蠕動運動が低下する高齢者では少ない。

一方，弛緩性便秘は高齢者に高頻度にみられる便秘である。病因は十分に明らかではないが，高齢，特に女性で多く，80歳以上の女性では半数以上にこのタイプの便秘がみられる。症状の多くは腹部膨満感であり，ひどくなると食欲不振や嘔気が出現する場合もある。排便回数は減少し，便は必ずしも硬いわけではなく，軟便が少量ずつ排泄されることが多い。

また高齢者では，直腸内に便が存在しても排便が起こらないdyschezia（排便困難症）もよくみられる。原因として，下剤や浣腸の乱用，排便我慢による直腸壁の閾値の低下や，直腸排便反射の神経経路の障害，腹腔内圧を効果的に上昇できないことがあげられる。

弛緩性便秘に対しては，生活指導食事指導，そして薬物療法が必要となる。生活指導は，日常の運動，排便後の腹部マッサージによる腸蠕動の亢進をすすめ，また下剤に依存しない習慣をつけるよう指導する。また，早朝の冷水や牛乳の摂取も排便の誘発に有効である。薬物療法には酸化マグネシウムが繁用される。下剤は作用緩徐なものを少量から，しかも間欠的に使用することが重要である。

2.4 過食・アルコール摂取・脂肪食と肝胆膵疾患

長期間の過食，過飲酒，脂肪食などは，食物の消化に携わる肝・胆・膵の疾患原因になることはよく知られている。脂肪肝，胆石，膵炎，そして糖尿病の発症リスクとなる。肝臓は，各種栄養素の貯蔵庫であり，過剰に摂取された栄養素は，いろいろな形で肝臓に蓄えられるが，多くは中性脂肪の形で肝臓内に蓄積される。

こうした食習慣は，中年男性に多く認められ高齢になるに従い次第に頻度は減少する。脂質異常症では，脂肪摂取が敬遠されがちであるが，肝臓に蓄積した脂肪を運び出し，脂肪を燃焼するためには，やはり脂質が必要となることが忘れられがちである。バランスの良い食生活を心がけるべきである。

2.5 加齢に伴うDNAメチル化異常と発癌

エピジェネティクスとは，遺伝子の塩基配列の変化，変異を伴わずに遺伝子発現を制御するクロマチン構造の変化であり，DNAメチル化やヒストン修飾などが代表的なものである。DNAメチル化とは，DNAの5'側からシトシン（C），グアニン（G）の順に並んだ2塩基配列（CpG）におけるシトシン5位炭素原子にメチル基が付加される反応で，DNAメチル化酵素によって触媒される（図1）。ヒトゲノムCpG配列の約60～90%がメチル化されている。一方で，多くの遺伝子のプロモーター領域にはCpGアイランドというCpG配列のクラスターが形成され，多くはメチル化されていない。一般に，転写が活発な遺伝子のプロモーター領域CpGアイランドはメチル化されていないが，メチル化を受けると転写抑制が生ずる。

近年，p16遺伝子やE-cadherin遺伝子をはじめとする癌抑制遺伝子のプロモーター領域が癌化過程で異常にメチル化され，転写が不活化される仕組みが考えられている（図2）。一般に加齢とともにゲノム全体のメチル化シトシン含量は低下する傾向にあるが，特定の遺伝子については加齢とともにメチル化が亢進することが報告されている。Issaらは約400症例における大腸粘膜組織において，加齢によってEstrogen-receptor（ER）遺伝子のメチル化レベルが上昇することを報告している[5]。加齢はDNAメチル化異常を惹起することが考えられるが，特定遺伝子のメチル化亢進の機序は不明な点が多く更なる研究が必要である。

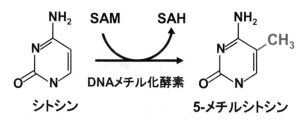

図1　DNAのメチル化
DNAメチル化酵素によってシトシンの5位の部位にメチル基が付加され5-メチルシトシンとなる。SAM：S-アデノシルメチオニン，SAH：S-アデノシルホモシステイン

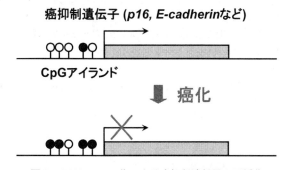

図2　DNAメチル化による癌抑制遺伝子の不活化
癌化の過程でCpGアイランドのメチル化によって癌抑制遺伝子の転写が不活化される。
●：メチル化CpG，○：非メチル化CpG

2.6 エピジェネティクスとアンチエイジング

　DNAメチル化などは通常可逆的であり，異常にメチル化されたとしても，食品や薬剤などによってメチル化レベルを通常状態に戻すことが可能と考えられている。これは遺伝子突然変異などの不可逆的ジェネティック変化とは決定的に異なる点であり，エピジェネティクスが疾患の治療や抗加齢治療の標的として大いに注目される理由である。実際，欧米を中心に癌に対するエピジェネティック治療が新たに開始されている[6]。米国ではDNAメチル化阻害薬が癌治療薬として承認され，臨床現場で効果をあげている。最近では日本でもヒストン脱アセチル化酵素阻害薬が認可された。また，食品によってもDNAメチル化レベルに影響を受けることが報告されている。メチル基のドナー（S-アデノシルメチオニン：SAM）を欠いた食事では，肝臓DNAの可逆的な低メチル化を誘発することが知られており，葉酸の摂取不足もSAMの低下を招き，DNAメチル化異常に繋がる可能性が指摘されている。

　加齢に伴う老化現象は，複数の遺伝子変化が複雑に関連しあって進むものと予想される。それらの遺伝子がエピジェネティクスによって制御されるのであれば，加齢に伴う遺伝子変化をDNAメチル化阻害薬などの薬剤や食品によって元の状態に戻せる可能性が考えられる。ただし，老化の鍵となる遺伝子の同定，薬剤や食品によるエピジェネティクス変化をそれらの遺伝子に特異的に作用させる仕組みなど，解明すべき課題は多い。

文　献

1) Teramoto S *et al*., High incidence of aspiration pneumonia in community- and hospital-acquired pneumonia in hospitalized patients: a multicenter, prospective study in Japan, *J. Am. Geriatr. Soc.*, **56**(3), 577 (2008)
2) Kekki M *et al*., Age- and sex-related behaviour of gastric acid secretion at the population level, *Scand. J. Gastroenterol*, **17**(6), 737 (1982)
3) Feldman M *et al*. Effects of aging and gastritis on gastric acid and pepsin secretion in humans: a prospective study, *Gastroenterology*, **110**(4), 1043 (1996)
4) 佐野正明ほか，大腸憩室疾患と加齢，*Therapeutic Research*, **12** Suppl.2, 353-357 (1991)
5) Issa JP., CpG-island methylation in aging and cancer, *Curr. Top. Microbiol. Immunol.*, **249**, 101-18 (2000)
6) Yoo CB., Jones PA., Epigenetic therapy of cancer: past, present and future, *Nat. Rev. Drug. Discov.*, **5**, 37-50 (2006)

3 加齢と免疫系の変化

廣川勝昱[*]

3.1 はじめに

　高齢者の免疫機能がどのくらいのレベルにあるかは，外見からでは判断し難い。肺炎などの感染症に罹って，初めて異常があるのに気付くのが普通である。免疫系は顆粒球やマクロファージからなる自然免疫系とリンパ球からなる獲得免疫系の2つの異なるシステムからなる。顆粒球系の数は感染のマーカーとなることもあり，必ず測定するが，リンパ球の数に注目することは少ない。しかし，加齢に伴った機能低下を起こすのは，後者のリンパ球からなる獲得免疫系である。従って，高齢者ではこのリンパ球数に注意を払う必要がある。

　自然免疫系は誕生直後から活動し始め，死ぬ間際まで機能するが，リンパ球からなる獲得免疫系は誕生直後には未熟状態にある。リンパ球は誕生後に環境にある病原体を含むいろいろな抗原物質にさらされ，刺激されることにより成熟し，有効な機能を獲得するので，獲得免疫系と呼ばれる。ただ自然に病原体に曝されるのを待っていたら間に合わないので，感染の可能性の高い細菌・ウイルスに対しては乳幼児を対象にワクチン接種が行われる。

　この獲得免疫系（以後免疫系と略称する）の機能は生後急速に発達し，思春期にはピークレベルに達するが，その後20歳を過ぎる頃から徐々に低下し始める。そして，40歳代でピーク時の50％となり，70歳代では10％前後にまで低下する人もいる[1〜3]（図1）。ただ，この免疫機能の

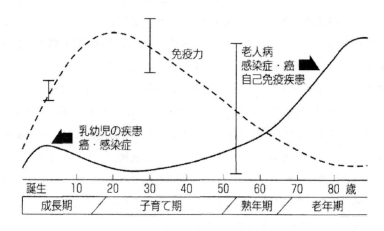

図1　加齢，免疫力，疾患

　加齢に伴う免疫力の変化（点線）。思春期にピークがあり，40歳代でピークの50％，70歳代で10％に減少する人もいる。しかし低下の程度は個人差が大きく，縦の棒はその年齢における個人差の幅を標準偏差で示した。年齢と共に個人差が大きくなる。実線は病気の頻度を示す。高齢者では感染症，がん，自己免疫疾患が増加する。

---

[*]　Katsuiku Hirokawa　㈱健康ライフサイエンス　代表取締役，東京医科歯科大学
　　名誉教授

低下の程度は個人差が大きく，若い人でも低い人もいれば，高齢者でも高い人もいる。

　免疫機能が20歳を過ぎると低下し始める第一の原因は早くから始まる胸腺萎縮による。胸腺機能の低下の始まりは小児期からみられるが，思春期には明瞭となる。免疫系を構成するリンパ球の主役はTリンパ球（T細胞）とBリンパ球（B細胞）からなる。T細胞は胸腺で作られ，全身のリンパ組織に配布される。しかし，思春期を過ぎる頃から，胸腺機能の低下が進行し，新しい機能の高いT細胞の供給が減少するために，20歳を過ぎる頃からT細胞系を中心に免疫系の機能低下が起こる。

　胸腺機能は視床下部・下垂体のコントロール下にある。それは，甲状腺・副腎・性腺などと似た位置にある。人の成長には下垂体から放出される成長ホルモンが欠かせないが，乳幼児期の高いレベルの成長ホルモンが，胸腺のT細胞を作る機能に必要である。性ホルモンの分泌が高まる思春期には，成長ホルモンのレベルも乳幼児期ほど高くなく，胸腺の機能低下が進行する。この胸腺機能の低下も個体の成長・発達・老化の過程の中にプログラムされていることであり，さらに付け加えれば，免疫機能の加齢に伴う低下もプログラムの中の一つの現象といえる。

　人の寿命は第二次世界大戦後に急速に伸びてきた。日本について言えば，1945年からの60年あまりで，30歳前後の伸びである。それは感染症で死ぬ人が激減したからである。免疫系の第一の役割は感染に対抗することである。しかし，歴史的にみると免疫系は感染に対しては劣勢であった。100年位前までペストや天然痘の疫病により多くの人が亡くなったこと，そして1940年代までは，結核が死の病であったこと等を考えると，免疫系が感染症に負けていたことが分かる。それらの感染症が著減したのは，①抗生物質の登場，②ワクチンの普及，③栄養の改善による。免疫系の抗感染力はこれらのサポートにより補強され，感染症に打ち勝つことができたのである。その結果は，平均寿命の延長であり，高齢化社会の到来である。

　現在の日本人の三大死因を見るとがん，心臓病，脳血管障害で，4位に肺炎がある。心臓病と脳血管障害は動脈硬化症が原因であるから，三大死因をがん，動脈硬化症，肺炎を含む感染症と言いなおすこともできる。40歳〜60歳代の人が病気で亡くなる場合には，単一の疾患が原因となることが多い。例えばそれはがんであったり，或いは心筋梗塞であったりする。しかし，高齢者の場合には複数の疾患をもつことが普通で，病理解剖例で見ると，がんがあり，動脈硬化症もあって，それに感染症を伴うことが珍しくない。そして，これらの疾患のいずれもが，高齢者に多い免疫系の機能不全状態が深く関連するといえる。

3.2　免疫系の機能不全がかかわる疾患
3.2.1　感染症

　第二次世界大戦後に抗生物質が登場し，ワクチンが開発され，さらには栄養状態の急速な改善が加わり，免疫機能が補強された。その結果は，青少年〜中年の人たちの感染症による死の激減であり，平均寿命の延長であることは既に述べた。しかし，その結果増加してきた高齢者の多くは，免疫機能のレベルはかなり低い状態にある。抗生物質が有効なのは，もともとある免疫系が

機能していることが前提である。その免疫系の機能レベルが極めて低い場合には，抗生物質も効きにくい状態と言える。

現実に病理解剖例で見ると，高齢者では，がんや動脈硬化症もあるが，直接死因の第一は感染症であり，その殆どは肺炎であることが多い。統計的に見ると，インフルエンザウイルスによる死亡例は新生児期と老齢期に多くなる。また，2003年に東南アジアで流行した新型のコロナウイルスによる重症急性呼吸器症候群（SARS）についてみると，感染後の死亡率は高齢者で圧倒的に高くなる。これらのデータも高齢者の免疫機能の不全状態を示している。

高齢者に日常的に起こる肺炎で多いのは，誤嚥性肺炎である。これは細菌類を含んだ食物が誤嚥により気道に入ることにより起こる高齢者特有の肺炎である。身体の弱った高齢者では，①咳・嚥下反射の低下，②捕食・食塊の形成とその移送機能の低下，③口腔内細菌の増加がみられる事が多い。そして背景に免疫不全があれば，誤嚥性肺炎は起こるべくして起こるといえる。

3.2.2 がん

免疫系の本来の機能は自己と非自己を区別することにあり，外から侵入する病原体等は非自己として排除される。がんは細胞に遺伝子異常が起こり，異常に増殖する能力を持ったものである。遺伝子異常であるから，正常の細胞とは異なる細胞膜表面抗原（いわゆるがん抗原）を持ち，それが免疫系に認識され，攻撃され，排除対象となる。この免疫系によるがんを排除する機構を免疫監視機構という。この機能が順当に働いている青少年にはがんの発症は少ない。しかし，この免疫監視機構の能力が加齢と共に低下する中年以降になると，がんの発症が徐々に増加する。繰り返すことになるが，がんの発症も免疫不全状態が背景にあり，がん患者の免疫機能のレベルは健常人に比べて低い方に偏る[4]（図2）。

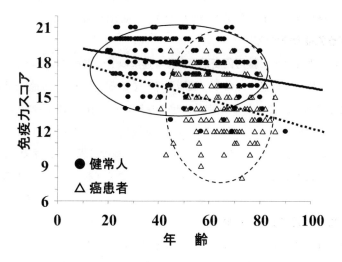

図2　健常人とがん患者の免疫力スコアの分布の比較
7項目の免疫パラメーターで算定した免疫力スコアによる比較。健常人（●）と比べて，がん患者（△）の免疫力スコアが低いところに分布していることがわかる。

3.2.3 動脈硬化症

コレステロールの沈着からなる粥腫（アテローム斑）といわれる病巣が動脈硬化症で一番問題となる。コレステロールは脂肪であるから水には溶けないので，親水性のあるリポ蛋白と結合して運搬される。リポ蛋白の中で高比重のものをHDLといい，低比重のものをLDLという。血管からみると，HDLはコレステロールを運び出し，LDLは血管壁に搬入しアテローム斑の増大につながるので，HDLは善玉，LDLは悪玉といわれる。このアテローム斑の現場は，内皮細胞，マクロファージ，T細胞に加えて，様々なサイトカイン，ケモカイン，活性酸素が飛び交う炎症のただなかにあることが分かってきた。この現場では，血中で上昇したLDLが受動的に血管壁に沈着するのではなく，炎症のプロセスの中で，積極的に進行するのである。そして，その進行の遅速には免疫系のバランスが関与している。つまり，動脈硬化症も免疫系の機能不全が関与することが次第に明らかになってきた。

3.3 免疫機能の低下要因

人が生まれ，成長し，子孫をつくり，そして老いていく過程は遺伝子レベルでプログラムされている。胸腺萎縮から始まる免疫機能の加齢変化のプロセスも遺伝子レベルのプログラムの中に含まれる。しかし，個々の人でみると，いろいろな病気になり易い人，なり難い人がいる。また，寿命の長短もかなり個人差がある。その個人差は，遺伝子の違いだけではなく，環境の差異が大きく影響している。同じ遺伝子をもっている一卵性双生児でも，環境の違いにより罹る病気も寿命も変わってくる。

環境の人への関わり方をもっと分かり易くいえば，それはストレスであり，また食事を含む生活習慣といえる。言い換えると，加齢変化＋ストレス＋生活習慣が免疫機能の低下要因であり，その結果である免疫機能の高低が高齢者の疾患パターンと深く関与する。

3.3.1 加齢に伴う免疫機能の低下

免疫系の機能は自然免疫系と獲得免疫系の密接な連携の上に成り立っている。しかも，それぞれの系を構成する細胞は多種多様であり，機能も様々である。しかし，加齢と共に著明に低下するのは獲得免疫系であり，中でもT細胞系に起こり易い。T細胞は無数のクローンの集まりであり，多種類の亜集団からなっている。それらの加齢変化を丹念に調べていくと，T細胞亜集団の数，機能，バランスに変化が起こるが，個々の人により程度は異なり，男女差，個人差があり，年齢と共にその差は大きくなる。そして，その差は，次に述べるストレス，生活習慣によりさらに拡大する。

3.3.2 ストレスにより低下する免疫機能

われわれの身体は，外界からのいろいろなものを取り入れて成り立っている。毎日食べる食物はエネルギー源であり，五感を通して入る様々な刺激は，神経・精神を育む情報源で，どちらも身体にとって必須のものである。外界環境中には身体にとって，必ずしも好ましくないものもあり，その代表が病原体を含む各種の微小生物である。これらの微小生物を排除するシステムとし

て，免疫系があることは既に述べたとおりである。しかし，神経系に入ってくる様々な刺激も適度な量（身体の許容する量）であれば，身体や精神の健康を保つ上で必要な刺激として受容される。しかし，許容限度を超えると内部環境の恒常性を乱すので，それは身体にとってストレスとなる。特に人の場合には，「悩み」という精神的ストレスが多いのが特徴である。ストレスとなると神経・内分泌・免疫系が働き，身体全体の反応となり，二つの物質「アドレナリン」と「グルココルチコイド」の分泌が亢進する。

これら二つの物質は，ストレスによってもたらされる内部環境の恒常性を維持する上で必須なものであるが，免疫系に対しては，抑制的に働く。ストレスによる影響も個人差が大きい。地震や火事のような出来事は誰にとってもストレスになるが，それでもあまり驚かない人，跳び上がる人など，その影響には個人差がある。また，仕事上の人間的関係は交渉上手な人にとっては問題がないが，苦手な人にとってはストレスとなる。この様に，ストレスに対する感受性が人により異なることが，もともと異なる免疫機能の個人差をさらに大きくする一因となっている。そして，さらに重要なことはストレス後の回復力の年齢差である。ストレスからの回復は若齢者では早いが，高齢者では遅れる。このことが高齢者における免疫力の低下をさらに大きなものとしている。

3.3.3　不適切な生活習慣

a）食事。第2次世界大戦前であれば，栄養不足が免疫機能を抑制する大きな要因であった。今でも，アフリカの難民にはそうした栄養不足の子供が沢山いると聞いている。日本で栄養不足になりやすいのは，高齢者とがん患者である。がんだから仕方がないと放置されることが多いが，がん患者の栄養状態を積極的に改善することにより，QOLが上がってくる。若年・中年齢層で多いのは，不規則な食事，栄養素の偏った食事による免疫機能低下である。

b）運動。1日1万歩を歩くと良いといわれるが，職場と家の間を交通機関を使って往復するだけでは，1万歩はなかなか難しい。適度な運動をする前後で，後述の方法で免疫力を測定すると，かなりの免疫力向上効果があることが分かる。一方において，運動過剰は逆効果で免疫力は低下する。

c）睡眠。睡眠は気分，体力，免疫力の回復にとって必須である。実際には睡眠は仕事を含めた生活習慣全般に関連する。働きすぎで眠る暇がないという場合と悩みが多くて眠れないという場合がある。後者の場合には，適切なストレス解消法が必要である。

このように，免疫系不全状態が「加齢変化」＋「ストレス」＋「不適切な生活習慣」などいろいろな要因の重なりから起こり，それが疾患発生の背景にあることが分かってきた。そうなると，個々の人で，免疫力のレベルがどこにあるかを見ることが必要になってくる。以下に免疫力を定量的客観的に評価判定する方法を紹介する。

3.4　免疫力の低下やバランスを定量的に判定する方法

我々の長い間の研究では，加齢に伴う免疫機能低下はT細胞系の機能を中心として起こるこ

とを明らかにしてきた。従って，T細胞系の細胞数や機能を中心に測定すれば，加齢やストレスに伴う免疫機能のレベルの指標になる[5,6]。まず，フローサイトメトリーによる解析としては，T細胞数，CD4$^+$T細胞数，CD8$^+$T細胞数，CD8$^+$CD28$^+$T細胞数，ナイーブT細胞数，メモリーT細胞数，NK細胞数，B細胞数を測定する。バランスを見るためにCD4$^+$T細胞数とCD8$^+$T細胞数の比率とナイーブT細胞数とメモリーT細胞数の比率を見ている（図3）。機能的な面からはT細胞増殖能である。アレルギーや自己免疫病があり，詳細な解析が必要な場合には，リンパ球を刺激物質の存在下で培養し，その上清中に検出される10種類以上のサイトカインの測定も行っている。

個体の総合的な免疫機能を表現する時に，免疫力という言葉を用いている。この免疫力は多種類の細胞の様々なパラメータからなる。しかし，それらのパラメータの数値を羅列しただけでは，分かりにくいので，各々のデータに対して標準化という処理を行った。それには，年齢の異なる多数の健常人について多数の免疫学的パラメータを測定し，データベースを作成した。個々の測定値をデータベースと照合して，3点満点のスコアを与えることにした。高いものは3，中程度なら2，低いものは1となる。このように，種類も基準値も異なるデータをスコア化することにより，それらのデータをまとめて統計的に処理することができる（図3）。

T細胞増殖係数という新しい指標を設定した。T細胞の増殖能は一定数のリンパ球を培養して測定したもので，個体レベルの機能を反映していない。そこで，

T細胞増殖能×（末梢血中T細胞数／μL）÷1,000

という式を用いて，T細胞増殖能を個体レベルの指標に変換した。この指標は，個人差はあるが統計的には年齢との相関性が高く（図4），この回帰直線の式に測定された個人のT細胞増殖係数を代入すると計算上の年齢が得られる。この計算上の年齢を，図4の実線の上下に広がる標準偏差（SD）を考慮して，ある程度幅のある「免疫力年齢」として表現する方法を確立した。

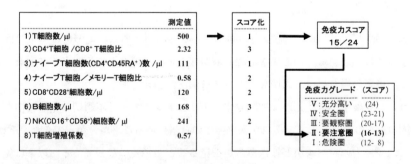

図3　免疫力算定手順

免疫パラメーターの測定値は，データベースと照合し，高いものには3点（累積度数40％以上），中程度には2点（累積度数10〜40％），低いものには1点（累積度数10％未満）を与え，スコア化する。スコアを総計したものを免疫力スコアとする。さらに，免疫力スコアを更に対数分布に従い，V，IV，III，II，Iの5段階に分けた。

第1章 高齢者の身体的特徴の変化

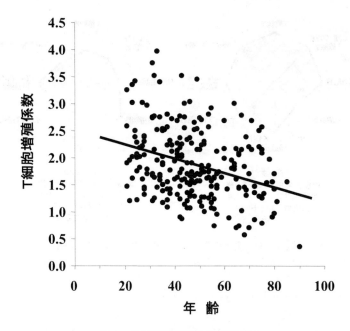

図4 T細胞増殖係数の加齢変化
T細胞系の数と機能を反映するT細胞増殖係数という新しい指標は以下の式で算定される。
　T細胞増殖係数＝T細胞増殖能　X（末梢血液T細胞数／μL）÷1000
　T細胞増殖係数は加齢変化が明瞭で，統計的に優位な回帰直線が得られる。
　$Y = -0.0174X + 2.5348$　（Y：T細胞増殖係数，X：年齢）

　CD28分子はほとんどすべてのT細胞に発現し，T細胞の活性化に重要な働きをする細胞膜表面分子である。しかし，$CD8^+$T細胞についてみると，その発現は加齢と共に減少する。つまり，$CD8^+CD28^+$T細胞数は確実に年齢と共に減少し，年齢と高い相関性を示す。この回帰式に個人の $CD8^+CD28^+$T細胞数を導入することにより，計算上の年齢を求めることができる。それをTリンパ球年齢として用いている。上述の免疫力年齢はリンパ球を3日間培養して求められるが，Tリンパ球年齢はフローサイトメトリーで簡単に得られる。免疫力年齢とTリンパ球年齢の相関性も高く，リンパ球の培養ができない時には，Tリンパ球年齢を免疫力年齢の代わりに用いることができる。
　ヒトの免疫力を表現する場合，上記のフローサイトメトリーによるデータやT細胞増殖係数などを含む8項目の免疫指標を用いている。スコアの合計は24～8点に分布する。この免疫力スコアも数が大きいので，さらに対数正規分布に則り5段階に分け，免疫力グレードとした（図3）。免疫力グレードは図3に示すように，Ⅴ：充分高い，Ⅳ：安全圏，Ⅲ：要観察圏，Ⅱ：要注意圏，Ⅰ：危険圏とした。要注意圏とは，免疫機能の回復を図ることが必要なレベルであることを意味する。また危険圏に入ると，いつ感染が起きても不思議でないので，できるだけ早く免疫機能の回復を図るべきであり，さもなければ無菌テントを必要とするレベルである。問診で，アレルギー，自己免疫の傾向のある場合は，以上のパラメータに加えて培養下でリンパ球の産生

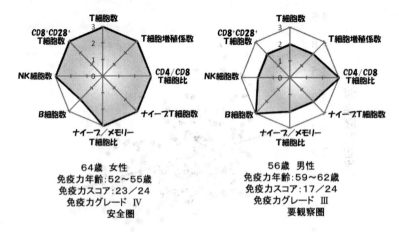

図5 レーダーグラフによる免疫力の表示例, 2例
　8項目の免疫パラメーターを用いて免疫力を表示した。左の64歳の女性では免疫力年齢が52～55歳と実年齢より若く, レーダーグラフもほぼ円形に近い。一方, 右の56歳男性では, レーダーグラフが縮小し, 免疫力年齢も59～62歳と実年齢より高くなっている。

するサイトカインの測定を行っている[5]。

　図5には2人の健常人における免疫力をレーダーグラフで示し, 下に実年齢, 免疫力年齢, 免疫力スコア, 免疫力グレードを示した。免疫力年齢は, 実年齢より若くなる場合もあれば逆に上になる場合もあるが, 直感的に理解しやすいのが利点である。しかし, あくまでも大まかな目安として用いている[6]。

3.5　免疫力の回復方法の判定について

　免疫力を回復する方法が各方面から提案されているが, そこで必要なのは, 免疫力の測定方法である。上述のように, 免疫力を定量的に評価することができるようになると, 免疫力の回復の判定が容易となる。

　免疫力の回復方法として, まず考えられるのは前述した免疫力を抑制する要因を除くような方法である。具体的には, コンサルトを受けた時, 生活習慣を良く聞き, 改善指導することになる。食事が不規則な場合には, できるだけ規則正しく摂るように進める。偏食をさけるように指導する。菜食を勧めると共に, いろいろなものを食べるように指導するなど, 食事については, 既にいろいろなところで多くの人が書いているので, ここでは省く。その場合, 指導する前後で免疫力を測定すると, 改善指導の効果があったかどうか, 判断可能である。

　サプリメント類についても, その免疫力に及ぼす効果を検討することが可能である。ヨーロッパで風邪の民間薬としても用いられているハーブ系サプリメントBの免疫系への影響をみるために, 二重盲検並行群間比較試験を行った結果が図6aおよび図6bである[7]。22名の健常なボランティアにサプリメントBあるいはプラセボを1日1包, 3週間摂取してもらい, その前後に採血し免疫力の測定評価を行った。図6aに示すように, 免疫力スコアがサプリメントBを摂

第1章 高齢者の身体的特徴の変化

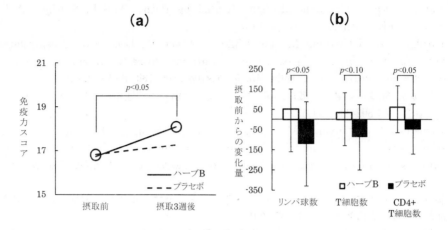

図6　サプリメントBの免疫系への効果
a：摂取前，摂取3週後の免疫力スコアの変化。サプリメント摂取群はプラセボ摂取群と比べて，有意に高くなっている。
b：摂取前と比べた摂取3週後の免疫パラメータの変化量。サプリメント摂取群とプラセボ摂取群との比較。サプリメント類のリンパ球数，T細胞数，$CD4^+$T細胞数が有意に高くなっている。

取した群のみで有意に増加した。また図6bに示すように，プラセボ摂取群との比較においても，リンパ球数，T細胞数，$CD4^+$T細胞数の変化量に違いがみられた。もちろん個人により効果の大小はあるものの，全体としてサプリメントBには免疫力を賦活する効果があるといえるだろう。以上のように，きちんとしたエビデンスで裏付けられた食品・サプリメントが増えていくことが望まれる[8]。

3.6　おわりに

　高齢者の免疫機能のレベルは低い人が多い。従って，なんらかの方法で回復させることが必要である。免疫機能のレベルは個人差が大きいこともあり，また，回復を図ったあと，どの程度回復したかを判断する必要がある。そのためには，今回紹介したような免疫力判定検査が有効であろう。また，こうした客観的な免疫力判定法はいろいろな病気の経過中において，予後判断にも有用である。

文　　　献

1）　廣川勝昱，病気に強くなる免疫力アップの生活術，家の光協会，東京，2008, pp.1-211.
2）　廣川勝昱，老化と免疫，日老医誌，**40**: 543−552, 2003.
3）　Hirokawa K, Utsuyama M, and Makinodan K., Immunity and aging. In Principles

and Practice of Geriatric Medicine (edited by Pathy, M.S.J., Sinclair, A.J. and Morley, J.E.), 4th Ed, 2006, pp.19-36.
4) Hirokawa K., Utsuyama M. and Ishikawa T., *et al*., Decline of T cell-related immune functions in cancer patients and an attempt to restore them through infusion of activated autologous T cells. *Mech. Ageing Dev*. **130**, 86-91, 2009.
5) 廣川勝昱, 免疫系の老化と機能回復, 特に免疫力評価の重要性について, アンチ・エイジイング医学, **2**：302-306, 2006.
6) Hirokawa K., Utsuyama M., Kikuchi Y., *et al*., Scoring of immunological vigor: trial assessment of immunological status as a whole for elderly people and cancer patients. In Immunosenescence (edited by Pawelec, G.), *Landes Bioscience*, 2007, pp.5-23.
7) 藤井文隆, 橋本俊嗣, Verbruggen M.・他, エキナセアプルプレア製剤摂取による免疫機能賦活効果, 応用薬理, **80**: 79-87, 2011.
8) 廣川勝昱, 食品・サプリメントの免疫機能に及ぼす影響の判定方法について, Food style, 2116, 31-39, 2012.

4 骨粗鬆症

細井孝之[*]

4.1 骨粗鬆症の概念と分類

骨粗鬆症とは，骨強度の低下によって骨の脆弱性が亢進し，骨折危険率の増大した疾患である[1]。近年，骨強度の規定因子として骨量に加えて，それ以外の因子，すなわち「骨質」も重要な役割を果たしていることが明らかにされているが，骨量の測定とその評価は骨粗鬆症の診断や治療方針の決定において重要であることには変わりはない。骨強度は約7割が骨量によって，残りの約3割が骨質によって規定されていると考えられている[1]（図1）。

骨脆弱性が亢進している状態が骨粗鬆症の状態であり，軽微な外力で発生する骨折，すなわち脆弱性骨折はその合併症である。ここでいう軽微な外力とは，立った状態からの転倒またはそれ以下の外力のことをさすのが一般的である。骨粗鬆症による骨折としては，椎体骨折（脊椎の圧迫骨折），大腿骨近位部骨折，前腕骨遠位端骨折，上腕骨近位部骨折，下腿骨折，肋骨骨折，骨盤骨折などが含まれる（表1）。

骨脆弱性の指標として，骨量の低下や脆弱性骨折の既往をはじめとする骨折のリスクファクターを評価することが，その後の骨折の起こりやすさの目安となる。骨折のリスクファクターを減ずることが骨粗鬆症の予防と治療における具体的な目標となる。一方，骨折予防のためには骨のみ

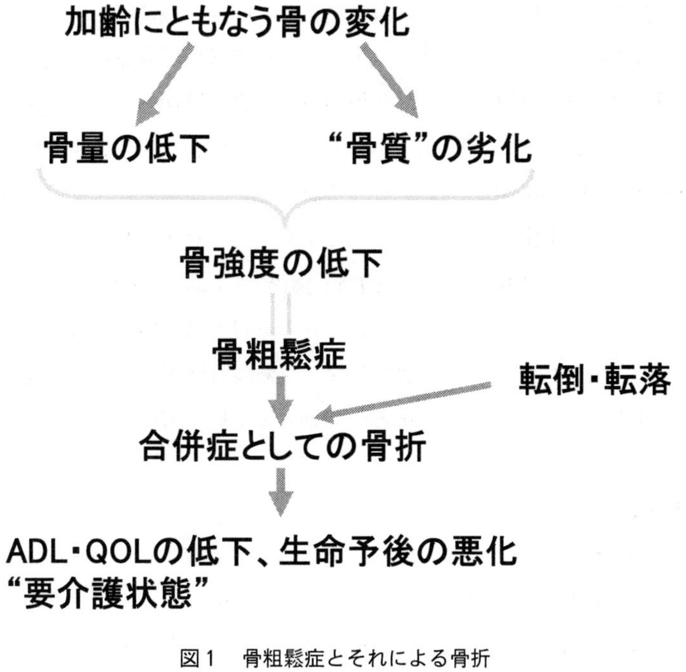

図1　骨粗鬆症とそれによる骨折

---

[*] Takayuki Hosoi　㈱国立長寿医療研究センター　臨床研究推進部　部長

表1 骨粗鬆症性骨折

骨粗鬆症性骨折	形態学的椎体骨折（X線写真による判定） 臨床椎体骨折（＝疼痛を伴う脊椎圧迫骨折） 大腿骨近位部骨折 前腕骨遠位部骨折 上腕骨近位部骨折 肋骨骨折 骨盤骨折 脛骨骨折 鎖骨骨折 その他

ならず，筋力の増強，関節可動域の確保といった運動能力の維持・増進による転倒予防が欠かせない。さらに転倒予防を念頭においた環境の整備も高齢者における骨折予防で考慮されるべきことである。さらに骨粗鬆症による骨折が発症した場合，骨折の治療はもちろん，その後の再骨折予防や日常生活のケアも重要な課題となる。

骨粗鬆症は単一の疾患ではなく，まず原発性骨粗鬆症と続発性骨粗鬆症とに分けられる。一般に原発性骨粗鬆症には，まれな疾患である若年性骨粗鬆症も含まれるが，圧倒的に多いものは成長期以降のものである。以前はこれらを退行期骨粗鬆症（involutional osteoporosis）と分類し，さらに閉経後骨粗鬆症と老人性骨粗鬆症に分類していた。しかしながら，原発性骨粗鬆症の病態を年齢層によって明確に区別することは困難でもあり，閉経を機に罹患率が明らかに上昇する閉経後骨粗鬆症と，加齢と共に徐々に頻度が上昇する男性の骨粗鬆症とに分類される（表2）。

続発性骨粗鬆症をきたす原因としては，各種内分泌疾患，胃切除，ステロイド製剤（ここでは副腎皮質ホルモン製剤をさす）の服用をはじめとして，多数のものが知られている[2]（表3）。続発性骨粗鬆症の治療では原疾患のコントロールが優先され，次いで個々の病態に基づいた骨粗鬆症の治療を考えることが原則である。しかしながら，ステロイド製剤を長期に服用する場合を考えると，ステロイド製剤内服中から薬物療法を開始すべきことも多いことが事実である。また，生活習慣病による骨折リスクの上昇が注目されており，日本骨粗鬆症学会によって最近の知見がまとめられている[3]。とくに糖尿病（2型を含む）や慢性腎臓病に関する研究成果が蓄積されており，これらも続発性骨粗鬆症の原因疾患としてとらえていく方向にある。

4.2 骨粗鬆症の病態

骨格は運動機能の基盤や内臓の保護といった構造体として機能するのみならず，カルシウム・リン代謝などの代謝調節臓器としても重要な役割を果たしている。また，骨の中に存在する骨髄は血液を産生し続けており，骨は造血の場を与えている臓器であるともいえる。これらの機能を果たすために骨吸収と骨形成の両方が絶え間なく進行している。

骨量は成長期に増加し，思春期から20歳くらいまでに最大値（骨量頂値，peak bone mass）に達する。その後40歳台までは最大値が保たれ，その後減少する。つまり，高齢者における個

第1章 高齢者の身体的特徴の変化

表2　骨粗鬆症の分類

原発性骨粗鬆症
　　閉経後骨粗鬆症
　　特発性骨粗鬆症(若年性を含む)
　　男性骨粗鬆症(続発性骨粗鬆症の原因がない場合)

続発性骨粗鬆症

表3　続発性骨粗鬆症の原因

内分泌性
　　性腺機能不全
　　甲状腺機能亢進症
　　クッシング症候群
栄養性
　　壊血病
　　蛋白質欠乏
　　ビタミンAまたはD過剰
薬物
　　副腎皮質ホルモン
　　メトトレキセート
　　ヘパリン
不動性
　　全身性（臥床安静，対麻痺，宇宙飛行）
　　局所性（骨折後など）
先天性
　　骨形成不全症
　　マルファン症候群など
その他
　　関節リウマチ
　　糖尿病
　　肝疾患など

　人の骨量は，成長期に得た骨量頂値と，それ以降の骨量減少によって決定される。閉経は卵巣機能の廃絶によるものであり，女性ホルモンの欠落が，さまざまな変化を身体にもたらす。早期のものとしては顔面紅潮などがあげられ，骨粗鬆症や動脈硬化などが遅れて発生するものの代表である。閉経後の数年間に最も骨量減少速度が亢進する。この時期は骨吸収と骨形成の両者が亢進し，いわゆる高回転型の骨代謝状態で骨形成と骨吸収のアンカップリングが生じ，骨量減少が進むと考えられている。

　一方，閉経による内分泌代謝的な変化がひととおり落ち着いたと考えられる閉経後10年経過以降の女性でも骨量減少は徐々に進行する。男性でも40歳以降は骨量減少がゆっくり進み，70歳以降には骨粗鬆症の合併症としての骨折罹患率が女性の数分の1程度にまで達すると考えられる。高齢者の骨代謝状態は一般には骨形成，骨吸収ともに低下しており，いわゆる低骨代謝回転でのアンカップリング状態で骨量減少が進むと考えられていたが，高齢者においても骨代謝回転マーカーが高い症例もある。加齢とともに，カルシウムの摂取量や腸管からの吸収が低下し，ビタミンD_3不足状態もきたしやすいことから，二次性の副甲状腺機能亢進症に類似した病態がもたらされ，加齢に伴う男女共通の骨量減少の機序の1つとして考えられる。このようなカルシウム代謝異常は高齢者における骨量減少を説明する1つの機序としてあげることができようが，あくまでも病態を形成する複合要素の1つとして捉えるべきである。

4.3　骨粗鬆症の診断

　わが国における骨粗鬆症の診断は，骨量の評価と鑑別診断の2つの柱からなる[2]。骨量の評価

は骨塩定量装置またはX線写真で行うことが可能であるが，前者の結果が優先される。また，先に述べたように脆弱性骨折の有無を確かめることは重要なことであり，問診（医療面接）によって情報を得ることに加えて，X線写真による脊椎圧迫骨折の診断が必要である。高齢者では若年者に比して脊椎の圧迫骨折をすでに有している可能性が高いのみならず，変形性脊椎症や脊椎辷り症など，ほかの疾患を併発していることが多いためである。これらの疾患による臨床症状の鑑別診断にもX線写真が欠かせない。さらに脊椎の状態を正確に把握することは正確な骨量測定にも必要である。つまり，最も標準的な測定である腰椎のAP方向でのdualenergyX-rayabsorptiometly（DXA）による測定は，この部分に椎体骨折や変形性変化がすでに存在する場合は測定すべきではない。このような場合は大腿骨近位部のDXAによる測定値を採用する。国際的には，標準的測定部位としては大腿骨近位部が採用されている。前腕部のDXA，第2中手骨の改良型microdensitomerty（MD）法（CXDやDIP法）による末梢骨の測定値についても診断基準をもちいることができる。現在わが国で用いられている診断基準は，日本骨代謝学会による原発性骨粗鬆症の診断基準2000年版である[2]（表2）。骨量測定値の判定においては，若年者（20歳から44歳）の平均値を基準として，脆弱性骨折がない場合は70%未満で，脆弱性骨折がある場合は80%未満で骨粗鬆症（osteoporosis）と診断する。なお，脆弱性骨折がない場合は，80%未満70%以上を「骨量減少」（osteopenia）と診断する。

　骨折予防を目的とする骨粗鬆症の治療方針決定する場合は，上記の診断基準にくわえて，他の骨折危険因子を考慮することが勧められている。わが国における骨粗鬆症の予防と治療ガイドライン（2011年版）[4]では骨量減少でも，両親いずれかの大腿骨近位部骨折の既往を持つ場合や，FRAX[R 5]による主要骨粗鬆症骨折確率（10年間）が15%以上の場合は薬物療法を行うことを検討するように提案されている。これらの根本にある考えかたは，骨粗鬆症レベルまで骨量が低下していなくても，それと同等かそれ以上の骨折リスクを持っている場合には薬物治療の恩恵を被るべきである。

4.4　骨粗鬆症関連の血液・尿検査について

　骨では骨吸収（骨が溶かされる）と骨形成（骨が作られる）の両方が常に進行し，古い骨が新しい骨とおきかわる。この過程は骨リモデリングと呼ばれている。骨のリモデリングにともなってさまざまな代謝産物が産生され，それらは血中に放出され，尿中に排出されるものもある。これらを測定することによって骨代謝，とくに骨リモデリングの様子を反映するものが骨代謝マーカーである。骨吸収系のマーカーとしてはⅠ型コラーゲンの分解産物である，デオキシピリジノリン，Ⅰ型コラーゲン架橋N-テロペプチド（NTX），Ⅰ型コラーゲン架橋C-ペプチド（CTX），破骨細胞が産生する物質である酒石酸抵抗性酸フォスファターゼ（TRACP-5b）などが代表的なものである。骨形成系のマーカーとしてはコラーゲンが生成される際に産生されるⅠ型プロコラーゲン架橋N-プロペプチド（PINP），Ⅰ型プロコラーゲン架橋C-プロペプチド（PICP），骨芽細胞が産生する骨型アルカリフォスファターゼ（BAP），オステオカルシンなどがある。さら

に最近,低カルボキシル化オステオカルシン(undercarboxylated osteocalcin, ucOC)や酒石酸耐性酸ファスファターゼが実用化された。これらのうちすべてが骨粗鬆症診療に対して保健適用を得ているわけではなく,保険適用を受けているものについても測定に関する制限はあるものの,骨代謝マーカーを活用した骨粗鬆症診療に期待がもたれている。

骨代謝回転を反映する骨代謝マーカーの基準値や,臨床の場での利用方法については,わが国でも検討され,「骨粗鬆症診療における骨代謝マーカーの適正使用ガイドライン(2012年度版)」としてまとめられている[6]。このガイドラインでは,各マーカーの基準値や,骨量減少ならびに骨折発生を指標としたカットオフ値がかかげられている。

4.5 骨粗鬆症の治療

骨粗鬆症の治療は骨折予防を目的とし,骨脆弱性の改善を目標とする。しかしながら,骨折予防のためには骨自体の強度のみならず,筋力の増強,関節可動域の確保といった運動能力の維持・増進とともに,転倒防止を念頭においた環境の整備が重要なポイントである。

わが国においては1998年に骨粗鬆症の薬物療法に関するガイドラインが初めて発行された。2002年,2006年の改訂に引き続いて「骨粗鬆症の予防と治療ガイドライン2011年版」[3]が発行された。ガイドラインでは,骨折発生抑制を目的とする薬物療法開始の目安が定められ,エビデンステーブルの整備,そして各薬剤に関する推奨レベルが提示されている。現時点では,骨折発生抑制効果についてのエビデンスが豊富なビスホスホネート製剤や,SERM(選択的エストロゲン受容体作働薬)といった骨吸収抑制薬が骨粗鬆症の薬物療法において中心的な役割を占めつつあるが,「骨折リスクが高い」場合には,骨形成促進作用を有する副甲状腺ホルモン製剤(1-34PTH)がわが国においても使用できるようになった。原則的には単剤を使用し,効果があり,有害事象がない限りできるだけ長く使用するが,臨床像を勘案した併用療法も工夫されている。

ビスホスホネート製剤については,毎日一回服用するタイプに引き続き実用化された,週に一回服用するタイプがよく用いられているが,さらに最近は4週に一回の服用タイプ,さらには4週に一度静脈注射するものも実用化された。

ビタミンD_3薬については,従来のアルファカルシドールとカルシトリオールに加えて,エルデカルシフォロールも実用化されている。これらの薬品による骨量増加作用はビスホスホネート製剤やSERMに比較すると弱いが,椎体骨折の発生を有意に抑制するとの報告がある。さらにおそらく筋肉に作用して,転倒抑制効果を発揮する可能性も示唆されており,高齢者の転倒・骨折抑制における役割が期待されている。ビタミンD不足は高齢者において潜在していることが疑われ,今後のさらなる検討が必要である。また,ビタミンK_2製剤についても骨折発生抑制効果が報告されているが,より高齢者での有用性が示唆されている。ワルファリン服用中の患者には絶対禁忌である。

骨粗鬆症治療における最大の目的は脆弱性骨折の予防であるが,高齢者の骨粗鬆症診療においては,すでに骨折を発生していることも多く,骨折に対する処置が必要とされることも多い。椎

体骨折による疼痛に対しては安静や湿布による局所療法のほかに，カルシトニン製剤（筋注）が用いられる。

　骨粗鬆症に対する治療効果を骨量で把握するためには，DXAによる腰椎（変形がない場合）または大腿骨頸部の測定が必要である。前腕骨や中手骨の測定では，骨吸収抑制剤による効果も検出できないことが多い。骨吸収抑制剤による治療効果は骨代謝マーカーによっても把握できる。骨粗鬆症性骨折の発生状況を問診で確認するとともに，脊椎の圧迫骨折については胸腰椎のX線写真を定期的（6カ月～1年）に撮影して検討する必要がある。

4.6　高齢者における転倒・転落予防の重要性

　骨粗鬆症によって発症の頻度が上昇する骨折は椎体骨折，前腕骨遠位端骨折，大腿骨近位部骨折，上腕骨近位端骨折である。これらのうち，脊椎椎体圧迫骨折以外はその発症にほとんどの場合転倒・転落がかかわっている。高齢者の転倒はさまざまな内的ならびに外的要因によって引き起こされる。外的要因には転倒しやすい生活環境も含めて考えるべきであり，高齢者人口が増加する近年，住居の内外ともに転倒予防に留意した環境づくりが必要である。高齢者は高血圧，不眠その他，多くの併発症を有している場合が多い。これらに対する薬剤の処方が行われている場合には正しい処方はもとより，正しく服用されることが転倒予防の観点からも必要である。さらに転倒が大腿骨頸部骨折に結びつかないように，大転子部を硬質ポリウレタンなどで覆う「ヒッププロテクター」が開発され，保険適用を受けてはいないものの，骨折リスクが高い要介護状態の高齢者での使用が検討されるべきであろう。

文　　献

1) NIH Consensus Development Panel on Osteoporosis Prevention, Diagnosis, and Therapy. JAMA 285, 785-795 (2001)
2) 折茂肇ほか，原発性骨粗鬆症の診断基準（2000年改訂版）．日本骨代謝学会雑誌, **18**, 76-82 (2001)
3) 生活習慣病骨折リスクに関する診療ガイド，日本骨粗鬆症学会，生活習慣病における骨折リスク評価委員会編，ライフサイエンス出版（東京）
4) 骨粗鬆症の予防と治療ガイドライン2006年版，ライフサイエンス出版（東京）
5) Fujiwara S, *et al.*, Development and application of a Japanese model of the WHO fracture risk assessment tool (FRAX-TM), Osteoporosis Int DOI 10.1007/s00198-007-0544-4 (2008)
6) 日本骨粗鬆症学会骨粗鬆症の診療における骨代謝マーカーの適正使用に関する指針検討委員会，骨粗鬆症診療における骨代謝マーカーの適正使用ガイドライン（2012年版）

5 加齢と味覚・嗜好変化（味覚低下）

藤本千里[*1]，山岨達也[*2]

5.1 はじめに

味覚は，食物中の水溶性化学物質が，主として口腔・咽頭に存在する味蕾に接触して生じる化学感覚である。味物質が味蕾先端部の味孔に局在する味覚受容体によって感知されると，細胞内シグナル伝達を介して味細胞の脱分極が起こり，味神経に伝達物質が放出される。味神経に伝達されたシグナルは最終的に大脳皮質の第一次味覚野に送られ，味の質や強さが識別される。一般的に味という場合，味覚の他に，嗅覚や冷覚・温覚・痛覚といった体性感覚などの感覚の影響を受けるが，味覚として味蕾にて受容されるのは，甘・苦・酸・塩・うま味の5基本味とされる。

味覚における加齢変化は，上述した味覚伝導路における生理的加齢変化，唾液腺の分泌機能，咀嚼機能，腸管吸収能など味覚に関わる器官の生理的加齢変化によって生じるのみならず，高齢者に多い疾患への罹患に伴う味覚機能低下によっても生じる（表1）。生理的変化と病的変化の機序を明確に区別することは難しい。

5.2 味覚伝導路の概要

5.2.1 味覚受容器

味覚受容器である味蕾は，様々な形態的，機能的特徴を持つ数十個の味細胞からなり，蕾状の構造をとる（図1A）。味蕾は，舌外側縁の葉状乳頭，舌前部の茸状乳頭，舌の前2/3と舌根部の境にある有郭乳頭，軟口蓋，喉頭蓋の上皮に存在する（図1B）。ヒト有郭乳頭の味蕾は，長さ約70μm，幅約40μmの大きさである[1]。味物質は味蕾の口腔側の開口部である味孔から味細胞に達する（図1A）。

表1 加齢による味覚障害の主な原因

生理的加齢変化	味覚伝導路（受容器，伝達神経，中枢）
	唾液腺
	咀嚼機能
	腸管吸収能
	歯牙
	その他
高齢者に多い疾患に伴うもの	糖尿病
	脳血管障害
	その他

---

*1 Chisato Fujimoto　東京都立神経病院　神経耳科　医師
*2 Tatsuya Yamasoba　東京大学　医学部　耳鼻咽喉科学教室　教授

高齢者用食品の開発と展望

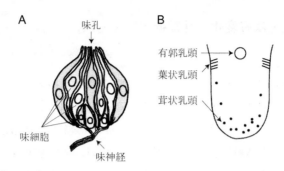

図1 （A）味蕾の模式図 （B）味蕾が存在する各乳頭の舌における分布
（Y. Ishimaru et al., Odontology, 97(1), 1-7（2009）より改変）

味細胞は哺乳動物を用いた過去の研究により，形態学的には4つの型の細胞に分類される[2〜4]。I型細胞は味細胞の半数以上を占め，頂部にゴルジ体由来の暗調の顆粒物質が存在するのが特徴的である。II型細胞は核や細胞質が明るく，滑面小胞体やフィラメント構造が細胞質に多く存在する。細胞頂部にはゴルジ体が産生した小胞が集まっている。III型細胞は電子密度がI型とII型の中間であり，求心性化学シナプス構造を有する。味刺激の受容を担当するI〜III型細胞は紡錘形であり，その頂部には微絨毛が存在し味孔の構成成分となっている。リガンドである味物質を検出する味覚受容体が近年同定されているが[5〜15]，塩味受容体はI型細胞，甘味・うま味・苦味受容体はII型細胞，酸味受容体はIII型細胞に発現する（表2）。一方，IV型細胞は味蕾の基底部に位置する小型の細胞で，未分化な構造を呈する。

5.2.2 味覚末梢神経

味覚末梢伝導路の概略を図2に示す。舌先端側の茸状乳頭に存在する味蕾には鼓索神経，基部側の有郭・葉状乳頭に存在する味蕾には舌咽神経が連絡している。軟口蓋領域の味蕾は大錐体神経による支配を受けている。喉頭蓋領域の味蕾は主として迷走神経による支配を受けている。

広義の顔面神経に含まれる中間神経の特殊内臓性求心性線維は，舌先端側の味蕾から始まるものは，舌神経・鼓索神経を介して顔面神経に達する。また，軟口蓋の味蕾に始まるものは，後口蓋神経・口蓋神経・翼突管神経・大錐体神経を介して，顔面神経膝神経節にて顔面神経と合流する。細胞体は顔面神経膝神経節にあり，膝神経節細胞の中枢性突起は中間神経を通って走行し，延髄孤束核に終止する。舌咽神経の特殊内臓性求心性線維は，舌基部側の味蕾から始まり，舌咽神経

表2 5基本味とその担当細胞・受容体

	担当細胞	受容体
塩味	I型	ENaC
甘味	II型	T1R2/T1R3 複合体
旨味	II型	T1R1/T1R3 複合体
苦味	II型	T2Rs
酸味	III型	PKD1L3/PKD2L1 複合体

第 1 章　高齢者の身体的特徴の変化

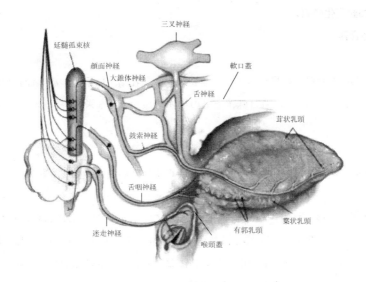

図 2　末梢味覚伝導路
（S.S. Schiffman, *JAMA*, **278**(16), 1357-1362（2009）より改変）

下神経節に細胞体を持ち，延髄孤束核に終止する。喉頭蓋領域の味覚を司る迷走神経の特殊内臓性求心性線維は，迷走神経下神経節に細胞体を持ち，延髄孤束核に終止する。

5.2.3　中枢味覚伝導路

　味細胞で受容された味覚情報は上記の味覚線維を介して中枢へ伝えられるが，ヒトにおけるその投射経路は，臨床的に診断された脳血管障害や脱髄疾患などの中枢性病変による味覚障害症例報告の蓄積によって知見が得られつつある[16]。孤束核からの味覚性二次ニューロンは，同側の橋被蓋の中心被蓋路を通り橋の傍腕核に達し，線維を変えて視床後内側腹側核小細胞部に入る。味覚伝導路は中脳で交叉または分岐し，視床からは対側優位になると考えられている。視床後内側腹側核小細胞部で線維を変えた味覚情報は，一次味覚野である島皮質から頭頂弁蓋部の移行部および中心溝底部に両側性に達すると考えられている。

5.3　味覚閾値の加齢変化

　被験者を年齢層に分け，味覚閾値（味覚を感じることができる最小の濃度）を全口腔法にて調査した研究は過去に多くなされているが，これらをまとめた報告によると，多くの研究結果において高齢者の味覚機能の低下（閾値上昇）が指摘されている[17]。一般に高齢者はより濃い味付けを好むといわれるが，高齢者の味覚機能の低下によってもたらされる現象であると推察される。しかしながら，加齢によってどの基本味の閾値が上昇するかについての結論は報告によって様々である[17]。

　マウスを用いた行動実験では，10 ヶ月齢と比較して 18 ヶ月齢のマウスは，塩味，苦味，酸味に対する応答に違いを認めなかったが，甘味に対する応答の低下が認められた，との報告がある[18]。

5.4 味覚の加齢変化の原因
5.4.1 味覚受容器
（1）乳頭

　高齢者の乳頭を顕微鏡で観察すると，若年者に比べ，乳頭が扁平化し流入血管数が少ない傾向にあるという報告がある[19]。これは味蕾とその周囲組織へ十分な栄養が供給されなくなる可能性を示唆する。

（2）味蕾

　味蕾数の加齢による変化の如何については，これまで共通の見解を得られていない。

　加齢に伴って味蕾数に有意な変化は認めないとする報告は散見される。22歳から90歳までのヒトで茸状乳頭を観察した報告によると，その味蕾数には年齢による差は認められなかった[20]。また別のグループの報告では，生後2日から90歳までのヒトの茸状乳頭で，味蕾数に明確な変化は認められなかった[21]。ラットを用いた実験においても，茸状乳頭や有郭乳頭で加齢による味蕾数の変化は明確でないという結果が報告されている[22]。

　一方，加齢に伴って味蕾数が減少するとの報告もある。有郭乳頭1個あたりの味蕾数について，74歳以上で著しく減少したとする報告や[23]，60歳以上で約60%減少したとする報告がある[24]。また，葉状乳頭では60歳以上で平均20%減少していたとの報告がある[24]。

　マウスの味蕾における加齢変化の影響を調査した研究によると，2ヶ月齢および10ヶ月齢と比較して18ヶ月齢のマウスは，味蕾の大きさの低下を認めた[18]。

（3）味細胞

　マウスを用いた研究では，2ヶ月齢および10ヶ月齢と比較して，18ヶ月齢のマウスが，味蕾あたりの味細胞数の減少，特に甘味受容体T1R3を発現する味細胞数の減少を認めたと報告している[25]。

　味細胞自体の加齢による変化については，細胞の空胞性変化，核の濃縮，細胞質の変化などが報告されている[24]。また，同様の変化はマウスにおいても確認されている[26]。

5.4.2 味覚伝達神経・味覚中枢

　味覚を伝える神経の大部分は有髄神経であるが，有髄線維は加齢とともに減少すると考えられている[27]。また，末梢神経伝達速度は加齢に伴い低下すると考えられている[27]。よって，味覚伝達神経も加齢による影響を受けると推察される。

　味覚の上位中枢である大脳の一次味覚野～高次味覚野では，嗅覚，触覚，視覚などの情報と統合・処理されて，詳細な味が認識されると考えられている。味覚中枢神経系における神経細胞数などの加齢変化については，現時点では明らかでない。

5.4.3 その他

　唾液腺は，味物質を味蕾へ到達させる機能を持つ。唾液腺は加齢に伴って，腺房数の減少と脂肪組織への置換などの変化が生じる。一方，唾液分泌量低下は，加齢による咀嚼機能低下によっても引き起こされる。唾液分泌量は，女性において加齢に伴う低下が報告されている[28]。唾液量

第1章 高齢者の身体的特徴の変化

低下により味物質の味蕾への到達が阻害され，味覚障害が生じる可能性がある。

　高齢者では，咀嚼機能や腸管吸収能の低下がもたらす亜鉛や鉄などの微量元素の吸収障害により，味細胞のターンオーバーの障害が生じる可能性がある。また高齢者では，欠損歯の増加により，咀嚼機能が低下するのみならず，味蕾の直接的な障害が引き起こされうる。

　糖尿病や脳血管障害など高齢者に多い疾患により，味覚障害が生じることがある。糖尿病においては，ニューロパチーによる末梢神経障害，尿への排泄やインスリン合成によりもたらされる亜鉛欠乏状態，細血管症などの病態により，味覚障害が生じる可能性がある。また脳血管障害においては，味覚伝導路に及ぶ障害が生じた場合に味覚機能低下が引き起こされる。

文　　献

1） 富山紘彦, 日耳鼻会報, **80**(4), 386-408（1977）
2） R.G. Murray et al., *J Ultrastruct Res*, **27**(5), 444-461（1969）
3） J.C. Kinnamon et al., *J Comp Neurol*, **235**(1), 48-60（1985）
4） S. Yoshie et al., *Arch Histol Cytol*, **53**(1), 103-119（1990）
5） J. Chandrashekar et al., *Nature*, **464**(7286), 297-301（2010）
6） M.A. Hoon et al., *Cell*, **96**(4), 541-551（1999）
7） G. Nelson et al., *Nature*, **416**(6877), 199-202（2002）
8） G. Nelson et al., *Cell*, **106**(3), 381-390（2001）
9） G.Q. Zhao et al., *Cell*, **115**(3), 255-66（2003）
10） E. Adler et al., *Cell*, **100**(6), 693-702（2000）
11） J. Chandrashekar et al., *Cell*, **100**(6), 703-711（2000）
12） H. Matsunami et al., *Nature*, **404**(6778), 601-604（2000）
13） K.L. Mueller et al., *Nature*, **434**(7030), 225-229（2005）
14） A.L. Huang et al., *Nature*, **442**(7105), 934-938（2006）
15） Y. Ishimaru et al., *Proc Natl Acad Sci U S A*, **103**(33), 12569-12574（2006）
16） 小野田恵子ほか, 日医雑誌, **127**(9), 1487-1491（2002）
17） 生井明浩ほか, 老年精神医学雑誌, **13**(6), 625-631（2002）
18） Y.K. Shin et al., *J Gerontol A Biol Sci Med Sci*, in press（2011）
19） A. Negoro et al., *Auris Nasus Larynx*, **31**(3), 255-260（2004）
20） I.J. Miller, *J Gerontol*, **43**(1), B26-30（1988）
21） K. Arvidson, *Scand J Dent Res*, **87**(6), 435-442（1979）
22） C.M. Mistretta et al., *J Anat*, **138**(Pt2), 323-332（1984）
23） L.B. Arey et al., *Anat Rec*, **64**(1), 9-25（1935）
24） Y. Mochizuki et al., *Okajimas Folia Anat Jpn*, **18**, 355-369（1939）
25） D. Kranz et al., *Arch Klin Exp Ohren Nasen Kehlkopfheilkd*, **192**(3), 258-267（1968）
26） 杉本久美子ほか, 歯科基礎医学会雑誌, **42**(5), 469（2000）
27） E. Verdu et al., *J Peripher Nerv Syst*, **5**(4), 191-208（2000）
28） 今野ほか, 日耳鼻, **91**(11), 1837-1846（1988）

第2章　疾病予防食品の開発

1　高血圧予防食品素材と加工食品開発

1.1　減塩

1.1.1　高齢高血圧発症のメカニズム

河合崇行*

　高血圧は自覚症状がないのに，突然心臓病や脳卒中で死にいたる危険な状態である。日本は世界の中でも脳卒中が多い国であり，寝たきりの原因の第1位は脳卒中の後遺症となっている。

　60歳を超えると加速度的に血圧があがってくる。60歳台では6割以上，70歳台では7割以上の人が血圧の高い状態になっていると言われている。加齢とともに血圧が上がってくること自体は致し方ないことだが，放っておくと脳卒中や心筋梗塞，慢性腎臓病などの重篤な疾患につながる恐れがあるので，予防が必要である。

　年をとると，視力低下や聴力低下，頭髪・皮膚の変化と同様に，体内（特に血管）も加齢してくる。加齢した血管は硬くなり弾力性を失ってくる。特に太い血管の動脈硬化が進んでくると血圧を上げないと全身に必要な血液を十分に巡らせることができなくなる。細い血管の弾力性が弱まってくると，毛細血管が張り巡らされている脳や腎臓への血流量低下や血管壁破裂などの臓器障害の危険性が高まってくる。さらに悪いことに，高血圧の状態が続くと心臓は心筋を増やし過重労働に対応しようとし，血管は高い血圧に負けまいとして壁を厚くする。高い血圧によって血液の成分が動脈の内壁に入り込んで，それにコレステロールが加わるなどして血管内部が細くなったり，さらなる動脈硬化が起こったりする。それゆえ，高血圧予防には"直接的に血圧を下げる"だけでなく，"血管の老化を遅らせる"，"コレステロールによる血管狭窄を起こしにくくさせる"等の複合的な対策が効果的だと考えられる。

　近年，定期健康診断等や健康指導が進み，高血圧に対する関心も高まり，医療機関への受診率も高まりつつあるが，血圧降下剤に頼った治療・指導がほとんどである。血圧降下剤は血圧を下げ関連疾患のリスクを下げる効果的な薬だが，高血圧を治す薬ではなく服用後数時間のみ降圧効果が持続しているだけである。一生涯服用し続けなければならない上，服用を忘れた日には，心疾患，脳卒中のリスクが元の大きさにまで戻ってしまう。それと比べ食事・生活習慣改善によるアプローチは効果が緩やかな分，2～3日乱れた食生活を余儀なくされても疾患リスクはすぐには高まらない。そのため，食事・生活習慣による高血圧予防のほうが安心である。しかしながら，病院勤務の管理栄養士に聞いた話では，高齢者や乱れた生活習慣によって高血圧になっていると

---

*　Takayuki Kawai　㈱農業・食品産業技術総合研究機構　食品総合研究所　食品機能研究領域　食認知科学ユニット　主任研究員

第 2 章　疾病予防食品の開発

思われる患者さんに対して，高い意識とモチベーションが必要な食事療法は続かないようである。食事指導よりも投薬の方が高い診療点数が得られる，高血圧予防病院食には付加点数が付けられない等により，多くの医療機関で食事・生活習慣改善に対する指導がおざなりになっているのが現状である。

1.1.2　減塩と高血圧予防

現在，高血圧予防のためには，食事・運動・嗜好品の 3 点を中心に 6 項目の生活習慣の修正項目が推奨されている。①食塩制限 6 g/日未満，②野菜・果物の積極的摂取およびコレステロール・飽和脂肪酸の摂取抑制，③適正体重の維持，④定期的な有酸素運動，⑤アルコール制限，⑥禁煙である。世界保健機構，厚生労働省，日本高血圧学会は，減塩を強く推奨している。日本政府が進めている「健康日本 21」の中では，ナトリウム 100 mmol（食塩にして約 6 g/日）摂取を抑えると最大血圧 3 mmHg の低下，カリウム 15 mmol の摂取増加あたり最大血圧 1 mmHg の低下が期待できることが示されている[1]。また，日本国内での国民平均血圧が 2 mmHg 低下することで循環器疾患死亡者を約 2 万人減らせるとの試算も示されている。体内ナトリウムの一部は，腎臓で滤されて尿として排泄される。野菜や果物に多く含まれるカリウムは，腎臓でのろ過時にナトリウムのろ過も促進してくれるため，野菜や果物の積極的な摂取は体内ナトリウム量低減に効果的だと考えられている。カリウムの多いビールを飲むと尿量の増加とともに体内ナトリウムが減り塩分が欲しくなる（＝塩味のアテを美味しく感じる）ことは多くの人が体感するところである。しかし，ナトリウム排泄もカリウム排泄も腎臓のろ過機構を酷使するので，すでに腎機能に障害を持っている人には推奨できない降圧手段である。

高血圧発症の多くがナトリウムの過剰摂取に直接起因していないこと，圧受容器反射能の低下や自律神経調節機能の乱れも高血圧の要因となっていることから，食塩制限に否定的な科学者がいるのも事実だが，本項では世界中で一番メジャーな説に基づき，ナトリウム摂取制限に着目した高血圧予防食品開発を紹介する。

1.1.3　塩味代替物・塩味増強物質の探索

高血圧の予防にナトリウム摂取制限・減塩が重要だと言われているが，食事から単に食塩含量を減らせばよいわけではない。塩は食品に塩味を付与するだけでなく，風味を引き立てたり，甘味など他の味を強めたり引き締めたりすることで食品全体の味のバランスに大きな影響を与える物質である。また，パンの弾力，麺のこし，すり身の粘着力など食感にも影響を与えるし，野菜の軟化や煮物の味の染み込み，発酵食品の発酵制御や干物等の保存食の制菌にも影響を及ぼす。特に日本型食事には塩分をしっかり利かせた食品が多く，ご飯を主食としたおかずには適したものとなっている。発酵のおかげで少量のタンパク性食品から効率よくアミノ酸を吸収することもできるし，塩分のおかげでうま味の増強が起こり，脂肪を多く含まない食事でも十分な満足感を得ることもできる。減塩による風味の低下は致命的であり，塩味は非常に重要である（図 1）。食品の物性や保存性を調整できる食品添加物や技術はいろいろ開発されてきており，食塩のもつ機能を代替できるようになってきているが，塩味を代替できるものは非常に少ない。

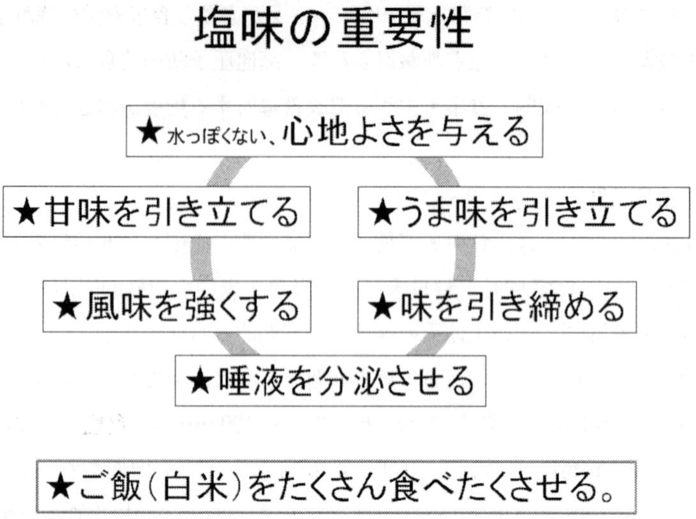

塩味の重要性

- ★水っぽくない、心地よさを与える
- ★甘味を引き立てる
- ★うま味を引き立てる
- ★風味を強くする
- ★味を引き締める
- ★唾液を分泌させる
- ★ご飯（白米）をたくさん食べたくさせる。

図1　塩味はおいしさの基本

　臨床現場では，塩化ナトリウムの一部を塩化カリウムに置き換えた調味料を使っている。カリウムは化学周期表の上では，ナトリウムと同じ族に属し，化学的には似た挙動を示すことが知られている。塩化カリウムの呈する味は塩化ナトリウムとは異なるが，五基本味に分類すると塩味に属するものである。塩化カリウムは後味が悪く金属味がするので，単独で使われることはなく，塩化ナトリウムの半分を置き換えるのが限界である。また，塩化カリウムは先に立つ鋭い味刺激がないため，塩化カリウム入りの塩を使った食品は，塩味がぼけたような感じを受けるという評価をする人もいる。そのため塩化カリウムの呈する後味をマスキングする成分を添加した商品や，塩化カリウムの周りに塩化ナトリウムをコーティングしたものが開発されてきている[2]。

1.1.4　おいしさを損なわない減塩商品の開発

　塩味を減らすと食品全体のおいしさまで低下してしまうことが問題である。そこで，各社，減塩してもおいしさを維持あるいは強化できるような新素材や素材の組み合わせを求め商品開発を進めている。残念ながら，塩味のみを増強する素材は見つかっていないので，塩味不足による食品全体の風味低下を補うものが主流となっている。現在，商品化にたどりついているアプローチは①酵母エキスを添加したもの，②ダシの風味を添加したもの，③アミノ酸を添加したもの，④ペプチドを添加したもの，⑤メイラード反応生成物を添加したもの，⑥香辛料を添加したもの，⑦ハーブ類を添加したものを組み合わせたものである。

　いずれの素材もクセのある味を呈することから，香りが強く複雑な味のする食品に対する利用に適している。

1.1.5　減塩醤油，減塩味噌

　元来，味噌や醤油は塩分を十分に含んだ条件下で発酵・熟成させた調味料である。それがゆえに一定期間，常温保存が可能である。ここ数年来，醤油や味噌にも減塩商品が目立つようになっ

第2章　疾病予防食品の開発

てきている。発酵食品の場合，減塩すると発酵・熟成時間が長く設定できないので，アミノ酸分解や香気成分が少ない深みのない味や香りになってしまう。そこで，通常製法の醤油からアミノ酸類の大きい分子は残し，ナトリウムイオンなどの小さな分子のみを除去するために，浸透膜を利用することで減塩醤油を作る方法が採られている。製造コストを下げるために，減塩で仕込んだ未熟な醤油にアミノ酸や香気成分を後から添加した減塩醤油や，発酵が短時間で済むようにあらかじめ液糖を加えて製造した減塩醤油なども開発されている。また，保存性を保つためにアルコールなどが添加されていることが多い。味噌では，完成品から塩分のみを除去することができないので，仕込み段階から塩を減らして製造されているものがほとんどである。しかし，塩が少ないと異常発酵してしまうので，減塩醤油と同様に短時間発酵させたものに酵母エキスやフィッシュペプチド，アミノ酸などの多数の呈味物質を添加して風味を整えているものが多い。一部の商品には，発酵期間中の緻密な温度管理，雑菌の入らない隔離密閉容器利用により長期間発酵を行っているものもある。それらにも減塩による呈味不足を補うため魚節エキスやアミノ酸等が添加されている。

1.1.6　海産物ペプチドを利用した減塩

　和食において，鰹ダシや醤油はなくてはならない調味料である。これらに含まれるうま味成分は共存する塩分によって強く感じることができる。海産物にも多くのうま味成分が含まれている。そのうま味を引き出すためにも，海産物を調理する場合には塩や醤油を足してさらに濃い塩味にすることが多い。煮物や汁もの，焼きものの塩分を減らせば，和食のおいしさの特徴であるうま味を損なうことになりかねない。焼津水産化学工業の田形らは，鰹が熟成され鰹節となって風味が強くなる点に着目し，フィッシュペプチドを添加して減塩のため感じにくくなるダシ風味やうま味を増量した調味しおや調味醤油を商品化し，40％程度の減塩法を提案している[3]。日本水産の下野らは，鮭の白子ペプチドと大豆由来ペプチドにアルギニンを加えることで30％減塩してもおいしく食べられる魚介類を商品化している[4]。

1.1.7　メイラード反応生成物を利用した減塩

　味噌やチーズなどの発酵食品では，発酵期間中の塩分量は変化していないにも関わらず，塩味が強くなったり弱くなったりすることが知られている。キリン協和フーズの宮内らは，長期熟成中にタンパク分解物と糖が結合して生成するメイラード反応物に着目し，ゴーダチーズおよび信州味噌から呈味改善につながる物質を探索し，「こく味」を付与するもの，苦味を抑えるもの，塩味を強めるものを見つけている[5]。このうち，官能試験において塩味増強効果が認められた生成物は，味覚神経応答や阻害剤を用いた詳細な研究により，塩化カリウムに近い塩味増強能をもつことが明らかにされている。塩化カリウムの呈する不快な味質を持っていなかったため，現在では効果的な減塩素材として商品化されている。アミノ酸，大豆たんぱく加水分解物を加えた製品を使えば，麺つゆ，ラーメンスープでは20％減塩，カレーやミートソースでは50％減塩しても元の味に劣らないものを作ることが可能である（図2）。

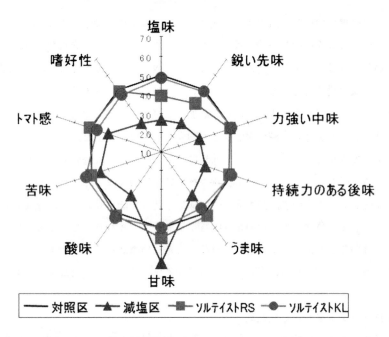

図2 ソルテイストによる減塩効果の例（50％ナトリウム低減ミートソース）
対照区を5点とした7点評価法で示す。ソルテイスト添加濃度は0.5％。ソルテイストKLはRSに塩化カリウムを配合したもの。（キリン協和フーズ社資料）

1.1.8 香辛料・ハーブを利用した減塩

　コンソメスープなどに含まれる塩味は，その鋭い立ち上がりにより全体の味を引き締める役割を持っている。そこに胡椒などの刺激的な香辛料を少し加えると塩を減らしても全体に引き締まった感覚を味わうことができる。また，山椒様の軽い痺れを残す香辛料は，塩辛い食品を食べた後に感じる舌の痛さに近い感覚を与えてくれる。小川香料の宮澤らは，天然ハーブの花から抽出した辛味成分の塩味増強効果を報告している[6]。現在では，閾値濃度以下の辛味成分にカリウムの不快感をマスキングできる天然物由来のビターマスカー香料を組み合わせることにより，塩味感の不足および後味の苦味を感じない減塩呈味改善素材を商品化している。ポップコーンやソーセージ，トマトソース，コンソメスープにおいて40〜50％の減塩が可能である（図3）。

1.1.9 酢を利用した減塩

　料理に酢を用いると少量の塩でおいしく作ることができることが昔から知られている。ミツカングループの小笠原らは，塩分含量の異なる鶏がらスープやミックス野菜スープに0.135％の酢を加えることで，塩分の強さの違いを感じなくなり，少ない塩分量のスープでも美味しく味わえることを報告している[7]。鶏がらスープの場合はさらに唐辛子エキスを加えることで効率よく減塩できることが示されている。

第2章　疾病予防食品の開発

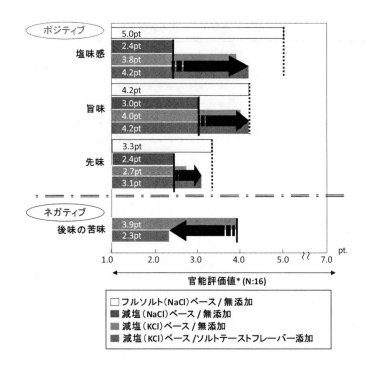

図3　ソルトテーストフレーバーによる減塩効果の例（44％ナトリウム低減コンソメスープ）
7点評価法で示す。ソルトテーストフレーバー添加濃度は0.1％。（小川香料社資料）

1.1.10　匂いによる塩味増強

特定の匂いを嗅いで塩味を強く感じられるかどうかを調べた研究もある。醤油，オイルサーディン，コンテチーズの匂いが塩味を連想させ，同時に口に入れた低濃度の食塩水を実際より濃く感じたという実験結果が報告されている[8,9]。表1に，種々の香気成分の20 mM食塩水に対する塩味増強効果を順位づけて並べたものを転載する。香気成分による塩味増強は食経験や学習による効果の強弱もあるので適応範囲は狭いと考えられるが，前述の呈味強化技術と組み合わせれば，さらなる減塩技術につながる可能性が秘められている。

表1　香気成分による塩味増強[9]

香料原料	塩味増強の大きさ	
ベーコン	＊＊＊＊＊＊＊＊＊＊＊＊＊＊＊＊＊＊	A
サーディン	＊＊＊＊＊＊＊＊＊＊＊＊＊＊＊＊＊	A
アンチョビ	＊＊＊＊＊＊＊＊＊＊＊＊＊＊＊＊	A
ピーナッツ	＊＊＊＊＊＊＊＊＊＊＊＊＊＊＊＊	A
ハム	＊＊＊＊＊＊＊＊＊＊＊＊＊	A
チキン	＊＊＊＊＊＊＊＊＊＊＊＊	A
ロックフォールチーズ	＊＊＊＊＊＊＊＊＊＊＊	A
ツナ	＊＊＊＊＊＊＊＊＊	A
コンテチーズ	＊＊＊＊＊＊＊＊	B
濃厚チーズ	＊＊＊＊＊＊＊	B
ヤギチーズ	＊＊＊＊＊	
ソトロン	＊＊＊＊	
醤油	＊＊	
トマト	＊	

A：$p<0.001$, B：$p<0.05$

文　　献

1) P. Elliot *et al*, Intersalt revised : further analysis of 24 hour sodium excretion and blood pressure within and across populations, *Br Med J.*, **312**, 1249-1253 (1996)
2) 特許　顆粒状塩味料（特開 2008−289386）
3) 田形匡亮, 松田秀喜, おいしい低塩・減塩化技術　新しい低塩化技術の提案とその利用, 月刊フードケミカル, **26**, 32-35 (2010)
4) 下野将司, ペプチドとアミノ酸による美味しい減塩食品の開発, 食品と開発, **46**, 13-15 (2011)
5) 宮内大介, おいしい低塩・減塩化技術「ソルテイスト」による減塩・低塩食品のおいしさ向上, 月刊フードケミカル, **26**, 36-40 (2010)
6) 宮澤利男, 天然調味料開発の近況　減塩食品開発に有効な「ソルトテーストフレーバー」の開発, ジャパンフードサイエンス, **50**, 25-29 (2011)
7) 小笠原靖, 赤野裕文, 食酢の減塩効果, 月刊フードケミカル, **26**, 23-27 (2010)
8) 下田満哉, 味と匂いの連携応答−食品開発の新たな視点, 季刊香料, **248**, 21-27 (2010)
9) G.Lawrence *et al*, Odour-taste interactions, A way to enhance saltiness in low-salt content solutions, *Food Quality and Preference*, **20**, 241-248 (2009)

1.2 α-リノレン酸の血圧上昇抑制効果

関根誠史[*1]，野坂直久[*2]

1.2.1 高血圧と脂質

日本において，2000年の「第5次循環器疾患基礎調査」[1)]により，血圧については，30歳以上の男性の51.7%，女性の39.7%が高血圧（最高血圧140 mmHg以上または最低血圧90 mmHg以上）に該当し，男女ともに年齢が高くなるにつれて高血圧の人の割合が多くなることが判ってきている（図1）。血圧は「高血圧治療ガイドライン2009」[2)]に示されている通り，至適血圧，正常血圧，正常高値血圧，Ⅰ度高血圧，Ⅱ度高血圧，Ⅲ度高血圧，（孤立性）収縮期高血圧に分類されている（表1）。

血圧は高くなるほど，脳卒中，心疾患を併せた循環器系疾患による死亡危険度が高くなる。また，高血圧が最大の危険因子である脳血管障害は，我が国における寝たきりの1/3を占める最大の原因疾患である[3)]。このような重篤な疾患を予防するためにも，血圧をコントロールする必要がある。

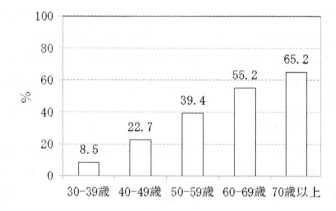

図1　収縮期血圧が140 mmHg以上の日本人の割合[1)]

表1　成人における血圧値の分類（mmHg）

分類	収縮期血圧		拡張期血圧
至適血圧	<120	かつ	<80
正常血圧	<130	かつ	<85
正常高値血圧	130−139	または	85−89
Ⅰ度高血圧	140−159	または	90−99
Ⅱ度高血圧	160−179	または	100−109
Ⅲ度高血圧	≧180	または	≧110
（孤立性）収縮期高血圧	≧140	かつ	<90

---

*1　Seiji Sekine　日清オイリオグループ㈱　中央研究所
*2　Naohisa Nosaka　日清オイリオグループ㈱　食用油技術部　主管

高血圧を予防・改善する食品素材に対する研究は多く行われており，臨床，疫学，動物研究において，カリウム，カルシウム，マグネシウム[4,5]，魚や乳タンパクのペプチド[6~9]，抗酸化物質[10~16]，共役リノール酸[17]など多くの食品成分で高血圧に対する有用性が報告されている。

また，脂質においては，n-3系脂肪酸は冠動脈性心疾患の予防をはじめ，様々な有用な生理効果が知られているが，魚油に多く含まれるエイコサペンタエン酸（EPA）やドコサヘキサエン酸（DHA）の血圧に対する効果についても有用性が報告されている[18~20]。INTERMAP研究の成績によると，n-3脂肪酸の摂取量が多い人は血圧が低い傾向にあることが報告されている[21]。Knappら[22]は，魚油を軽度の高血圧患者に摂取させると，収縮期血圧，拡張期血圧を低下させることを報告している。植物油に多く含まれるn-3系脂肪酸であるα-リノレン酸（ALA）に関する研究では，その摂取量と高血圧症発症率の関係を調べた米国で行われた疫学研究が報告されており，ALA摂取が多い方が，高血圧症になりにくいとされている[23]。ALAは，菜種油や大豆油といった一般的な食用油に含まれている脂肪酸である。特に，アマニ油やエゴマ油に多く含まれている。魚油に含まれる，EPA，DHAは二重結合をそれぞれ，5個，6個持ち酸化安定性が低いのに対して，植物油に多く含まれるALAの二重結合は，3個であり，魚油と比較して酸化安定性は高く，ALAを含む食用油は利用しやすい食品素材である。この多くの食用油に含まれるALAの新しい利用法として，ALAの高血圧の改善効果とその血圧の上昇を抑制するメカニズムについて紹介する。

1.2.2 ALAの血圧上昇抑制効果

ALAについては，高血圧モデルラット（Spontaneously Hypertensive Rats（SHR））にALAを投与すると血圧上昇を抑制することが観察されている[24]。またヒトでは，前述したように米国での大規模な疫学研究により，ALAを多く摂取しているグループの高血圧症発症率は，有意に低いことが報告されている[23]。

ヒトでの臨床栄養研究において，植物油に含まれるALAの高血圧への効果は報告されていなかったが，近年，日本人においてALAの高血圧に対する効果について報告された[25]。この報告では，正常高値血圧およびⅠ度高血圧者111名を対象に，二重盲検法で試験が実施されている。対象者は2群に分けられ，調合サラダ油（対照）または高ALA油（ALAとして2.6g/14g）を14g含有するパンを，12週間摂取している。その結果，ALAの多い食事を摂取することにより，摂取後4，8，12週間目において，対照群（調合サラダ油）と比較して，ALA摂取群の方が，収縮期血圧は有意に低値を示しており，拡張期血圧はALA摂取群の12週目で有意に低くなっている（図2）。このように，日本人を対象とした臨床栄養研究において，ALAを含む食用油の摂取は高血圧に対して有用であることが示されている。

ALAは体内でEPAに変換されることが知られているが，上述したように，EPAにおいてもまた高血圧の改善効果が報告されている。従って，この栄養実験で認められているALAの高血圧改善効果は，変換されたEPAが効果を発揮していることも考えられる。ALA単独の効果の有無については，高血圧自然発症モデルラット（SHR/Ism）にALAを多く含むアマニ油を単

第 2 章　疾病予防食品の開発

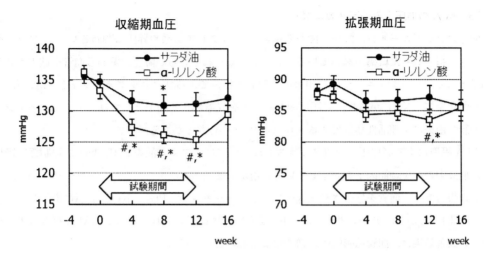

図 2　血圧が高めの方に α-リノレン酸を含む食用油を摂取させた場合の血圧の変化
　　　　値は，平均値±標準誤差で示した
　　　　＊；0 週と比較して有意な差がある（$P<0.05$）
　　　　＃；サラダ油摂取群と比較して有意な差がある（$P<0.05$）

回，強制経口投与して EPA への変換の影響が少ないと考えられる短期間の動物実験が報告されている[26]。この報告では，7 週齢の SHR/Izm のオスを用い，ALA がほとんど含まれていない高オレイン酸べに花油，または ALA を多く含むアマニ油を 1 mL 強制経口投与し，投与 4 時間後，収縮期血圧を測定している。その結果，収縮期血圧は ALA の豊富なアマニ油を投与することで有意に低値を示しており，ALA から変換された EPA が効果を発揮しているわけではなく，ALA 自身にも高血圧改善効果があることが示唆されている（図 3）。

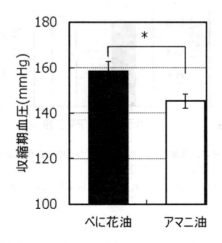

図 3　高血圧自然発症ラット（SHR/Izm）にアマニ油を投与した場合の収縮期血圧
　　　　値は，平均値±標準誤差で示した
　　　　＊；ベニ花油群とアマニ油群の間に有意な差がある（$P<0.05$）

1.2.3 ALAの血圧上昇抑制メカニズム

血圧のコントロールは，降圧に関わるキニン-カリクレイン系や昇圧に関わるレニン-アンジオテンシン系といった機構が働いていることが広く知られている。降圧に関わる血管を拡張させる因子として，ブラジキニンや脂質由来の生理活性物質であるプロスタグランジン I_2（PGI_2），また一酸化窒素（NO）があり，昇圧に関わる血管を収縮させる因子としては，アンジオテンシンIIや脂質由来の生理活性物質であるトロンボキサン A_2 などがある。

ALA摂取による高血圧の改善メカニズムについては，アマニ油をSHR/Izmに強制経口投与し，血液中の血圧調節因子を測定している報告がある[26]。

この報告では，血管を拡張させる因子であるブラジキニン，PGI_2，NOが有意に増加していたが（図4），しかし，アンジオテンシンII，TXA_2 に差は認められておらず，ALA摂取による高血圧の改善効果は，血管拡張因子の増加によるものと考えられている。

1.2.4 おわりに

これらのALA摂取による高血圧に対する効果に関する研究から，魚油に多く含まれるEPA，DHAとともに，一般的に多く使われている植物油に含まれるALAにおいても，高血圧の予防・改善効果が期待されることが示唆されている。日常で摂取する脂質について，これらの脂肪酸を含む油のような「質」を考慮することが，高血圧を予防・改善の観点からも重要であると考えられる。本項で述べた研究が高齢者の高血圧の予防・改善の一助となること，また，今後，さらなる研究を期待したい。

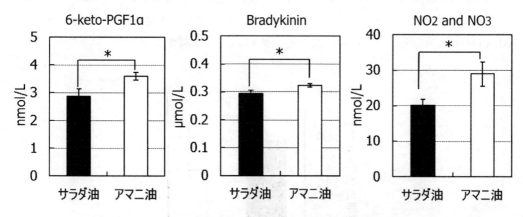

図4 アマニ油を単回投与したラットの血中の血管拡張物質の量
値は，平均値±標準誤差で示した
＊；サラダ油摂取群と比較して有意な差がある（$P<0.05$）

第 2 章　疾病予防食品の開発

文　　献

1) 循環器病予防研究会, 第 5 次循環器疾患基礎調査, 中央法規 (2003)
2) 日本高血圧学会高血圧治療ガイドライン作成委員会, 高血圧治療ガイドライン 2009, ライフ・サイエンス出版 (2009)
3) 森本茂人, 日本老年医学会雑誌, **44**, 575-578 (2007)
4) D.A. McCarron et al., *Science*, **224**, 1392-1398 (1984)
5) Intersalt Cooperative Research Group, *Br. Med. J.*, **297**, 319-328 (1988)
6) E. Kinoshita et al., *Biosci. Biotechnol. Biochem.*, **57**, 1107-1110 (1993)
7) Y. Saito et al., *Biosci. Biotechnol. Biochem.*, **58**, 812-816 (1994)
8) Y. Hata et al., *Am. J. Clin. Nutr.*, **64**, 767-771 (1996)
9) T. Kawasaki et al., *J. Hum. Hypertens.*, **14**, 519-523 (2000)
10) J.T. Salonen et al., *Am. J. Clin. Nutr.*, **48**, 1226-1232 (1988)
11) T. Heitzer et al., *Circulation*, **94**, 6-9 (1996)
12) N.G. Stephens et al., *Lancet*, **347**, 781-786 (1996)
13) S.J. Duffy et al., *Lancet*, **354**, 2048-2049 (1999)
14) K. Mizutani et al., *J. Nutr. Sci. Vitaminol.*, **45**, 95-106 (1999)
15) J.M. Hodgson et al., *J. Hypertens.*, **17**, 457-463 (1999)
16) G. Block et al., *Hypertension*, **37**, 261-267 (2001)
17) K. Nagao et al., *Biochem. Biophys. Res. Commun.*, **310**, 562-566 (2003)
18) T. Holm et al., *Eur. Heart J.*, **22**, 428-436 (2001)
19) J.R. Frenoux et al., *J. Nutr.*, **131**, 39-45 (2001)
20) A.P. Simopoulos, *Environ. Health Prev. Med.*, **6**, 203-209 (2002)
21) H. Ueshima et al., *Hypertension*, **50**, 313-9 (2007)
22) H.R. Knapp and G.A. FitzGerald, *N. Engl. J. Med.*, **320**, 1037-1043 (1989)
23) L. Djoussé et al., *Hypertension*, **45**, 368-373 (2005)
24) H. Rupp et al., *Mol. Cell Biochem.*, **162**, 59-64 (1996)
25) H. Takeuchi et al., *J. Oleo Sci.*, **56**, 347-360 (2007)
26) S. Sekine S et al., *J. Oleo Sci.*, **56**, 341-345 (2007)

2 糖尿病予防食品素材と加工食品の開発

2.1 低GI—イソマルチュロース（パラチノース®）—

宮坂清昭*

2.1.1 緒言

近年，長寿社会の到来による高齢者の絶対数の増加，メタボリックシンドロームを始めとする生活習慣病およびその予備軍の増加が社会問題となっており，その予防の観点から食後高血糖の抑制について関心が高まっている。加えて，エネルギー摂取の重要性についての認識の高まりもあり，一定量のエネルギー摂取が生体内の機能に与える影響を評価するため，糖質の「質」に注目して様々な研究が進められている。本稿では「GI（グリセミックインデックス）」について簡単に説明し，糖質を含む食品の食後血糖上昇を抑制し，GIを低減させることが可能な糖質「イソマルチュロース（パラチノース®）」について説明する。

2.1.2 GI

GIは1981年，Jenkinsら[1]により提唱され国際的に標準化された，「その食品・素材がどの程度の血糖値上昇能を有しているか」を示す指標である。低GIな食品は摂取後の血糖上昇が緩慢であるため，食後高血糖を生じにくい。糖質の総摂取量が同一である場合，主に摂取する糖質の種類と食品の摂取形態，夾雑物の有無が食後血糖に影響する。

（1）摂取する糖質の種類

概して構造が単純で体内で吸収されやすく，グルコースを含む糖質はGIが高くなる傾向がある。逆に，イソマルチュロースのように吸収が緩慢な糖質や，フラクトースのように構成糖にグルコースが含まれない糖質はGIが低くなる傾向がある（表1）。

（2）食品の摂取形態，夾雑物の有無

純度が高く，細かく加工された食品素材は体内での酵素との接触機会が増え，消化吸収速度が早まるためGIが高くなる傾向がある。逆に，精製度が低く，食物繊維等を多く含む食品ではGIが低くなる傾向がある。例えば難消化性デキストリンのような食物繊維は小腸内容物の増大と，

表1 主な糖質のGI

素材名	GI*
マルトース	105
グルコース	100
スクロース	60
ラクトース	45
イソマルチュロース	32
フラクトース	22

*2012年1月時点でのシドニー大学のGIデータベースにおける報告の中央値

* Kiyoaki Miyasaka　三井製糖㈱　商品開発部

糖質に対する消化酵素の作用を遅延あるいは抑制させ[2]，糖質の吸収速度を遅延させる効果を有することから，食品のGIを低減する。

2.1.3 イソマルチュロース
(1) イソマルチュロースについて

イソマルチュロース (6-O-D-glucopyranosyl-D-fructose, isomaltulose) は，ドイツのOffstein（ラテン名でPalatin州）において発見された天然の糖質であり，日本では発見された地名に因んだPalatinoseという名称で知られている（パラチノース®は三井製糖の登録商標である）。イソマルチュロースはスクロースの構造異性体で，グルコース1分子とフラクトース1分子が α-1,6結合した二糖類であり（図1）[3]，小腸に局在する消化酵素であるイソマルターゼにより単糖に分解され，完全に吸収されるため4 kcal/gを有する。甘味度はスクロースの50%弱であるが，スクロースと同様の良質な甘味質を有している。イソマルチュロースは口腔内で歯垢に接しても，歯垢内のpHが虫歯が発生するとされる5.5以下に下がらず，また歯垢の基になる不溶性グルカン形成を阻害するため，歯垢の形成が抑制される[4,5]。ゆえにパラチノース®の名称で虫歯の原因になりにくい食品素材として特定保健用食品の関与成分にもされており，わが国において20年以上にわたり様々な食品に使用されている[6]。急性毒性，亜慢性毒性，変異源性等は認められておらず，ヒトでの経口投与試験の結果，緩下作用を有さないことが報告されている。

イソマルチュロースの消化吸収速度はスクロースの約1/5とされており，そのGIは32と報告されている（表1）。スクロースよりも血糖値の上昇が緩慢かつ低値を示し（図2），インスリン分泌が抑えられる（図3）[7]。

(2) GI低減効果

イソマルチュロースは他の糖質と併用した際に，他の糖質に由来する血糖上昇を抑制する作用を有する。例として，イソマルチュロースをスクロースと同時に摂取した場合の血糖上昇推移を示す（図4）[8]。イソマルチュロースはスクロース以外にもマルトース，デンプン，デキストリン，限界デキストリン等の消化を緩慢にすることが報告されており，様々な糖質と組み合わせた際にも同様の効果が発揮されると考えられている。

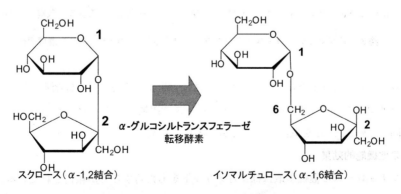

図1　イソマルチュロースの構造式

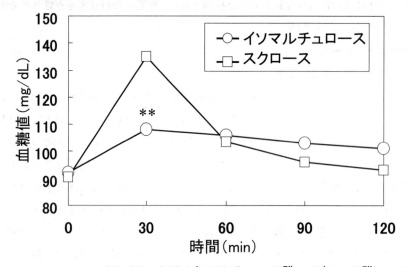

mean± SE, **：p<0.01 (イソマルチュロース群 vs スクロース群), n=10

図2　イソマルチュロースまたはスクロース摂取後の血糖値変化

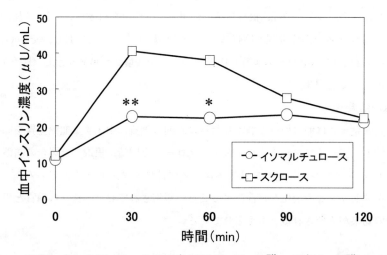

mean± SE, *：p<0.05, **：p<0.01 (イソマルチュロース群 vs スクロース群), n=10

図3　イソマルチュロースまたはスクロース摂取後の血中インスリン濃度変化

　イソマルチュロースは単糖類であるグルコースに由来する血糖上昇を抑制する作用も報告されており，グルコースの約50%をイソマルチュロースで置換することで，イソマルチュロース単体とほぼ同一の値までGIを低減することができる（図5）[9]。

(3)　その他機能的効果

　イソマルチュロースの継続摂取は様々なメリットをもたらすことが報告されている。ヒトが日ごろ摂取している砂糖の一部をイソマルチュロースに置換して数ヶ月摂取することにより，肥満

第 2 章　疾病予防食品の開発

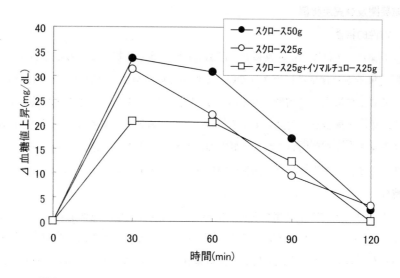

図 4　イソマルチュロースのスクロースに対する血糖値上昇抑制効果

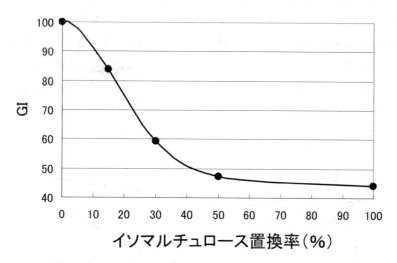

図 5　グルコースのイソマルチュロース置換が GI に及ぼす影響

者において非介入群よりも内臓脂肪が減少するとした報告[10]があるほか，健常人においてインスリン抵抗性指数である HOMA-IR が改善する[11]といった報告が存在している。

　またイソマルチュロースはスクロースと比較して，満腹ホルモンである GLP-1 の分泌を促進しやすく，逆にグレリンといった空腹ホルモンの分泌を抑制することが報告されている[12,13]。これらは，イソマルチュロースは消化吸収が緩慢であり，小腸下部における GLP-1 分泌細胞を刺激しやすい[12]こと等が影響していると考えられている。

（4） 用途展開及び実用化例

①味質的・物性的特性

イソマルチュロースは砂糖に非常に近い自然な甘味質を示す糖質であることから，国内外で飲料，乳飲料，菓子等の食品に利用されている。低温での溶解性はスクロースと比較して低いが，温度を上げることで問題なく溶解させることが可能である（図6）。甘味度が低くすっきりした後味を持ち，果汁を配合した食品の果汁感を引き立たせる効果があるほか，豆類や魚類など特有の不快な味のマスキングに用いられる。低吸湿性な糖質であることから，ドーナツシュガー，グレージング，アイシング等でなきの抑制に用いられることもある。

②機能的特性

イソマルチュロースは緩下作用が無い4 kcal/gの糖質であり，血糖上昇しにくくインスリン低刺激性である。ゆえに医療分野においては糖尿病患者や糖尿病性腎症患者向けの飲料や流動食，ゼリーといった，エネルギー摂取を目的とする栄養食品の糖質源として用いられるほか，運動分野でも利用が広がっている。

特定保健用食品（虫歯の原因になりにくい食品）の関与する成分として認められていることから，非う蝕，抗う蝕を謳うガム，キャンディー等の菓子類に利用されている。

また，満腹感持続をコンセプトとした飲料や菓子に利用されることもある。健常者に糖質総配合量を統一した，スクロース配合チョコレートとイソマルチュロース配合チョコレートを摂取させ満腹感持続性を比較した結果，イソマルチュロース配合チョコレートは満腹感を有意に持続させることが報告されている[12]。

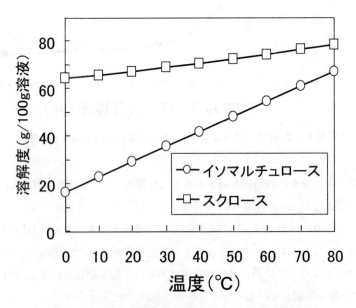

図6　イソマルチュロースまたはスクロースの溶解度

第 2 章　疾病予防食品の開発

2.1.4　おわりに

　イソマルチュロースは他の糖質による血糖上昇抑制効果をはじめとする様々な機能性を有し，緩下作用の無い 4 kcal/g の糖質である。筆者らは，イソマルチュロースは一般人はもちろん，高齢者，肥満者，耐糖能異常者や糖尿病患者，およびこれら予備群のエネルギー摂取において，量的にも質的にも貢献できる食品素材であると考えている。

　糖質は人間に必須の栄養素である。味や糖質の量のみならず，糖質の質にこだわった食品の開発がなされていくことを期待したい。本稿がその助けになれば幸いである。

【注】

本稿では 2012 年 1 月末時点でシドニー大学のデータベース（http://www.glycemicindex.com/）上に存在する，各糖質 50 g 摂取時の GI 報告（グルコースを基準食とする）の中央値（小数点以下切上）を GI として記載した。

文　　献

1) D.Jenkins et al., *Am. J. Clin. Nutr.*, **34**, 362 (1981)
2) 武藤泰敏, 消化・吸収－基礎と臨床－, p.274-275, 第一出版 (2002)
3) 中島良和, 澱粉科学, **35**, 131 (1988)
4) K. Ohta et al., *Bull. Tokyo dent. Coll.*, **24**(1), 1 (1983)
5) 泉谷明ほか, 小児歯科学雑誌, **25**(1), 142 (1987)
6) B.A.R. Lina et al., *Food Chem. Toxicol.*, **40**, 1375 (2002)
7) K. Kawai et al., *Endocrinol. Japon*, **21**, 338 (1989)
8) J. Kashimura et al., *J. Agric. Food Chem.* **56**, 5892 (2008)
9) 樫村淳ほか, 精糖技術研究会誌, **51**, 19 (2003)
10) Y. Yamori et al., *Clinical and Experimental Pharmacology and Physiology*, **34**, S5 (2007)
11) M. Okuno et al., *Int. J. Food Sci. Nutr*, **61**, 643 (2010)
12) T. Hira et al., *J. Nutr. Sci. Vitaminol.*, **57**, 30 (2011)
13) J. G. P. van Can et al., *Br. J. Nutr.*, **102**, 1408 (2009)
14) 水雅美ほか, 精糖技術研究会誌, **58**, 9-18 (2011)

2.2 オスモチン

岩部美紀[*1], 山内敏正[*2], 門脇 孝[*3]

2.2.1 はじめに

わが国の死因の上位を占める心血管疾患（心筋梗塞・脳梗塞など）の主要な原因は，エネルギー収支バランスの崩れによる肥満を基盤として，耐糖能障害・脂質代謝異常・高血圧が一個人に重積するいわゆるメタボリックシンドロームと考えられる。このメタボリックシンドロームは，2型糖尿病の高リスク群としてとらえられ，我が国でも近年その診断基準が策定され，少なく見積っても40-70歳の日本人で2,914万人がメタボリックシンドロームあるいはその予備群であることが明らかにされている。現代の大きな社会問題となっている日本における糖尿病患者急増という実態を受け，厚生労働省もメタボリックシンドローム対策を糖尿病対策の重要な柱のひとつとして位置付けており，その点からも肥満・インスリン抵抗性の原因解明とそれに立脚した根本的な予防法や治療法の確立が極めて重要である。

本稿では，科学的エビデンスに基づいた糖尿病予防食品素材や加工食品の開発の可能性と今後の期待について述べる。

2.2.2 肥満によるインスリン抵抗性におけるアディポカインの関与

肥満がインスリン抵抗性を基盤として糖尿病，脂質異常症，高血圧を惹起することはよく知られていたが，肥満がインスリン抵抗性を惹起するメカニズムは不明であった。メタボリックシンドロームの原因となる肥満は，主に脂肪細胞の肥大化によって生ずると考えられている。脂肪組織は余剰のエネルギーを中性脂肪の形で貯蔵するという従来から知られている機能に加え，レプチンを筆頭にtumor necrosis factor-α（TNF-α）やレジスチン，遊離脂肪酸（FFA）[1]など種々のシグナル分子"アディポカイン"を分泌する内分泌器官としての機能を有することが知られるようになった。肥大した脂肪細胞からはTNF-α，レジスチン，FFAなどが大量に産生・分泌され，肝臓や骨格筋でインスリンのシグナル伝達を障害しインスリン抵抗性を惹起することが明らかとなった。一方で，いわゆる"善玉のアディポカイン"であるアディポネクチンの分泌は低下し，そのことが全身でのインスリン抵抗性や耐糖能障害の原因となることから非常に注目されている。

2.2.3 アディポネクチン/アディポネクチン受容体の生理的・病態生理的意義

アディポネクチンは脂肪細胞から分泌される分子量約30 kDaの分泌タンパク質で，シグナルペプチド・コラーゲンドメイン・球状ドメインからなる[2~5]。肥満ではこのアディポネクチンの血中濃度が低下し，そのことが実際にメタボリックシンドローム・2型糖尿病の原因となり，さらにアディポネクチンの補充がこれら病態の効果的な治療手段となることを明らかにした[6]。そ

[*1] Miki Okada-Iwabu 東京大学大学院 医学系研究科 糖尿病・代謝内科 分子創薬・代謝制御科学講座 特任助教

[*2] Toshimasa Yamauchi 東京大学大学院 医学系研究科 糖尿病・代謝内科 講師

[*3] Takashi Kadowaki 東京大学大学院 医学系研究科 糖尿病・代謝内科 教授

第2章　疾病予防食品の開発

の作用メカニズムとして，アディポネクチンはAMPキナーゼ（AMPK）やperoxisome proliferators-activated receptor α（PPARα）を活性化し，インスリン抵抗性・耐糖能障害を改善することを見出した[7]。また，動脈硬化のモデルであるapoE欠損マウスに，アディポネクチンを高発現させると，脂質蓄積の低減と抗炎症作用などにより，動脈硬化巣の形成が約60％に抑制されることを見出し，心血管疾患を抑制することを明らかにした[8]。

このように脂肪細胞由来のアディポネクチンが抗糖尿病・抗動脈硬化作用を有することが明らかとなったが，アディポネクチンの作用メカニズムと病態生理学的意義を明らかにするためには，さらにアディポネクチン受容体の同定が最重要課題であった。筆者らは，特異的結合を指標にした発現クローニング法により，7回膜貫通型ながら既知のGタンパク質共役型受容体ファミリーとは構造的・機能的に異なったファミリーに属すると考えられるアディポネクチン受容体（AdipoR）1とAdipoR2の同定に世界で初めて成功した[9]。実際にsiRNAを用いた実験やこれら受容体を欠損させたマウスを作製・解析し，AdipoR1とR2はアディポネクチンの結合に必須であり，個体レベルでのエネルギー代謝調節に重要な役割を担っていることを示した[9,10]。さらに興味深いことに，肥満・2型糖尿病モデルマウスの肝臓・骨格筋・脂肪組織などの代謝に重要な各組織においてAdipoR1及びR2の発現量が低下し，アディポネクチン感受性の低下が存在することが明らかとなり，血中アディポネクチンレベルとアディポネクチン受容体の発現低下が糖尿病・メタボリックシンドロームとそれに伴う動脈硬化の原因となっていることが明らかになった[10,11]。

さらに最近，骨格筋におけるアディポネクチン/AdipoR1シグナルがミトコンドリアの量と機能を改善させることにより代謝と運動持久力を高め，運動した場合と同様の効果をもたらすことを発見した[11]。実際に骨格筋特異的AdipoR1欠損マウスを作製し解析したところ，骨格筋においては活性化したPPARγ coactivator-1α（PGC-1α）の量が約25％にまで低下し，ミトコンドリア含量と機能の低下，type I fiberの割合が低下し運動持久力の低下が認められ，個体レベルでの耐糖能障害，インスリン抵抗性が認められた。さらにその詳細なメカニズムをC2C12細胞やXenopus laevis oocytesを用いて検討したところ，アディポネクチンがAdipoR1を介し"細胞内Ca^{2+}濃度を上昇させること"と"AMPK/長寿遺伝子SIRT1の活性化"の両方をもたらすなど運動を模倣するシグナルを有すること発見し，前者がPGC-1αの発現上昇に，後者がPGC-1αの活性化に，すなわち，PGC-1αをdualに制御する重要な役割を果たしていることを明らかにした[11]。

これらのことより，アディポネクチン/アディポネクチン受容体シグナルを増強させることが糖尿病・メタボリックシンドローム・動脈硬化症の根本的な治療法になる可能性が示唆されるようになり，その方法の登場が強く期待されている。

2.2.4　アディポネクチン受容体AdipoRアゴニスト開発の試み

アディポネクチン受容体が同定されて以降，その受容体作動薬の探索が世界的に行われるようになった。その過程でまず野菜・果物に含まれるアディポネクチン関連物質であるオスモチンが

53

アディポネクチン受容体の作動薬となることを見出した（図1）[12]。

オスモチンは植物防御ペプチドファミリー Pathogenesis related (PR) proteins の一種で，その立体構造が球状アディポネクチンと相同であることが明らかとなった。さらに非常に興味深いことに，オスモチンの受容体は酵母におけるアディポネクチン受容体のホモログであることが分かり，実際に植物由来のオスモチンが哺乳類の細胞においてアディポネクチン受容体に結合し，アディポネクチン受容体を介してAMPK活性を上昇させることが分かった。これはアディポネクチン及びアディポネクチン受容体が，植物から動物まで進化上保存されている可能性の高いことを示しており，実際に野菜・果物に含まれるペプチドがヒトの生体内においてエネルギー代謝を調整し得るという点では，非常におもしろい。

2000年3月当時の厚生省が2010年を目指して掲げた「健康日本21」において，糖尿病などに対する治療指針に，現代日本人において不足している野菜や果物をバランスよく摂取する必要があると提言されている。また世界的にも，野菜や果物を摂取することをすすめている指針やガイドラインが出されている。オスモチンを始め植物防御ペプチドファミリーに属する蛋白は種々の植物（野菜・果物など）に豊富に多種類存在し，消化・分解されにくい。また，オスモチン以外にもアディポネクチン受容体活性化能を有するペプチドが存在する可能性があり，これらの研究は，疫学的調査に基づいた「野菜や果物を摂取すべき」という治療指針に分子メカニズムを与える可能性があると考えられる。このように野菜や果物に含まれる物質の抗糖尿病作用を研究することは，糖尿病人口が増加している中，非常に有用であると考えられ，この分野の研究の更なる発展が期待されている。

2.2.5 おわりに

経口血糖降下剤であるPPARγ活性化剤（ピオグリタゾン）が高分子量アディポネクチンを，経口脂質降下剤であるPPARα活性化剤（フィブラート系薬剤）がアディポネクチン受容体を増加させることが明らかとなっている。また，経口降圧薬であるARB（アンジオテンシンII受容体拮抗薬）が糖尿病新規発症抑制効果を有することが報告されているが，大変興味深いことにARBはアディポネクチンの血中レベルを増加させることも報告されている。

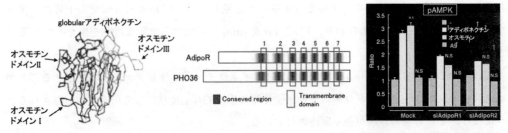

(Molecular Cell, 17: 171-180, 2005)

図1

AdipoRの酵母 ホモログ (PHO36) のリガンドでアディポネクチンと立体構造が類似している植物防御ペプチド，オスモチンがC2C12骨格筋細胞においてAdipoRを介してAMPキナーゼを活性化した

第 2 章　疾病予防食品の開発

　アディポネクチン/アディポネクチン受容体シグナルを増強させることによって代謝能の質を変化させることは，個体の代謝環境を補正するうえでも非常に貢献をもたらすことができる。今後，アディポネクチンやアディポネクチン受容体を増加させるような食品素材の発見の可能性は大いにあり，メタボリックシンドローム・2型糖尿病・動脈硬化の根本的な治療法開発の道を切り開くだけではなく，予防という観点から，社会に広く有用な機能性食品や加工食品が強く期待され，その開発が待たれる。

文　献

1) Shulman, G.I., Cellular mechanisms of insulin resistance. *J. Clin. Invest.*, **106**, 171-176 (2000)
2) Maeda, K., *et al.*, cDNA cloning and expression of a novel adipose specific collagen-like factor, apM1 (AdiPose Most abundant Gene transcript 1), *Biochem. Biophys. Res. Commun.*, **221**, 286-296 (1996)
3) Scherer, P.E., Williams, S., Fogliano, M., Baldini, G., & Lodish, H.F., A novel serum protein similar to C1q, produced exclusively in adipocytes. *J. Biol. Chem.*, **270**, 26746-26749 (1995)
4) Hu, E., Liang, P., & Spiegelman, B.M., AdipoQ is a novel adipose-specific gene dysregulated in obesity, *J. Biol. Chem.*, **271**, 10697-10703 (1996)
5) Nakano, Y., Tobe, T., Choi-Miura, N.H., Mazda, T., & Tomita, M., Isolation and characterization of GBP28, a novel gelatin-binding protein purified from human plasma., *J. Biochem. (Tokyo)*, **120**, 802-812 (1996)
6) Yamauchi, T., *et al.*, The fat-derived hormone adiponectin reverses insulin resistance associated with both lipoatrophy and obesity, *Nature Med.*, **7**, 941-946 (2001)
7) Yamauchi, T., *et al.*, Adiponectin stimulates glucose utilization and fatty-acid oxidation by activating AMP-activated protein kinase, *Nature Med.*, **8**, 1288-1295 (2002)
8) Yamauchi, T., *et al.*, Globular adiponectin protected ob/ob mice from diabetes and apoE deficient mice from atherosclerosis, *J. Biol. Chem.* **278**, 2461-2468 (2003)
9) Yamauchi, T., *et al.*, Cloning of adiponectin receptors that mediate antidiabetic metabolic effects, *Nature*, **423**, 762-769 (2003)
10) Yamauchi, T., *et al.*, Targeted disruption of AdipoR1 and AdipoR2 causes abrogation of adiponectin binding and metabolic actions, *Nature Med.*, **13**, 332-339 (2007)
11) Iwabu, M. *et al.*, Adiponectin and AdipoR1 regulate PGC-1alpha and mitochondria by Ca(2+) and AMPK/SIRT1., *Nature*, **464**(7293), 1313-1319
12) Narasimhan, M.L., *et al.*, Osmotin is a homolog of mammalian adiponectin and controls apoptosis in yeast through a homolog of mammalian adiponectin receptor, *Mol. Cell*, **17**, 171-180 (2005)

3 アルツハイマー病予防食品素材と加工食品の開発－ω3系脂肪酸

橋本道男[*1]，大野美穂[*2]，加藤節司[*3]

3.1 はじめに

　超高齢化社会を迎えるにあたり，早急に克服すべき老人性疾患のひとつに認知症がある。今日，高齢者の15％以上が認知症に罹患し，その基礎疾患の約70％はアルツハイマー型認知症（AD）であることが推察されている。そして現在，約160万人の認知症高齢者は，2015年には250万人を超えることが予想されている。この急増する認知症，とくにADの予防・治療法を確立することは急務であり，様々な分野の研究者により検討がなされているが，いまだ有効な手だてはない。そのなかで，近年，国内外で行われた「認知症と食事栄養」に関する疫学調査や介入試験から，魚油やドコサヘキサエン酸（C22:6n-3，DHA）によるAD予防効果が明らかにされつつある。DHAによるAD予防効果の詳細は著者らの最近の総説[1,2]を参照されたい。ここでは，ω3系脂肪酸のAD予防素材としてのエビデンスを紹介し，AD予防食品の開発の留意点と現状について解説する。

3.2 アルツハイマー病とω3系脂肪酸

　ADは，記憶・記銘障害，見当識異常などを中核症状とする進行性の中枢神経変性疾患である。ADの発症機序として最もよく知られているのは「アミロイド仮説」であり，神経細胞で産生・分泌されるβアミロイド蛋白（Aβ）が，脳内に沈着する過程で作られる可溶性のAβオリゴマーがAβの細胞外への沈着に先んじて強い神経細胞障害毒性を発揮し，さらには沈着したAβとともにシナプス伝達や認知機能に障害を及ぼすことでADの発症や進行を引き起こす，との仮説である。このAβの脳内への沈着は，上述したADの中核症状の自覚が全くない50代から既に始まっていると考えられている。

　脂肪酸は，炭素数と二重結合の有無により分類され，多価不飽和脂肪酸は二重結合の位置によりω3系とω6系に大別される。これらω3系脂肪酸やω6系脂肪酸が生体内で不足すると様々な疾病を発症し，生体の機能を維持するためには欠くことのできない栄養素であることから，これら脂肪酸は必須脂肪酸と呼ばれている。代表的なω3系脂肪酸として，α-リノレン酸（C18:3n-3），エイコサペンタエン酸（C20:5n-3，EPA），およびドコサヘキサエン酸（C22:6n-3，DHA）があり，哺乳類の体内（おもに肝臓）でα-リノレン酸は不飽和化と鎖延長が起こり，EPA，さらにはDHAへと変換される（図1）。ただしα-リノレン酸はエネルギー源として利用されやすいために，ヒトの場合，この変換はごくわずかであるとの報告もある。表1にはω3脂肪酸の生体内での作用が，表2にはω3脂肪酸の摂取不足が原因で引き起こされると考えられている疾患が

[*1] Michio Hashimoto　島根大学　医学部　生理学講座環境生理学　准教授
[*2] Miho Ohno　社会医療法人　仁寿会　加藤病院診療部　栄養科　管理栄養士
[*3] Setsushi Kato　社会医療法人　仁寿会　加藤病院　理事長，病院長

第2章　疾病予防食品の開発

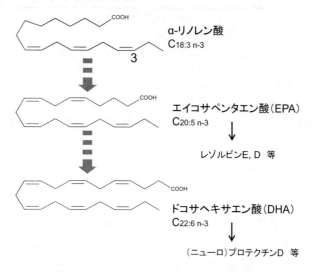

図1　ω3系多価不飽和脂肪酸の代謝経路

表1　ω3系脂肪酸の多岐にわたる作用

1）脂質代謝改善作用
　　中性脂肪の低下，総コレステロールの低下，脂肪肝・非アルコール性肝炎予防効果
2）抗炎症・免疫調整作用
　　サイトカイン（IL-1，IK-6，IL-8，TNFα）産生抑制，LTB_4 産生抑制，NK細胞活性抑制，レゾルビン・プロテクチン産生促進
3）抗血栓作用
　　血小板凝集抑制，血小板粘着能の低下，赤血球膜変形能の増加，血液粘性の低下
4）抗動脈硬化作用
　　血管内皮と白血球・血小板の相互作用の抑制，血小板由来成長因子（PDGF）産生抑制，サイトカイン発現減少，泡沫細胞形成抑制，血管内皮細胞での一酸化窒素・PGI_2 産生促進
5）血圧降下作用
6）抗ガン（欧米型ガン）作用
7）抗加齢黄斑変性症
8）神経疾患予防（詳細は図3，文献1，2を参照）
　　認知症，うつ病，PTSD（心的外傷後ストレス障害）など

示されている。

　ヒトの場合，脳の乾燥重量の約10%は脂肪酸であり，DHAはその総脂肪酸の10〜20%，ω6系脂肪酸のアラキドン酸は約10%を占めている[3]にもかかわらず，体内ではDHAやAAを合成することが出来ないので，これらの脂肪酸を多く含む食物から摂らなければならない。DHAは生体膜構成脂肪酸であるが，脳内にはDHA以外のω3系脂肪酸としてEPAやα-リノレン酸も含まれる。しかしながら，これらはいずれも脳の総脂肪酸の1%以下であり，その生理機能は不明である。

表2　n-3系脂肪酸の欠乏が関係する疾患

・心筋梗塞	・うつ病（自殺，殺人，敵意）
・脳梗塞	・統合失調症
・糖尿病	・注意欠損・多動性障害（AD/HD）
・肥満	・読書障害
・インスリン抵抗性	・協調運動障害
・癌（欧米型）	・自閉症
・気管支喘息	・認知症（アルツハイマー病・脳血管性認知症）
・関節炎	
・紅斑性狼瘡	
・クローン病	注）下線は因果関係が実証されている疾病であることを示している

　脳内のDHA量は加齢に伴い低下し，またAD患者の海馬リン脂質中のDHA量や，DHAの代謝物であり強い抗炎症性メディエーターのニューロプロテクチンD1も有意に低下している。さらには，2000年前後から，欧米で行われた数多くの横断的疫学調査や5～10年にわたる大規模なコホート研究の結果として，認知症とくにADの発症予防には，魚や野菜，あるいは赤ワインに多く含まれるポリフェノールの摂取が有効であることが報告され[4,5]，最近では，開発途上国7カ国において，同じ調査方式で行われた疫学調査によると，魚を多く摂っている人は認知症の発症リスクが低いと報告されている[6]（図2）。このように，国内・外の様々な分野の研究

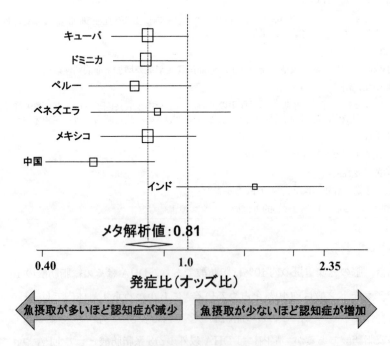

図2　開発途上7カ国での認知症発症と魚消費に関する横断的疫学研究
　7カ国で65歳以上の人を対象に，魚の消費量と認知症発症リスクとの関係を調査。魚の消費量が多いほど認知症リスクが低下する可能性が示唆された（文献6から引用・改変）

第2章 疾病予防食品の開発

者により「魚油成分と脳機能」との関連性が検討され，魚の摂取は脳機能を維持するだけではなく認知症をはじめとした神経疾患の予防にもつながる，との認識がひろがりつつある。

3.3 ADの予防効果とω3系脂肪酸，とくにDHA

上述のように，魚油，とくにDHAによるADへの予防・改善効果が強く示唆されることから，筆者らはADモデルラットをもちいて，空間認知機能障害に対するDHAの長期投与の影響を検討した。その結果，DHAは海馬や大脳皮質の抗酸化能を増強し，Aβの脳内への沈着を抑制することを見出し，DHAによるADの認知機能障害への予防・改善効果の可能性を示唆した[7,8]。また筆者らは，DHAやEPAによる神経幹細胞からニューロンへの分化誘導を促進する作用[9]とその機序[10]とともに，アポトーシスとよばれる神経細胞死を抑制することを報告した。神経幹細胞は脳機能を維持するために必要な様々なタイプの神経細胞に分化していく能力を持つ，いわゆる神経細胞の親になる細胞である。かつては，神経細胞は幼少期以降では減少するばかりと考えられていたが，神経幹細胞が，成人脳，とくに記憶・学習機能を司る大脳皮質や海馬で見出されたことから[11]，DHAによる神経幹細胞からニューロンへの分化誘導促進作用は，加齢やADのみならず幅広い認知機能の低下へのDHAによる予防・改善効果をうかがわせる。図3には，現在までに明らかになっているDHAによる神経保護作用とその機序が示されている。

これらの結果を踏まえて，DHAとEPAが多く含まれる魚油，あるいはDHAによるヒト介

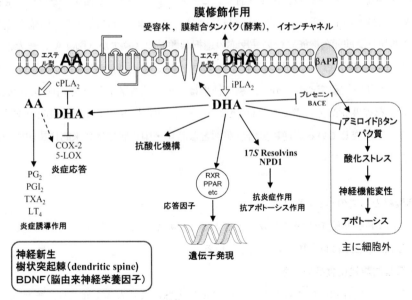

図3 神経細胞におけるDHAの作用機序（文献2から引用・改変）

アラキドン酸；βAPP，βアミロイド前駆体タンパク；COX-2，シクロキシゲナーゼ-2；cPLA$_2$，細胞質型ホスホリパーゼA$_2$；DHA，ドコサヘキサエン酸；iPLA$_2$，誘導型ホスホリパーゼA$_2$；5-LOX，5-リポキシゲナーゼ；LT$_4$，ロイコトリエン$_4$；NPD1，ニューロプロテクチンD1；PG$_2$，プロスタグランジン$_2$；PGI$_2$，プロスタサイクリン$_2$；RXR，レチノイドX受容体；PPAR，ペルオキシゾーム増殖剤応答性受容体；TX A$_2$，トロンボキサンA$_2$

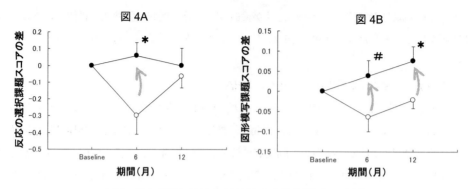

図4　認知機能に及ぼすDHA強化食品長期摂取の影響
縦軸は摂取前からの変化値を示している。プラセボ群（○），DHA強化ソーセージ群（●），＊P＜0.05, ＃0.1＜P＜0.05

入試験が行われている。従来の考え方では認知症とは判断されないが自ら記憶障害と訴えて受診するAD患者，いわゆる，超軽度認知障害者では，魚油やDHAの摂取は認知機能の低下を有意に抑えることが報告されている[12～14]。筆者らは，島根県の在宅健常高齢者を対象として，4年間にわたり「物忘れと栄養・脂肪酸分析に関する調査」を行い，魚を多く摂取している高齢者ほど加齢に伴う認知機能の低下が遅延することを見出した[1]。さらにこの遅延効果を実証するために，ヒト介入試験を行った。2年間にわたり在宅健常高齢者（平均年齢73歳）の認知機能に及ぼすDHA・EPA強化ソーセージの影響を検討したところ，DHA・EPA強化ソーセージを摂取した群（DHA：1720 mg/日，EPA：408 mg/日）では，プラセボ群に比べて，血漿と赤血球膜のDHA量が増加し，前頭葉機能試験の「反応の選択課題」のスコアが（図4A），また，ミニメンタルテスト（MMSE）の「図形模写課題」のスコアの変化値が有意に高値を示した（図4B）。我々が行ったコホート研究やヒト介入試験の結果は，魚の消費量が多い我が国の認知機能の低下した高齢者や超軽度認知障害者でも，DHAあるいは魚油の摂取により認知機能の維持効果が期待されることを示唆している。逆に魚離れが顕著な若年・中年層では将来的に認知症の発症率が増加することを暗示している。

3.4　食品素材としてのω3系脂肪酸

我々は，ω3系脂肪酸を体内で合成することが出来ないので，主にα-リノレン酸は食用調理油から，EPA・DHAは魚介類から摂取している。

（1）ω3系脂肪酸強化食品の意義

DHA・EPAは魚介類に含まれるが，その含量は魚種により大きく異なり，また同一種でも，季節，生育度，部位により変動する。表3に主な魚のDHA・EPA含量を示した。一般に赤身魚はDHA・EPAが多く含まれるので，DHAやEPAを摂取するにはこれらの魚を食べるのが良いが，魚を食べられない人や嫌いな人には適当な代替食品が必要である。DHA・EPAは，摂取したα-リノレン酸から体内で誘導することは可能である[15]。表4にはα-リノレン酸を多く含

第2章 疾病予防食品の開発

表3 DHA・EPAを含む魚とその加工食品

	DHA(g)	EPA(g)		DHA(g)	EPA(g)
あんこう きも	3.6	2.3	イワシ各種		
くろまぐろ 脂身 生	3.2	1.4	まいわし 焼き	1.5	1.2
サバ各種			まいわし 水煮	1.4	1.1
さば 開き干し	3.1	2.2	めざし	1.4	0.93
たいせいようさば 焼	2.7	1.7	まいわし 缶詰 蒲焼	1.4	1.8
しめさば	2.6	1.6	まいわし 生	1.3	1.2
たいせいようさば 水煮	2.5	1.7	まいわし 缶詰 水煮	1.2	1.2
たいせいようさば 生	2.3	1.6	まいわし 缶詰 味付	1.1	1.4
塩さば	1.5	0.91	かたくちいわし 生	0.77	1.1
さば 缶詰 みそ煮	1.5	1.1	まいわし 丸干し	0.51	0.54
さば 缶詰 味付	1.5	1.1	きちじ（キンキ） 生	1.5	1.5
さば 缶詰 水煮	1.3	0.93	マス各種		
すじこ	2.4	2.1	にじます 養殖 焼	1.5	0.69
あゆ養殖 内臓 焼	2.3	1.8	さくらます 焼	1.4	0.57
あゆ養殖 内臓 生	2	1.6	にじます 養殖 生	1.4	0.62
いくら	2	1.6	さくらます 生	0.96	0.39
ぶり 焼	1.9	1	たちうお 生	1.4	0.97
ぶり 生	1.7	0.94	うなぎ 蒲焼	1.3	0.75
サケ各種			まだい 養殖 水煮	1.1	0.77
たいせいようさけ 養殖 焼	1.7	1	まだい 養殖 焼	1.1	0.76
ぎんざけ 養殖 焼	1.5	0.94	まだい 養殖 生	0.89	0.6
たいせいようさけ 養殖 生	1.4	0.85	はたはた 生干し	1.1	0.83
ぎんざけ 養殖 生	1.2	0.74	アジ各種		
塩ざけ	1.1	0.71	まあじ 開き干し 生	0.95	0.4
サンマ各種			まあじ 焼き	0.64	0.33
さんま 生	1.7	0.89	まあじ 水煮	0.54	0.29
さんま 缶詰 味付	1.7	1	まあじ 生	0.44	0.23
さんま 開き干し	1.5	0.9	かずのこ 生	0.87	0.41
さんま 焼	1.4	0.65	にしん 生	0.77	0.88
さんま 缶詰 蒲焼	1.2	0.7	あなご 生	0.55	0.56
はまち 養殖 生	1.7	0.98	からふとししゃも 生干し 生	0.55	0.67
キャビア 塩蔵品	1.6	0.47	からふとししゃも 生干し 焼	0.53	0.65
			あいなめ	0.38	0.35
			煮干し	0.32	0.26

五訂増補日本食品標準成分表 脂肪酸成分表編から引用（可食部100g当たり）

む食品素材が示されている。しかしながら前述のように，ヒトの場合では，α-リノレン酸を多く摂っても，その多くはエネルギー源として利用されてしまい組織のEPAやDHAはあまり増えない，との報告もある[16]。そのためにも，各種の食品にDHAやEPAを強化する意義がある。

表4　α-リノレン酸を多く含む食品素材

	g		g
えごま（乾）	24	油揚げ	2.2
くるみ（炒り）	9	凍り豆腐	2.1
なたね油	7.5	大豆全粒・中国産・乾	2
調合油	6.8	大豆全粉・国産・乾	1.8
大豆油	6.1	大豆きな粉（全粒 脱皮）	1.8
マヨネーズ・卵黄型	5.1	湯葉・干し	1.8
マヨネーズ・全卵型	4.2	大豆全粒・米国産・乾	1.7
フレンチドレッシング	3	かつお缶詰・油漬フレーク	1.6
サウザンアイランド	2.9	あゆ天然・内臓・生	1.5
ポテトチップス	2.4		

五訂増補日本食品標準成分表脂肪酸成分表編から引用（可食部 100 g 当たりの含量）

（2）ω3系脂肪酸の特性

強化食品を造る際にこれら脂肪酸の特性を知らなければならない。最も重要な点は，これらの脂肪酸は極めて酸化されやすく，空気にふれると酸化生成物として低分子アルデヒドを生ずるので，魚臭を伴った酸化臭を発生し，これが水産加工品以外の食品に添加した時に異臭となり，最大の問題点となる。多価不飽和脂肪酸は，希薄な状態で水に分散した時には長時間にわたり酸化されないで安定性を示すが，エマルジョンである必要がある。そのために，DHA や EPA の酸化安定性ならびにフレーバー（食品香料）安定性向上には様々な工夫がなされているが，抗酸化剤やリン脂質などの相乗剤の添加，疎水性タンパク質との複合体調製などとともにマスキングも有効である。

3.5　アルツハイマー病予防ω3系脂肪酸強化食品の開発の留意点

ω3系脂肪酸を活用した認知症予防食品の開発においては，主に次の1～4）の条件を満たす必要があると思われる。

1）日本人の栄養摂取基準を満たしている

ω3系脂肪酸の摂取基準は2010年版日本人の食事摂取基準において示されている。高齢者の食事推奨内容は，適正エネルギー（25～30 kcal/IBW）の摂取，低脂肪（全カロリーの20～25％），高蛋白質（1.0～1.2 g/IBW，全カロリーの18～20％），炭水化物は全カロリーの50～70％となっている。これらを満たしつつ，ω3系脂肪酸の摂取基準は70歳以上男性では，2.2 g/日以上，女性では，1.8 g/日以上が推奨されている。

2）品質を保持できる

ω3系脂肪酸含有食品の加工において注意すべき点は，食材における可食部中のω3系脂肪酸成分量を維持することである。上述した酸化の他に，熱分解，光，酸化促進物質の混入等の要因を可能な限り遮断し，ω3系脂肪酸の劣化，成分喪失に留意しなければならない。

第2章 疾病予防食品の開発

3) 継続して摂取できる

　高齢者が継続して食品を摂取するためには，①簡便に摂取できる，②摂食・咀嚼・嚥下・消化・排泄の一連の過程が円滑に行われる，③おいしい，④なじみがある（回想できる），などの要件が揃っていることも必要である。第1章でも示されたように，高齢者の五感機能は加齢とともに変化するので，高齢者の嗜好を満たすため，高齢者の五感を心地よく刺激する食品である必要がある。さらには，基本5味（味覚）だけでなく，大きさ，形状，色つや（視覚），香り（嗅覚），咀嚼時の音（聴覚），手触り，食感，歯ごたえ，硬さ，舌触り，喉ごし（触覚），などに工夫が求められる。

　認知症高齢者を対象とする回想法の効果については，認知症高齢者の心理的機能（抑うつ）の緩和，感情的機能（情緒的雰囲気）の改善，社会的機能（対人交流）の向上，認知的機能（見当識）の改善，quality moments の増強（well-being の向上）などを示唆させる報告があり[17]，筆者らの認知症共同生活介護施設においても行動障害を認める認知症高齢者に対するアプローチの一手法としてしばしば有用である。現在高齢者の回想を惹起する食生活をもたらすω3系脂肪酸加工食品の代表格に DHA 入り魚肉ソーセージがある（表5参照）。

表5　ω3系脂肪酸を強化した食品

商品名	重量	DHA (mg)	EPA (mg)	DHA＋EPA量	販売会社
マルハ　特定保健用食品 DHA 入りリサーラソーセージ	50 g/本	850	200	1050	㈱マルハニチロ食品
マルハ　特定保健用食品 DHA 入りリサーラハンバーグタイプ	50 g/本	850	180	1030	同上
あけぼの　DHA 入りさけフレーク	35 g/袋	914	203	1117	同上
あけぼの　DHA 入りツナマヨネーズ	50 g/袋	925	175	1100	同上
マルハ　DHAのチカラ　いわしが入った黒ソーセージ	40 g/本	180	32	212	同上
マルハ　さば水煮缶詰　月花	200 g/缶	1200～2600	800～1700	2000～4300	同上
マルハ　さばみそ煮缶詰　月花	200 g/缶	1100～2500	770～1600	1870～4100	同上
あけぼの　さけ缶詰	180 g/缶	1000 前後	1500 前後	2500 前後	同上
ニッスイ　みんなのみかた DHA	125 ml/本	262	72	334	日本水産㈱
ニッスイ　こどものみかた DHA	125 ml/本	131	36	167	同上
ニッスイ　海の元気 DHA＋EPA ソーセージ	50 g/本	850	200	1050	同上
ニッスイ　エパプラスドリンク	100 ml/本	90	210	300	同上
ニッスイ　エパプラス大豆バー	30 g/本	90	210	300	同上
ニッスイ　特定保健用食品イマーク	100 ml/本	260	600	860	同上
DHA＋1000 ヨーグルト	100 g/箱	830	230	1060	㈱ノーベル
えごま玉子	60 g/個	100	7	107	㈲旭養鶏舎
		（α-リノレン酸を 190 mg 含む）			

DHA：ドコサヘキサエン酸，EPA：エイコサペンタエン酸
注）記載されているω3系脂肪酸の量は，商品の最小単位（1本，1缶等）中の mg 量を示す。

4）安全である

高齢者用食品においては，加工食品の品質安全性は当然のことながら，摂食行動・消化活動が円滑に行われることは生命の安全の視点からも重要である。食品は誤嚥，窒息のおそれがなく，かつ包装など製品関連素材も誤飲危険性が低い製品であるなど，とりわけ認知症高齢者に見られる拙劣な摂食動作や咀嚼から，一連の嚥下運動の異常等，摂取をするために付随する一般行動上も安全であることが求められている[18]。これらへの配慮は予防加工食品を摂取していたにもかかわらず認知症に罹患した場合にも，その後の安全な摂食行動に寄与すると思われる。

以上の観点から，今日最も汎用されているものは，精製魚油に抗酸化剤や他の食品成分（大豆抽出物，ゴマ抽出物など）を配合し，ゼラチンカプセル化したサプリメントである。しかしながら，前述した欧米の疫学研究論文のうち，ロッテルダム[4]やシカゴ[5]の疫学調査では，サプリメントによる認知症予防効果は無効であった，との報告がある。今後のさらなる検証が必要である。表5には，今日流通している通常の形態の食品にω3脂肪酸を強化した食品・飲料が，表6には，経腸栄養剤が示されている。経腸栄養剤とは，食餌が摂取できない場合の栄養補給方法として使用され，蛋白質，糖質，脂質，電解質，ビタミンなど身体の維持に必要な栄養成分をバランスよく配合した高エネルギー栄養補給剤である。経腸栄養剤にも日本人の食事摂取基準を満たすω3系脂肪酸に考慮した製品の開発が進み，DHA，EPA含有製品も増えてきている。

3.6 おわりに

我が国ではAD患者に対して食事介入による予防・治療はほとんど行われていないが，食行動全体の改善を目指した行動修正療法の報告がある。AD患者に，魚を1日1回（約80 g），緑黄色野菜と果物を1日350 g以上摂取することを推奨して約30カ月間の介入を行った結果，栄

表6　ω3系脂肪酸を多く含む経腸栄養剤

	α-リノレン酸 (g)	EPA (g)	DHA (g)	n-6/n-3
オキシーパ（アボットジャパン）	0.21	0.34	0.15	1.6
ペムベスト（味の素㈱）	−	0.067	0.046	2.7
メディエフプッシュケア（味の素㈱）	0.20	0.055	0.04	3.2
ライフロン QL（三和化学研究所）	0.47	0.01	0.028	1
アイソカル・プラス EX（ネスレ日本）	0.15	0.09	0.06	4
DIMS（クリニコ）	0.20	0.02	0.03	2.8
ヘパスⅡ（クリニコ）	0.15	0.07	0.04	1.8
アノム（大塚製薬工場）	0.49	0	0	2
ハイネゼリー（大塚製薬工場）	0.72	0	0	3
明治 YH−Flore（㈱明治）	0.14	0.01	0.04	2.3
アキュア EN800（旭化成ファーマ）	0.32	0	0	2.4

2011 経腸栄養製品（剤）便覧

第2章 疾病予防食品の開発

養指導を良く守った群(遵守群)は非遵守群あるいは非介入群にくらべて認知機能スコアが有意に高値を示した[19]。このことは,栄養指導を良く受け入れることが認知機能の維持あるいは改善に直結することを示唆している。

　単一成分からなる AD 予防強化食品はあくまで補助食品であり,基本的には栄養バランスの良い食事を適量摂って,定期的に運動をし,規則正しい生活を送ることこそが,脳にとっても末梢器官にとっても最高の健康維持法であることを忘れてはならない。また,AD 患者に認知機能維持食品や AD 予防・改善食品を含めた栄養介入を行う場合は,介護者の協力なくしては成り立たないため,患者と共に食事担当者や同居者で食事摂取状況の把握が可能な観察者が,医師,看護師,薬剤師,栄養士などから食行動の問題点に応じた適切な指導を受ける事が重要である。

文　献

1) 橋本道男, 治療学, **43**, 838-844 (2009)
2) Hashimoto M, Hossain S. *J. Pharmacol. Sci*., Review **116**, 150-162 (2011)
3) McNamara RK, In: Heikkinen EP(ed)., *Fish oils and health*, p7-67, Nova Science Publishers, Inc. (2008)
4) Barberger-Gateau P, *Br. Med. J*., **325**, 932-3 (2002)
5) Morris MC, *et al*., *Arch. Neurol*., **60**, 940-6 (2003)
6) Albanese E, *et al*., *Am. J. Clin. Nutr*., **90**, 392-400 (2009)
7) Hashimoto M, *et al*., *J. Neurochem*., **81**, 1084-1091 (2002)
8) Hashimoto M, *et al*., *J. Nutr*., **135**, 549-55 (2005)
9) Kawakita E, *et al*., *Neuroscience*., **139**, 991-997 (2006)
10) Katakura M, *et al*., *Neuroscience*, **160**, 651-660 (2009)
11) Reynolds BA, Weiss S., *Science*, **255**, 1707-10 (1992)
12) Freund-Levi Y, *et al*., *Arch. Neurol*., **63**, 1402-1408 (2006)
13) Chiu CC, *et al*., *Prog. Neuropsychopharmacol. Biol. Psychiatry*., **32**, 1538-1544 (2008)
14) Yurko-Mauroa K, *et al*., *Alzheimer's & Dementia*., **6**, 456-464, (2010)
15) Ezaki O, *et al*., J Nutr Sci Vitaminol (Tokyo)., **45**, 759-72 (1999)
16) Freemantle E, *et al*., *Prostaglandins Leukot. Essent. Fatty Acids*., **75**, 213-220 (2006)
17) 田高悦子ほか, 日本老年看護学会誌, **9**(2), 56-63 (2005)
18) 金子芳洋 (訳), 認知症と食べる障害, p11-72, 医歯薬出版 (2005)
19) 大塚美恵子, *CURRENT THERAPY* **24**, 273-277 (2006)

4　骨質強化のための食品素材と加工食品の開発

渡部睦人[*1]，上原一貴[*2]，野村義宏[*3]

4.1　骨質強化とは

　骨粗鬆症の定義は，2000年に開催されたNational Institute of Health（NIH）でのコンセンサス会議で，「骨強度の低下を特徴とし，骨折のリスクが増大しやすくなる骨格疾患」とされ，骨強度は7割が骨密度，3割が骨質により決まるとされた[1]。骨質は①微細構造②骨代謝回転③微小骨折④石灰化などが関わっているとされている。骨質を表わす特性には構造特性と材料特性があり，構造特性にはマクロ的な骨構造や骨サイズ，ミクロ的な海綿骨梁構造と皮質骨多孔性が含まれ，材料特性にはミネラル化度や結晶サイズ，コラーゲン，マイクロダメージが含まれる[2]。

　骨粗鬆症の予防と治療ガイドライン2011年版[3]によれば，骨粗鬆症治療時に推奨される食品としては，①カルシウムを多く含む食品（牛乳・乳製品，小魚，緑黄色野菜，大豆・大豆製品），②ビタミンDを多く含む食品（魚類，きのこ類），③ビタミンKを多く含む食品（納豆，緑色野菜），④果物と野菜⑤蛋白質（肉，魚，卵，豆，穀類など）を挙げ，バランスよく摂取することが基本と述べている。またカルシウム，ビタミンD，ビタミンKの摂取目標量は，それぞれ700～800 mg，400～800 IU（10～20 μg），250～300 μgと記されている（2006年版ガイドラインのカルシウム摂取量は800 mg以上，食事で十分摂取できないときは，1000 mgのサプリメントを用いることがあると記載されている[4]）。

　斎藤らによれば，原発性骨粗鬆症や糖尿病における骨脆弱化に，骨質因子であるコラーゲンの分子間架橋構造の異常が関与していることが報告されている[5]。さらに骨質の低下を誘導する因子として，①動脈硬化や心血管イベントのリスク因子である高ホモシステイン血症や，その代謝にかかわるビタミンB_6の不足，メチレンテトラヒドロ葉酸還元酵素の遺伝子多型，これらに起因する酸化ストレスの増大，②持続的高血糖に伴う糖化の関与が明らかにされている。それに対して骨質改善薬としてのビタミンB投与を考える試みもある[6]。

4.2　骨質強化のための食品素材

　骨と機能性食品については上原らの総説[7]にまとめられている。骨にとって重要な食品として先に引用したガイドラインの記述にしたがって，骨に重要なミネラル，ビタミン，骨粗鬆症を予防する野菜や果物の成分，ミネラルの吸収を促進する成分に分けて説明している。ミネラルとしてはCa, Mg, P, Fe, Zn, Cuが，ビタミンとしてはビタミンD, K, C, B群について述べられている。野菜や果物の成分の例としてはβ-クリプトキサンチン，大豆イソフラボン，ヘスペリジン，カテキンがあり，ミネラル吸収を促進する成分としてフラクトオリゴ糖とカゼインホスホ

[*1]　Mutsuto Watanabe　東京農工大学　農学部附属硬蛋白質利用研究施設　研究員
[*2]　Kazuki Uehara　東京農工大学　農学部附属硬蛋白質利用研究施設
[*3]　Yoshihiro Nomura　東京農工大学　農学部附属硬蛋白質利用研究施設　准教授

第 2 章　疾病予防食品の開発

ペプチドが紹介されている。また，骨の健康と保健機能食品については石見の解説[8]にまとめられている。このように，骨質強化のための食品素材は，あまりにも多様であり，効果を検討した実験系にも違いがあるため作用機序も様々である。例えば，ある物質を骨粗鬆症に効果があるかどうかを検討しようとする際，その構造やメカニズムを考慮しつつ行うことが極めて重要になる。本節では，骨粗鬆症治療に対する食品の中でも蛋白質というカテゴリーの中で，当研究室で研究を行っているサメを一つの例としてまとめた。

4.3　機能性食品素材としてのサメ

サメの商品価値は高級食材であるヒレにある。漁獲されたサメの値段はヒレの相場値で決まり，皮および肉は副産物という取り扱いであり，その価格は抑えられている。図1に示したように，日本国内ではサメの全てが利用されている。

4.3.1　サメ皮の利用

サメ皮に多く含まれる素材はコラーゲンである。動物モデルを用いた研究では，卵巣摘出ラットと老化促進マウス SAM（Senescence accelerated mouse）を用いて検討を行った。4週齢ラットの卵巣を摘出後，低タンパク食で飼育した骨粗鬆症モデルである。卵巣摘出ラットに2週間サメ皮由来コラーゲンを経口投与（200 mg/kg B.W.）した。その結果，コラーゲン投与により骨密度の低下抑制が観察され，さらに骨中のⅠ型コラーゲン量の増加を確認している（図2）[9]。また，老年性骨粗鬆症モデルである老化促進マウス SAMP-6 を用いた実験では，18週齢の SAMP-6 にサメ皮由来コラーゲンを 200 mg/kg B.W. で4週間経口投与した。骨粗鬆症を発症しないコントロール（SAMR-1）群に比べ SAMP-6 群では，大腿骨全領域の骨密度が減少した。しかし，SAMP-6 へのコラーゲン投与群では，骨密度の改善が認められ，特に大腿骨近位部でその程度が顕著であった[10]。

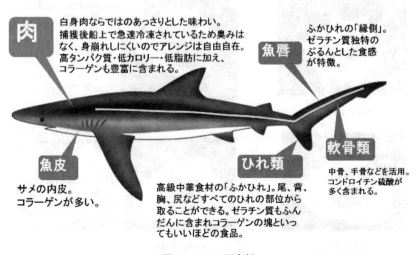

図1　サメの可食部

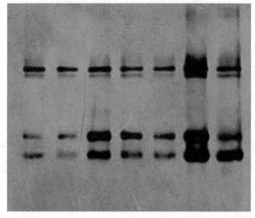

図2 サメ皮由来コラーゲンを摂取した骨粗鬆症モデルラットの大腿骨から抽出されたI型コラーゲン量
-，コントロール；10, 20, 40, 10, 20, 40 mg bw；摂取群 Sham，偽手術群；ovx，卵巣摘出群

4.3.2 サメ肉の利用

サメ魚体の50％を占める肉は，他の魚肉と比較してコラーゲン含量が多く，大部分が「スジ」に存在している。スジを除いた「スジ除去肉」を被験物質とし，骨粗鬆症モデル動物を用いて骨密度改善効果について検討した。9週齢のラットの卵巣を摘出し，20週齢から食餌中のタンパク源をカゼインからスジ除去肉に置き換えた。8週間の投与後，骨密度について検討を行った。コントロール（カゼイン投与）群に比較して，スジ除去肉投与により骨密度が有意に増加した。こ

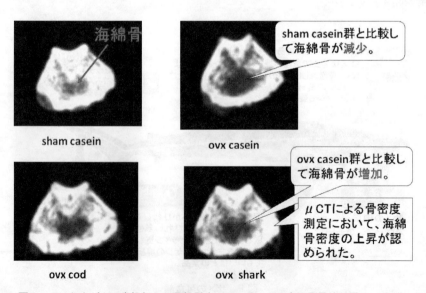

図3 サメおよびタラ肉投与した骨粗鬆症モデルラットの大腿骨骨端付近のμCT像

第2章 疾病予防食品の開発

の増加は、海綿骨及び皮質骨の両領域で起こっていた（図3）[11]。コラーゲンを高含有しているスジを除いたサメ肉には骨密度上昇作用があったことから、サメ肉中のコラーゲン以外の成分が骨密度改善に寄与している可能性が示唆された。

そこで、サメスジ除去肉中のペプチドに注目した。サメ肉を食品添加物として利用可能なプロテアーゼで分解し、分子量約800のサメ肉加水分解物（SMH：Shark Meat Hydrolysates）を調製した。破骨細胞への分化誘導阻害能を検討した実験系（RAW 264細胞を利用）を用いて、この標品を添加することで成熟破骨細胞への分化を抑制する効果を確認している[12]。現在、その活性成分の探索を行っている。サメ肉のミネラル吸収促進の可能性についても検討を行ったが、促進効果は見出せなかった。本研究室における検討以外に、サメ肉由来の機能性ペプチド探索の例として、広島大学での抗肥満効果を目指した研究、鹿児島大学での降圧効果を検討した研究が行われている。

4.4 加工食品の開発例

サメ肉を有効利用して開発された商品としては「New コラーゲンボール」（図4）がある。サメスジを16％、サメ肉を21％含有し、コラーゲン含量も高く、従来の魚肉練り製品と食感が異なるのが特徴である[13]。サメ肉は、牛肉、豚肉、鶏肉と比べて高タンパク・低脂肪・低カロリーの食品素材である。サメ肉には、骨質に影響すると考えられているビタミンB_6も畜肉に比べ数倍多く含んでいるという報告もある[14]。単なる食材にとどまらない骨代謝に影響を与えるコラーゲン豊富な新しい機能性食品素材として、いろいろな領域で利用される可能性を秘めている。

図4　サメ肉を使った食材"New コラーゲンボール"

4.5 高齢者用食品について考える－現場に学ぶ－

　本書のタイトルを考えた場合，食品の開発者と実際の消費者である高齢者との思いに「ずれ」があることを知る必要がある。開発者が思い浮かべる「高齢者が摂取する食品」のイメージは，実際に毎日生活している高齢者の思いに寄り添っているのだろうか。高齢者の医療・介護施設での当事者との日々の会話から受ける印象からすると，かなりの「ずれ」があるように思う。だからこそ「現場に学ぼう」という姿勢が大切になる。ある食品に「こんなに機能がある」からといっても，食べていただけるというような簡単なものではない。高齢者の方に受け入れていただくことは，開発者が考えるよりもはるかにハードルが高い。例えば，嚥下の問題を配慮し，ミキサー食やきざみ食にした場合，「食べた気がしない」というストレートな意見を聞くことになる。このことが食欲に影響し，毎日の生活にまで影響することはたびたび起こる。また，一般の人が考えているよりも，高齢者の方たちには食感にこだわりがある意見が多い。機能があり，しかも美味しいという食品を基本にしつつ，骨質を高めていかないと絵に描いた餅になる可能性も高くなる。

　さらに，運動しないと骨密度の低下が起こることは周知の事実であるが，元気になって運動しようという気持ちにさせてくれる食品でないと本末転倒になる。食べた後，運動する気にならなくなってしまうことは問題であり，リハビリテーション実施の際の阻害因子の一つになっている。食品の開発を考える場合，「運動しよう」という人の意欲にも配慮することが重要になってきている。骨質改善対策としては，運動と栄養が車の両輪であることは大前提であるが，不幸にして寝たきりの状態になった場合，運動しにくい状況では食品がサポートしてくれる存在であって欲しい。

　本節では，サメを一つの例として取り上げてみた。サメをトータルで利用することにより，サメ肉の骨質改善効果のみならず，種々の分野で報告されているコラーゲン摂取による薬理効果[15～17]も期待できると思うからである。日々動くことに関係する運動器の問題（骨や関節の疾患，痛みなど）に対しても有効と思われ，さらに皮膚の状態（褥創予防など）や爪の状態にも好影響することが報告されており，高齢者のケアを考えた場合，介護の手間を少しでも軽減してくれる可能性がある。このことはケアする側も，ケアされる側にとっても心強いサポートをしてくれる食品になるポテンシャルを有している。近年のコラーゲンブームともいうべきものは認めつつ，高齢者を「より元気にしてくれる食品」になっていって欲しいと願っている。

　「食べて，美味しいと感じ，そして元気になる」ことが基本であることは誰でも理解できる。しかし，この当たり前の事を科学的に解明し，科学者ならではの感性で現場の声を聞き，応用して行くことが，この領域のブレークスルーにつながると信じたい。機能性食品との関連として，サメを丸ごと利用するという視点から，「高齢者のためのQOLサポート食品」という大きな括りの中で骨質強化ということを中心に論じてみた。

第 2 章　疾病予防食品の開発

文　　献

1) 井上聡, 40歳からの女性医学　骨粗鬆症, 岩波書店, pp 16-18（2008）
2) 伊東昌子, 生体医工学, **44**, 496-502（2006）
3) 骨粗鬆症の予防と治療ガイドライン作成委員会, 骨粗鬆症の予防と治療ガイドライン 2011年版, ライフサイエンス出版, pp 64-65（2011）
4) 村木重之, *Clinical Calcium*, **21**, 715-719（2011）
5) 斎藤充, 丸毛啓史, *Clinical Calcium*, **21**, 655-660（2011）
6) 斎藤充, 丸毛啓史, *Functional Food*, **4**, 235-241（2011）
7) 上原万里子, 石見佳子, 機能性食品素材の骨と軟骨への応用, シーエムシー出版, pp 47-54（2011）
8) 石見佳子, 骨の健康と生活習慣, 薬事日報社, pp 17-45（2010）
9) Nomura Y, Oohashi K, Watanabe M, Kasugai S, *Nutrition*, **21**, 1120-1126（2005）
10) 柴田丞, 渡部睦人, 稲田全規, 宮浦千里, 野村義宏, 日本骨代謝学会雑誌, **22**（suppl）, 268（2006）
11) 小池朋, 佐藤憲一, 渡部睦人, 野村義宏, 川口真以子, 氷見敏行, 日本骨代謝学会雑誌, **26**（suppl）, 250（2008）
12) 上原一貴, 佐藤憲一, 萱場英晃, 遠藤洋一, 渡部睦人, 野村義宏, 日本骨代謝学会雑誌, **28**（suppl）, 229（2010）
13) 野村義宏, 高橋滉, 笹辺修司, 生物工学会誌, **87**, 452-453（2009）
14) 宮城県気仙沼地方振興事務所, ふか肉（もうかさめ）を使ったレシピ集（2009）（http://www.pref.miyagi.jp/ks-tihouken/fuka/fuka-main.htm）
15) 小山洋一, 皮革科学, **56**, 71-79（2010）
16) 渡部睦人, 野村義宏, 機能性食品素材の骨と軟骨への応用, シーエムシー出版, pp 189-195（2011）
17) 渡部睦人, 野村義宏, 機能性食品・素材と運動療法, シーエムシー出版, pp.185-190（2012）

5　免疫強化のための食品素材と加工食品の開発

5.1　きのこ

江口文陽*

　きのこは，食物繊維やビタミン，ミネラルなどの栄養素を多く含有する。種類によっては，病気を治療する成分を保持するものもあるため，古くから薬として利用されてきた。中国ではチョレイ，ブクリョウ，冬虫夏草，霊芝，シロキクラゲなどのきのこが漢方薬や民間薬として珍重されている。2千年以上前の中国の皇帝，秦の始皇帝が探し出した不老長寿の薬が，霊芝だったとの伝承もある。

　また，中国の書物に「シイタケは気を益し，飢えず，風邪（かぜ）を治し，血を破る」とシイタケが体調を整える記載もある。日本でも一部のきのこを薬としていた歴史があり，ヨーロッパにおいても紀元1世紀のギリシャの医師がきのこの効果について記していることから，多くの国できのこは健康のため利用されてきたと言えよう。

　きのこの中には，ガンの治療薬として西洋医学でも認められ医師が処方するものがある。これらは，きのこの子実体や菌糸体から抗腫瘍活性を示す活性本体として成分が単離されたものであり，その有効成分としては，β-グルカン，ヘテログルカン，ヘテロガラクタン，キシログルカン，グルクロノマンナン，マンノース，キシロース，グルコマンナンなどの多糖類，テルペノイド類，ステロイド類などである。これら成分の抗腫瘍活性は $in\ vitro$ でのガン細胞増殖抑制やSarcoma 180 のマウスへの投与法による抗腫瘍試験によって確認されていることが多い。この評価系による抗腫瘍効果は，ヒトにおけるある特定のガンには有効であっても，全ガンに対する効果を発揮するものではない。その理由としては，人癌に関する発症やガン細胞の増殖は，原発部位や患者の生活習慣，さらには遺伝的要素などの多くの要因が関与しているからである。しかしながら，きのこの持つ成分の中には，抗腫瘍効果に関与する生理活性を発現するものもあることから，どういった発症機序のガンに作用するのか，どんな増殖形態を持つガン細胞の増殖抑制に効果を示すのか，あるいは細胞増殖のメカニズムにおいてどこに作用して抗ガン性を発揮するのかなどを見出す研究が確立されれば，抗腫瘍効果を最大限に発揮する創薬へと繋がる機能性成分がきのこから特異的に単離されるものと考える。

　現在までに，きのこから製造された免疫治療医薬品には，①カワラタケの菌糸体から調製されたクレスチンがある。クレスチンは生体応答調節物質としてHLAクラスI抗原の発現を促進し，抗腫瘍免疫反応の増強や抗腫瘍性の強いTh1関連サイトカイン系インターロイキン12などの産生能も高めることが確認されている。そのような作用機序からHLAクラスI抗原の発現不良と臨床で診断された場合に治療に活用されることがある。②シイタケからレンチナンが調製され，

---

*　Fumio Eguchi　東京農業大学　地域環境科学部　森林総合科学科　林産化学研究室　教授

第 2 章　疾病予防食品の開発

動物実験における同系腫瘍又は自家腫瘍に対して，レンチナン単独投与またはレンチナンと化学療法剤（テガフール，マイトマイシンＣ＋５－ＦＵ）との併用による腫瘍増殖抑制作用および延命効果が臨床試験において確認された例がある。③スエヒロタケからシゾフィラン（商品名ソニフィラン）が調製され，抗悪性腫瘍剤として子宮頸癌の治療における放射線療法との併用療法薬剤として利用されることがある。

これら３種類のきのこを原材料とする医薬品は，多くの臨床例はあるものの，それぞれに一長一短があるとした臨床医の評価もあり，更なる改良や研究推進が必要とされている。

著者らは，これらの抗腫瘍薬剤として開発された原材料のきのこの中でも特にカワラタケに焦点をあてて，その子実体から抽出した熱水抽出液でいくつかの実験を試みた。管理された栽培環境下で成分が安定したカワラタケ（タナカヨシホ株）子実体（写真１）から得た抽出液をSarcoma 180 の培養液中に添加するとガン細胞が死滅する効果とともにその抽出液のマウスへの投与によってマウスに移植した Sarcoma 180 の腫瘍体積の減少が確認された（図１）。

なお，腫瘍増殖や感染症などを含む疾患の発症抑制は，人体の免疫機能を活性化させることが重要であることは知られている。実験的に腫瘍増殖抑制が確認されているカワラタケ子実体の熱水抽出液を調製して，一定量をドリンクの用法で健常人約 30 人に飲用してもらったところ，免疫細胞のなかでも特に腫瘍細胞やウイルス感染細胞の増殖を障害する能力があるナチュラルキラー細胞（NK 細胞）が増加するとともに，Ｔ細胞の増加も確認された（図２）。しかしながら，Ｂ細胞には大きな変動はなかったとともに，増加した NK 細胞や T 細胞も異常に増加するのではなく基準値の範囲内でその率が高まる，将に免疫を賦活させる効果が実験協力者全員で確認された。このようなカワラタケで確認された免疫賦活作用は，ヒメマツタケ，ハタケシメジ，マイタケなどでもヒト飲用による効果として確認されている。

高齢社会の到来で，医療費の負担が巨大化する一方，新しい健康問題に対応してわが国では，「生活習慣」が疾病の発症や進行に深く関わっているとし，予防を重視する観点から生活習慣病

写真１　カワラタケ子実体（菌床栽培）

高齢者用食品の開発と展望

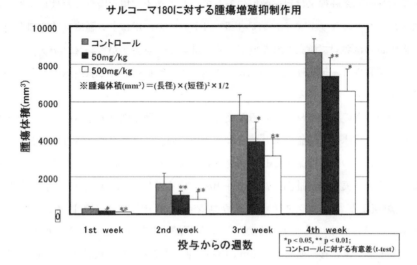

図1　カワラタケ子実体からの熱水抽出物を主剤としたドリンク剤の投与による腫瘍体積の減少

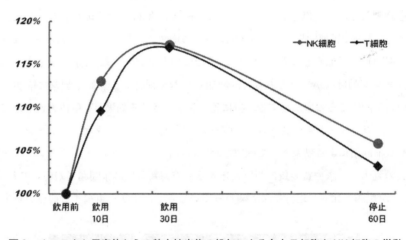

図2　カワラタケ子実体からの熱水抽出物の投与による血中 T 細胞と NK 細胞の挙動

という概念を導入して国民の生活習慣の改善を進めている。したがって免疫強化のためにきのこを生活の中に利用することは歓迎されるものである。

　免疫ときのこという範疇において論じなくてはいけない項目には，「アレルギー疾患ときのことの関係」がある。

　アレルギーは，外部から生体内に自己以外の物質などが異物として侵入することによって発症する病気と定義される。アレルギー疾患としてわが国でよく知られているものにはスギ花粉症がある。その他にもアトピー性皮膚炎や気管支喘息など小児から老年層まで年齢に関係なくアレルギー疾患は増加していることが疫学的調査から確認されている。

　アレルギー疾患は，生体内への異物侵入が病気発生の機序によるものと考えることから環境的

第2章 疾病予防食品の開発

因子がクローズアップされて報道されるが，環境因子のみならずそのヒトが受け継いだ遺伝的因子との関係も深く，双方が相互的に作用して発症する。生体内での免疫系や炎症性の細胞や物質が増減したりする症状によって類型がある。すなわち，症状や疾病ごとにⅠ型からⅤ型のアレルギーに分類されている。それぞれの類型に分類されるアレルギー疾患の種類は多岐にわたり，さらに患者の個々人において病態は複雑に変わることから治療法が困難なことも事実である。患者はアレルギー疾患の根治を目指して医師の治療とともにあらゆる民間的な治療を行うことがあるが，症状の消失あるいは緩和を主目的とする治療法である対症療法にとどまり完全治癒に至らないこともある。さらに，対症療法においてステロイド薬剤を使用することがある。ステロイド剤は専門医によって適切な投与が行われれば疾病の改善には効を奏すが，この薬剤はその効果の反面，投与法を誤ったり，患者の体調の変化等によって強い副作用を起こすことも知られている。したがって，患者が投与を拒否することもある。

さらにアレルギー疾患は，患者の加齢とともに発症時期よりもその病態が軽減されたり，アレルギーの要素を保因していた者が，加齢にともなってアレルギー疾患の症状が表面化したりするケースもあり，予防と治療の観点および治療薬の投与用量の軽減を目的として，アレルギー改善に効果のある食品の経口摂食に関心が高まっているのも事実である。しかしながら，医薬品でないこのような「いわゆる健康食品」や天然物はその摂食による臨床医学的データなどがないまま，体験談のみで利用されることもあり，医師の治療に困難をきたすこともある。

多岐にわたる機能性効果が栄養学および医科学的に検証されつつある数種のきのこでアレルギー疾患の改善効果を確認した一端をここで述べることにする。しかしながらこれらの効果は，疾患モデル動物や一部のボランティアによる改善効果の結果であり，万人に対する効果にはならないのでご理解いただきたい。

きのこの持つ抗アレルギー・抗炎症などの効果を医療科学的に評価し，真の作用機序解明と物質同定が行われ，難治性疾患のアレルギーを改善する物質の発見や創薬への展開につなげる意味で，ヒメマツタケ，ハタケシメジ，バイリングによるアレルギー疾患改善効果についての試験成績を示す。

5.1.1 アトピー性皮膚炎に対する効果

アトピー性皮膚炎などのⅠ型アレルギーの発症は，抗原との作用によってレセプター凝集が起こり，細胞内顆粒に貯えられていたプロテアーゼなどの放出，アラキドン酸代謝によってロイコトリエン，プロスタグランジンなどが合成，放出され急性炎症を発症させる。さらにマスト細胞はヒスタミンを放出するだけではなく，Th-2タイプのサイトカインであるインターロイキン(IL)-4やIL-5などを合成，放出して好酸球などの増多を介してアレルギー炎症を惹起する。このようなメカニズムで発症するアトピー性皮膚炎に対するヒメマツタケ（CJ-01株）の乾燥子実体熱水抽出液の作用を検索した。

60 kgの体重のヒトに6 gのヒメマツタケ乾燥物を600 mlの熱湯に入れて1時間かけて煮出した液をアトピー性皮膚炎患者8名が自己責任において，連続飲用した。1ヶ月の飲用に伴って

血清中の免疫グロブリン（Ig）E の検査値の低下が 4 名において観察され，4ヶ月の連続飲用によって 6 名の飲用者の IgE 産生抑制が明確となった。特に IgE の産生を抑制した飲用者では，IL-5 とマスト細胞から放出される好酸球遊走の抑制も確認した。IgE は，Th-2 細胞によって産生される IL-4 によって B 細胞が刺激を受けて産生される機序を持つが，飲用者全てにおいて IL-4 の産生抑制が観察された。なお，自覚症状と医師の経過観察による臨床症状において，紅斑，鱗屑，苔せん化などの皮疹の軽減が 7 名において確認された。これらの効果は，血清中の C 反応性タンパクや乳酸脱水素酵素が基準値へと近づくことでも確認された。

　以上の結果から，ヒメマツタケ（CJ-01）は，免疫系システムのネットワークを調節して，I 型アレルギー疾患の改善に作用しているものと考える。

5.1.2　自己免疫病気の現況と治療

　自己免疫疾患としては，リウマチ，膠原病，炎症性腸疾患などが挙げられる。これら疾患の治療法として，我が国ではステロイド剤を中心とした治療が行われてきたが，近年は，免疫抑制剤が有効な方法であるとした結果も報告されている。しかしながら，臨床的には，ようやく免疫抑制剤が普及しはじめたといったところである。さらに，抗サイトカイン療法なども利用されつつあるが，この抗原抗体反応を作用させた治療法は，アナフィラキシーショック（抗原に感作されている状態において，さらに抗原が投与された場合に起こる即時型アレルギー反応をアナフィラキシーといい，これが全身性に起こってショックとなった場合である。この代表的な症状は，口渇，口唇のしびれ，心悸亢進，尿意，便意などで始まり，さらに皮膚症状として全身の発赤，そう痒感，眼瞼・口唇の腫脹が観察される。重篤な場合は，呼吸困難へと至り致命的な状況に陥ることもある。）などを起こすことがあるので，安全性の問題から臨床現場でもその治療方針選択には賛否両論がある。患者側から治療法を拒否する場合なども時として見られる。

　このようなことから現在，自己免疫疾患の治療時におけるアナフィラキシーショックなどの副作用，二次的害作用を起こしにくくする医薬品および治療法の研究開発も展開されており，患者の病気の程度と体調，病気の種類と医薬品の選択方法の解明が期待されている。

　自己免疫疾患は，難病疾患であることから自然食品や健康食品を賢く活用することによって治療効果および医薬品や各種療法の副作用を軽減させることにも期待が寄せられているのは事実である。

　一般的な生薬では，柴胡を主成分とする小柴胡湯や柴苓湯が関節炎モデルマウスの免疫反応や炎症性反応を調節することが知られている。ここでは，はじめに培養細胞の評価系（血小板凝集抑制作用，ケモカイン遺伝子発現抑制作用など）で抗炎症（炎症調節）作用が確認されたヒメマツタケ（CJ-01 株）での関節炎に対する効果を紹介する。

　膠原病（全身的な炎症症状や自己免疫不全などを特徴とする難病の総称。全身性エリテマトーデス（SLE），慢性関節リウマチ，シェーグレン症候群などが含まれる。）のモデル動物である MRL/1pr マウスを用い，ヒメマツタケの飲用による炎症マーカーの抑制を観察したところ，ヒメマツタケ熱水抽出物飲用させなかった群を 100％として比較すると，飲用させた群（体重 60

第2章 疾病予防食品の開発

kg のヒトが1日にヒメマツタケ乾燥粉末5gを600 ml の熱水で抽出したものを摂取する相当量をマウスの体重換算で飲用させた相当量群）での抑制率は，炎症を判断する血液生化学検査項目のC反応性タンパクが52％，乳酸脱水素酵素が28％，およびリウマトイド因子が35％と低値を示した。さらに，量や比によって免疫の状態を知ることができるヘルパー/インデューサーT細胞（$CD4^+$ 細胞），サプレッサー/細胞障害性Tリンパ球（$CD8^+$ 細胞）をフローサイトメトリーによって解析した。その結果，正常マウスでは $CD4^+$ 細胞が10％，$CD8^+$ 細胞が5.2％で比は1.9であったのに対して，正常マウスにヒメマツタケを飲用させた群では，$CD4^+$ 細胞が15.7％，$CD8^+$ 細胞が6.8％で比は2.3であり，T細胞が増加した。一方，病態モデルのMRL/1pr マウスのCD4/CD8の比はヒメマツタケ飲用させなかった群（4.5）に比較して飲用させた群（3.5）は低値となった。これらの結果は，正常マウスの免疫増強とともに自己免疫疾患マウスの免疫システムを正常な領域へと改善する免疫調節効果であると確認できた。さらに，MRL/1pr マウスの関節病変の臨床的所見は，ヒメマツタケを飲用させなかった群に比較して飲用させた群は，滑膜細胞の重層化，滑膜下軟部組織の浮腫性変化，肉芽による置換，リンパ球の浸潤などで統計的有意な抑制がみられた。

さらに，外部からの抗原の侵入により液性免疫と細胞性免疫がともに作用し慢性の関節炎を引き起こすII型コラーゲン誘発関節炎モデルを使い，ヒメマツタケの飲用による関節炎発症に対する抑制効果を観察した。ヒメマツタケを飲用させなかった群の7週目では65％が発症したが，飲用させた群（MRL/1pr マウスと同様な用量）は25％であり抑制効果が認められた。さらにヒメマツタケの抗II型コラーゲン抗体価およびサイトカイン産生に対する影響を連続的に採取した血清中抗II型コラーゲンの抗体価で評価したところ，飲用の有無による抗II型コラーゲン抗体価の産生抑制は認められなかった。しかし，ヒメマツタケを飲用させた群のIL-1β産生量は飲用させなかった群に比較して，統計的に有意に低値であり，IL-6産生量の抑制が確認された。次に，関節の臨床的所見の評価においては，ヒメマツタケを飲用させなかった群に比較して飲用させた群では，滑膜細胞の重層化，骨軟骨の結合組織置換，線維芽細胞増殖，多核白血球の増加および軟骨細胞の空胞変性に有意差が認められた。

以上のように，2つの種類の関節炎モデルにおいて関節炎の発症抑制および治療効果がヒメマツタケにあることが確認された。特に効能効果として注目すべき点は，ヒメマツタケは，抗炎症作用および免疫調節作用を併せもつことである。ヒメマツタケには，ステロイドホルモンの存在は確認されておらず，一連の効果を示した活性本体の成分は不明であるが，興味深い結果である。

文　　献

1) 江口文陽,渡辺泰雄編著「きのこを科学する」,地人書館 (2001)
2) 河岸洋和監修,「きのこの生理活性と機能」,シーエムシー出版 (2005)
3) 菊川忠裕他, 炎症, **19** (5), 261-267 (1999)
4) 江口文陽, 木田マリ, 吉本博明,「からだにおいしいきのこ料理115」, 理工図書 (2010)
5) 江口文陽, 木田マリ, 宮澤紀子,「からだがよろこぶエノキ氷健康レシピ」, メディアファクトリー (2012)

5.2 βーグルカン

大野尚仁*

5.2.1 はじめに

βグルカン研究は今世紀に入ってから著しく進歩してきた。その背景には，受容体が発見され，その欠損マウスが作成され，受容体を介した細胞内情報伝達系の解析が進んだことがある。βグルカンが免疫機構を強化し，その結果，がんならびに関連疾患に効果を示すとの考えは，20世紀の前半から提唱されてきたものである。その考えに牽引され多くの医薬品や食品の開発が企画され，ヒトの健康増進への期待は依然として高い。しかし，具現化された製品は必ずしも多くない。その理由の一端として作用機序が不明であったことを上げることができ，エビデンスが無いとの批判の矢面に立ち，開発の速度は鈍化する傾向が強かった。受容体の発見は大きな転機となった。受容体は複数存在するが，最も活発に研究がなされているのは，C型レクチン受容体に属するデクチン1（dectin-1）である。デクチン1に関する研究論文の数の推移を図1に示した。ここ数年の間に，うなぎ上りに研究の数が増加している。2011年のノーベル医学生理学賞は自然免疫研究に対して授与されており，この分野の研究が非常に活発になったことを物語っている。基礎研究が充実し，多くのエビデンスを提供できることは，食品開発にとって重要な意味をもつ。本稿では，βグルカンの特徴について最近の知見も交えて概要を紹介する。

5.2.2 βグルカンの調製法と構造の特徴

食品材料としてβグルカンを調製するためには，種々の方法がある。液体培養で真菌の菌体外に産生されるものを集め精製する方法（1）と菌体から調整する方法（2）に大別される。いずれも，純度と比活性の高い材料とすることが求められる。（2）はさらに粒子状の材料（2-1）とするか，可溶性の材料（2-2）とするかによっても方法が異なる。このように1種の微生物

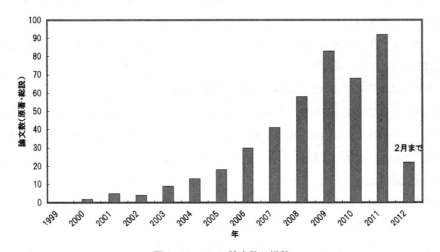

図1　Dectin-1 論文数の推移
PubMed で "dectin-1" をキーワードとして検索したときの論文数の推移

---

* Naohito Ohno　東京薬科大学　薬学部　免疫学教室　教授

から少なくとも3種のβグルカンを材料として得ることができるが，構造や物性は異なると考えるほうが良い。(1)では可溶性成分同士の分離が鍵であり，(2)では剛体である細胞壁の基本構造を理解し，どのようにβグルカンを得るかの戦略を練る必要がある。以下に自験例を紹介する。

細胞壁は複数の高分子がネットワークを形成して構築された超高分子であり，細胞の形態，剛直性，宿主抵抗性などを規定している。βグルカンも他の高分子と共有結合している。筆者らは，次亜塩素酸酸化を用いると効果的にβグルカンを調製できることを見いだし，*Saccharomyces*, *Candida*, *Aspergillus* などに応用してきた。次亜塩素酸は強力な酸化剤であって，タンパク質，脂質，核酸など，ありとあらゆるものを酸化分解するが，βグルカンは比較的抵抗性を示す。

次亜塩素酸酸化によって得られる粒子状βグルカンを NaOH 水溶液や DMSO（ジメチルスルホキシド）に溶解すると可溶性βグルカンが得られる（次亜塩素酸—DMSO 法と称する）。この方法で *Candida* から調製したβグルカン（CSBG）は長いβ1, 3－鎖に重合度10〜50程度のβ1, 6－鎖が結合し，さらにこのβ1, 6－鎖が少量の分岐を持つ構造であった。この構造は，酵母細胞壁の生合成ルートとも矛盾しない。

ゲノム解析が種々の微生物で進む中，真核微生物についても，*Saccharomyces cerevisiae* を筆頭に，*Candida albicans*, *Aspergillus fumigatus* など代表的な病原性真菌の解析が進んでいる。細胞壁βグルカンの生合成研究は80年代初頭にはかなり詳細に解析が始まっている。Cabib らは，βグルカンは UDP-Glc を出発物質として細胞膜の内側で合成され，合成の進展と共に徐々に細胞膜を通過して細胞壁に運搬されることを提唱した。また，この反応には触媒部位を持つ Fksp と，小型の GTPase 活性を有する調節因子としての Rho1p が関与することが明らかにされた。FKS と類縁の遺伝子は，*Candida*, *Aspergillus*, などから広範に見出されている。このようにβグルカンの生合成は比較的類似した基本的仕組みを利用しているので，目的とする微生物がβグルカンを産生する可能性が有るか否かについては，分子生物学的手法を用いることによっても推測できる。

5.2.3 免疫系によるβグルカンの認識と活性化機構の特徴

免疫機構は様々な角度から分類できるが，その中の一つに自然免疫機構と獲得免疫機構がある。自然免疫機構の活性化には宿主の細胞表層に存在する受容体タンパク質が重要であり，トル様受容体（Toll-like-receptor, TLR）やレクチン受容体が中心的な役割を果たしている。いずれの受容体も複数存在しファミリーを形成し，様々なリガンド分子が同定されてきた。これらの受容体は病原体等が共通に有する分子（pathogen associated molecular patterns, PAMPs）をリガンドとして認識することから，パターン認識受容体（pattern recognition receptor, PRR）と総称される。βグルカン特異的受容体としては CR3（補体第三成分受容体），lactosylceramide, デクチン1（dectin-1）の解析が進んでいる。CR3 については，Ross 博士らによって80年代後半より体系的に報告された。筆者らも組換え型の CR3, CR4 を作製し，培養細胞上に人為的に発現させると，細胞への BG の結合が著しく増加することを確認した。Lactosylceramide は担

第2章 疾病予防食品の開発

子菌由来の高分岐βグルカンへの結合は弱く，CSBGへの結合が強い。2000年には，Ariizumiらが，新たな受容体としてデクチン-1を発見し注目され始めた[1]。デクチン-1がβグルカン受容体として機能することは，西城ら，Brownらによる遺伝子欠損マウスの解析によって明らかにされた[2]。シグナル伝達にはsyk，CARD9などが関与することが明らかにされている。図2にはデクチン-1を介した食細胞の活性化機構の概略を示した[3]。デクチン-1からシグナルが入ると，活性酸素産生，サイトカイン産生など様々な活性分子の産生が高まり，自然免疫機構を活性化する。図3には獲得免疫において重要なT細胞の分化の概略を示した[4]。未熟なT細胞は様々な刺激によってTh1, Th2, あるいはTh17に分化する。他のサブポピュレーションが新たに見出される可能性もある。RiveraらはAspergillus感染症を例にあげて解析し，デクチン-1からのシグナルはT-betの発現を低下させることでTh1への分化を抑制し，Th17への分化を促進し，感染防御に寄与することを明らかにした[5]。

デクチン-1分子にはstalk領域の異なるアイソタイプが知られている。また，デクチン-1の糖鎖についても解析が進められているところであり，ヒトのデクチン-1のstalk領域の短いアイソタイプBは糖鎖結合部位が少なく膜上への発現は低い。X線解析によって糖鎖結合部位の構造が明らかにされ，PDBに公開されている（図4）。他にも多くのβグルカン結合タンパク質が知られ，結晶解析も盛んである。図1に示したとおり，デクチン-1に関する論文報告は急速に増えている。新たな事実が次々と見出され目が離せない。

獲得免疫機構の観点からもβグルカンの解析は進められている。多糖に対する抗体産生は認められにくいことから，これまでβグルカンに対する抗体産生が着目されることはほとんどなかっ

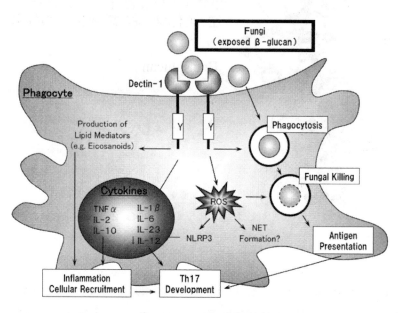

図2　Dectin-1による食細胞の活性化
（文献3より引用改変）

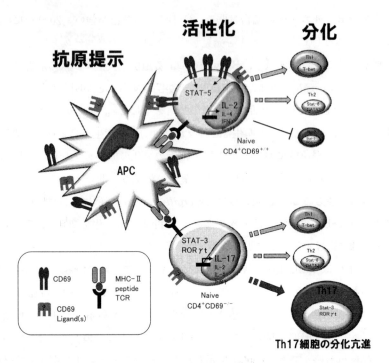

図3　ヘルパーT細胞の分化経路
(文献4より引用改変)

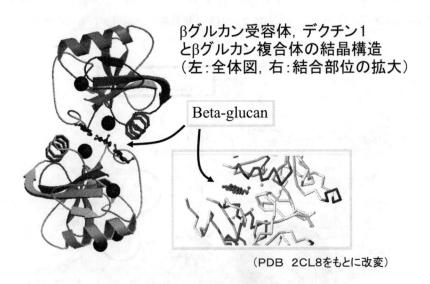

(PDB 2CL8をもとに改変)

図4　Dectin-1の結晶構造

た。また，レンチナンやソニフィランといった医薬品開発のプロセスでは抗原性が低いことが特徴としてあげられたので，抗体への興味は高まらなかった。しかし筆者らはCSBGを中心に，ヒトや動物の抗βグルカン抗体について測定し，どの動物も抗βグルカン抗体を有すること，カ

第2章　疾病予防食品の開発

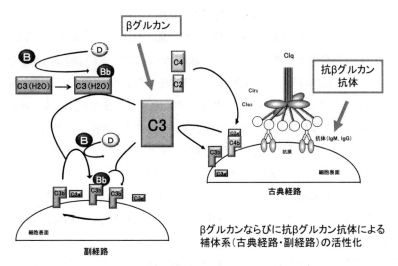

図5　βグルカンによる補体系の活性化
（文献7より引用改変）

価や特異性は個人差・個体差があることなどを明らかにしてきた[6]。個々の抗βグルカン抗体の特徴を精査してみると，力価，エピトープ特異性，特に1,3-鎖/1,6鎖比，クラスごとの相対力価に著しい個人差が認められた。ヒトは積極的にβグルカンで免疫されるという状況にはないので，食物，常在菌叢，環境微生物，皮膚ならびに深在性の感染症などによって感作され，持続的な抗体産生が起きているものと推定される。微生物感染の機会が少ない実験用のマウスでは一般的には抗βグルカン抗体が認められないこと，またウシ胎仔血清は抗βグルカン抗体を含有しないこと，そして家畜の成長によって抗体力価が上昇すること，ヒトのボランティアにβグルカンに富むキノコ系の機能性食品を継続的に摂取させると力価の上昇が認められたことなどから，自然に感作されたことが強く示唆された。また，著しい個人差が認められたことから，感受性に個人差があることが示唆された。抗体は，病原性真菌の表層に結合し，補体との共同作用によって食細胞の殺菌作用を上昇させたことから，抗体力価の差は，真菌に対する感染免疫の個人差を反映している可能性がある。また，βグルカンは補体の第二経路（副経路）を活性化することでも自然免疫系を活性化する（図5）[7]。このように，βグルカンは宿主の自然免疫と獲得免疫の両システムによって認識され活性化を促す分子である。

5.2.4　粘膜免疫系の活性化

実用面からβグルカンによる免疫系の賦活化を考えると，粘膜面を介した活性化機構の解析が要となる。筆者らはこれまでに，様々な機能性成分について経口投与による免疫修飾作用を検討してきたが，実験動物に飲ませる，食べさせるという条件で，安定した活性を見いだすことはなかなか困難であった。また，これまでの解析では，キノコの粗エキスや漢方方剤を用いるケースも多く，現時点で振り返ってみれば，様々なPRRからのシグナルを同時に解析の対象にしていたといっても過言ではない。キノコ系の機能性食品がたくさん市場に出回っているが，分子レベ

ルで機能性を追究するためにはさらなる研究が必要である。

筆者らはこれまでの研究の過程で，子嚢菌の1株，*Sclerotinia sclerotiorum* IFO 9395 株の培養外液から得られる高分岐のβグルカンである SSG が経口投与でも抗腫瘍活性を発揮することを見いだした。さらに経口投与による免疫系への作用を体系的に検討したところ，複数の同種同系固形癌に効果を有すること，転移抑制効果を示すこと，脾臓細胞の ConA（コンカナバリン A）ならびに LPS（リポ多糖）に対する応答性が上昇すること，NK 活性が上昇すること，腹腔ならびに肺胞マクロファージ活性化作用（酸性ホスファターゼ，貪食，殺菌，過酸化水素，インターロイキン-1）を示すこと，IgA 産生増強作用を示すこと，腸管粘膜に特異的に存在するリンパ節であるパイエル板機能を上昇させることを明らかにした。また，CSBG のマウスへの気管内投与によって，肺胞マクロファージの活性化，アジュバント作用など粘膜免疫系の活性化作用を示すことを明らかにした。

新潟大学の安保徹博士の研究グループでは，酵母の不溶性βグルカンをマウスに経口摂取することで，消化管免疫系の機能が著しく向上することを報告した。また，シイタケからは経口摂取での効果を高めるために分子量をコントロールして消化管からの吸収を改善したミセラピストが上市されている。粘膜面や皮膚などは多機能性であり，外界と生体との間で選択的に物質ならびに情報の交換している。上記の事実は，粘膜面を介してもβグルカンは免疫系を活性化できることを強く示唆するものである。これらの例を参考に，さらに一般的な系の構築が今後の課題となろう。

5.2.5 個人差と系統差の特徴

上記のように，抗βグルカン抗体の存在ならびに抗体の特異性や力価には個人差があり，この点についてさまざまな角度から解析が進められている。たとえばヒト末梢白血球（PBMC）を用いてβグルカン応答性をサイトカイン産生を指標に比較したところ，著しい個人差を示した。複数のサイトカインを測定し，相対力価を各人で比較すると，これにも差が認められた。近交系マウスについての検討でも，βグルカン応答性を比較すると著しい系統間格差が認められ，DBA/2 マウスが高応答性を示した。また，ヒト白血球の応答性はシクロホスファミドなどの抗がん剤で造血傾向が高いときには著しく高進し，この時，デクチン-1 ならびに CR 3 が上昇したことから，宿主の免疫機能の状況によって，βグルカン受容体の発現が制御され，応答性には著しい差が生じる可能性のあることが強く示唆された。造血傾向が高いときには，GM-CSF 産生レベルが上昇することから，*in vitro* で GM-CSF 添加実験を行なったところ，応答性が上昇した。

宿主のβグルカン応答性は，様々な要因によって左右されていることは明らかである。受容体と細胞内情報伝達系の研究が活発に行われるようになった結果，臨床研究も多く行われるようになった。その過程で，デクチン-1 やシグナル伝達分子 CARD 9 の点変異も見出され，感染症のリスクとの関連から興味が持たれている[8]。

5.2.6 安全性とリスク

上記のように，βグルカンは食品としても医薬品としても，かなり普及していることから，安

第2章　疾病予防食品の開発

全性についても十分に検証されていると考えられる。たとえば細菌由来の直鎖βグルカンであるカードランの国内需要は年間300トン程度であり，一般に広く安全に用いられ，事実1996年にはFDAでも承認されている。1999年にSpicerらによって報告されたカードランの安全性に関する報告によれば，14C代謝標識カードランを経口摂取させたところ，24時間以内に約40％が呼気から，約40％が便から，約1.5％が尿から排泄されているという。個体差は激しいものの，部分的には分解されてグルコースとして吸収され，酸化分解を経て呼気から排出されると考えられる。同様の結果はラットでも得られている。さらに，抗菌剤を投与して腸内を無菌化すると吸収は低下したので，分解には腸内微生物叢が重要な役割を果たしている可能性がある。

一方，筆者らはSSGの経口摂取実験をマウスで行なったが，吸収はほとんど認められなかった。この差には，腸内微生物叢の分解酵素の基質特異性が関連しているものと思われる。事実，SSGは市販のβグルカン分解酵素ではほとんど分解することができない。2005年，Lehneらは酵母のβグルカン（SBG）を用いて18名の健常人で安全性試験を行なったが，生化学データに異常値は出現しなかった。また，血中へのβグルカンの移行をβ1,3-グルカン特異的キットで測定したが，吸収は検出されなかった。国内で行なわれた酵母βグルカン（BBG）の安全性試験でも，復帰突然変異試験（エームス試験），単回経口投与毒性試験，反復投与毒性試験のいずれにおいても異常は認められていない。

5.2.7　まとめ

本稿に示したとおり，βグルカンの基礎的な解析はいくつかの観点からステップアップした。第一には受容体発見である。作用機序が分子レベルで解明できる可能性が高まり機能性を示す上で力となる。第二には微生物ゲノム解析の進歩である。そのような微生物が有用な多糖を産生しているのか，どのようにしたら産生の効率は高まるのか。これらの問に答えられるようになる。βグルカンの理化学的手法を用いた解析には特殊性と限界がつきまとい，人々を遠ざけてきた。関連する知見が急速に増えており，新たな展開が期待できる。

文　　献

1) Ariizumi K, *et al*, Identification of a novel, dendritic cell-associated molecule, dectin-1, by subtractive cDNA cloning. *J Biol Chem*., **275**, 20157-67 (2000)
2) Saijo S, Iwakura Y. Dectin-1 and Dectin-2 in innate immunity against fungi. *Int Immunol*., **23**(8), 467-72 (2011)
3) Drummond RA, Brown GD, The role of Dectin-1 in the host defence against fungal infections, Curr. Opn. Microb., **14**, 392-399 (2011)
4) Martin P., *et al*. CD 69 associateion with Jak 3/Stat 5 proteins regulates Th 17 cell differentiation, *Mol. Cell Biol*., **30**, 4877-4889 (2010)

5) Rivera A, *et. al.*, Dectin-1 diversifies *Aspergillus fumigatus*-specific T cell responses by inhibiting T helper type 1 CD 4 T cell differentiation. *J Exp Med.*, **208** (2), 369-81 (2011)
6) Ishibashi K, *et. al.*, Anti-fungal cell wall beta-glucan antibody in animal sera. *Nihon Ishinkin Gakkai Zasshi.*, **51** (2), 99-107 (2010)
7) 大井洋之, 木下タロウ, 松下　操（編集), 補体への招待, メジカルビュー社 (2011)
8) Holland SM, Vinh DC. Yeast infections--human genetics on the rise. *N Engl J Med.*, **361** (18), 1798-801 (2009)

その他の関連文献

大野尚仁, 真菌β-1,3-グルカン類の構造と宿主応答性, ドージンニュース, 114 (2005)
大野尚仁（監修), βグルカンの基礎と応用, シーエムシー出版 (2010)

6 栄養強化食品

別府　茂[*]

6.1 高齢者と低栄養

　高齢者の栄養不良状態は，摂取不足とくにエネルギー源とたんぱく質の不足による「たんぱく質エネルギー栄養不足症 Protein Energy Malnutrition（PEM）」を呈し，ビタミン，ミネラル等各種の栄養素の欠乏を伴うことが多く，疾患罹患率の増加，感染症や褥瘡などの感染症の増加をもたらし，ADLならびにQOLの改善遅延，入院期間の延長につながっている。このような低栄養の原因として，腸管からの吸収能の低下，食べる意欲の喪失，薬剤の影響，下痢があげられるが，さらに認知症，摂食嚥下機能障害なども原因となっている。

　低栄養を改善するためには，栄養摂取量を増大させることが望ましいものの，摂食嚥下機能障害を持つ高齢者では食べやすい食品の種類や形態の範囲が狭まり，摂取量の増大は難しい。このため，摂食嚥下機能障害があっても摂取しやすい形態の食品に栄養成分を強化した介護用加工食品の開発が行われ，病院・高齢者施設で使用されてきた。

6.2 予防と改善に必要な栄養素

　栄養摂取状況は個人で異なり，必要な摂取量も年齢，活動量，男女の違い，身体状況などの要因によっても異なる。高齢者は栄養摂取や身体活動の低下，代謝の変化，疾病等による健康状態の悪化を招きやすく，さらに認知症を伴う場合は摂取量の低下や摂食回数の増加を招き，栄養欠乏や過栄養をきたしやすいと考えられている。このため，病院などでは栄養状態に問題があると判断した入院患者に栄養アセスメントを行い，栄養面で高リスクにつながる危険因子を調べ，栄養管理にデータを活かし栄養ケアプランを作成する[1]。

　表1は日本人の食事摂取基準（2010年度版）の年齢70歳以上の活動強度Ⅰ（生活の大部分が座位で，静的な活動が中心の場合）における男性の推定平均必要量である[2]。この基準は，日本人の健康の維持・推進，生活習慣病の予防を目的とし，エネルギー及び各栄養素の摂取量の基準を示している。これらのエネルギー及び栄養素摂取量の過不足は，健康障害を引き起こす要因となるため，食事摂取基準をもとに病院・高齢者施設などの食事提供では，管理栄養士・栄養士が食材のもつ特性を活かし，その栄養素から計算した献立を作成し食事を提供している。

　高齢者のなかでも摂食嚥下機能障害によって，通常の食事を食べることができない場合は，食事形態を調整する工夫が行われている。具体的には，常食の「ご飯」を食べにくい高齢者には，「お粥」が提供される場合がある。しかし，一食当たりの「ご飯」150gのエネルギーは252kcalであるが，同量の「全粥」では106.5kcalにしかならず，同一のエネルギーを摂取しようとすると摂取量を2.3倍に増やさなくてはならない。副食も食べやすくするためミキサー処理する場合は，加水するため量が増える。高齢者にとっては食事量を増やすことは負担が大きく，工夫された献立であっ

---

[*] Shigeru Beppu　ホリカフーズ㈱　取締役執行役員

表1 日本人の栄養摂取基準

	単位	男性	女性
エネルギー	Kcal/日	1,850	1,450
たんぱく質	g/日	50	40
脂質**	(%エネルギー)	20以上25未満	20以上25未満
炭水化物**	(%エネルギー)	50以上70未満	50以上70未満
食物繊維**	g/日	19以上	17以上
ビタミンA	μgRE/日	550	450
ビタミンD*	μg/日	5.5	5.5
ビタミンE*	mg/日	7.0	6.5
ビタミンK*	μg/日	75	65
ビタミンB_1	mg/日	1.0	0.8
ビタミンB_2	mg/日	1.1	0.9
ナイアシン	μgNE/日	11	8
ビタミンB_6	mg/日	1.1	1.0
ビタミンB_{12}	μg/日	2.0	2.0
葉酸	μg/日	200	200
パントテン酸*	mg/日	6	5
ビオチン*	μg/日	50	50
ビタミンC	mg/日	85	85
ナトリウム	mg/日(食塩相当量g/日)	600 (1.5)	600 (1.5)
カリウム*	mg/日(目安量)	2,500	2,000
カルシウム	mg/日	600	500
マグネシウム	mg/日	270	220
リン*	mg/日(目安量)	1,000	900
鉄	mg/日	6.0	5.0
亜鉛	mg/日	9	7
銅	mg/日	0.6	0.5
マンガン*	mg/日(目安量)	4.0	3.5
ヨウ素	μg/日	95	95
セレン	μg/日	25	20
クロム	μg/日	30	20
モリブデン	μg/日	20	20

年齢70歳以上,活動強度Ⅰ,推定平均必要量,*は目安量,**は目標量
活動強度Ⅰ 生活の大部分が座位で,静的な活動が中心の場合

ても食べ残すことが多くなり,栄養摂取に課題が残る。また,硬いものが食べにくくなると,使用できる食材選択の範囲が狭まり,食物繊維,ビタミン・ミネラルなどの微量栄養素が不足することも危惧(表2)される[3]。さらに,素材と調理法が限定され,似たような献立が繰り返すように感じられることで食欲を低下させ低栄養になる恐れがある。このため,食形態の変更などによって不足しがちのエネルギーや栄養素を強化した介護用加工食品の開発が求められてきた。

第2章 疾病予防食品の開発

表2 ビタミン，ミネラルの代表的欠乏症状

ビタミン	調整成分不足による代表的欠乏症状	ミネラル	調整成分不足による代表的欠乏症状
ビタミンA	夜盲症	カルシウム	くる病，骨粗鬆症
ビタミンD	くる病，骨粗鬆症	カリウム	脱力
ビタミンE	溶血，不妊	マグネシウム	心機能障害
ビタミンK	出血傾向	鉄	貧血
ビタミンB_1	脚気	マンガン	酸化ストレス
ビタミンB_2	口角炎	銅	鉄の代謝異常
ナイアシン	ペラグラ	ヨウ素	甲状腺腫
ビタミンB_6	皮膚炎	亜鉛	味覚障害，創傷治癒障害
葉酸	巨赤芽球性貧血	セレン	酸化ストレス
ビタミンB_{12}	悪性貧血		
ビタミンC	壊血病		

6.3 栄養強化食品
6.3.1 加工食品に求められてきた栄養対策

 1960年代，病院では口腔，咽頭，食道の機能障害，頭部外傷や脳卒中等による意識障害などにより咀嚼や嚥下ができないときの栄養補給の方法が問題となっていた。食道以降は正常に消化吸収能力を維持している場合，通常の食事（主食，副食，副菜の料理）に味噌汁やスープなどを加えてミキサーにかけ流動状に食事の形状を調整し，鼻から胃に挿入した管を通して注入して栄養を補給する方法が開発され，一時的に口から食べることができなくとも体力や免疫力を維持し，回復を待つことができるようになった。しかし，病院の厨房での調整では，保存性がない，緊急対応が困難などの理由により，加工食品としての開発が要望され，「流動食品」が缶詰製品として1972年に誕生した。「流動食品」は，常食の献立から設計され，多種類の食材を組み合わせることによって各食品の持っている栄養素の補足的効果を活かすとともに，回復を前提とした急性期の患者に利用されてきた。この製品が全国の病院給食に使用されるに伴いエネルギーや栄養素を強化した加工食品の開発要望が高まり，乳糖不耐症のための濃厚流動食が1982年に，管を使用せず口から直接飲むことを目的とした経口用濃厚流動食が1983年に，さらに「むせ」を防止するために濃厚流動食をカップ容器にプリン状に調整した製品が1984年に開発された。その後，介護食に栄養強化する取り組みは，栄養成分のさらなる強化，摂食嚥下機能障害の内容に応じた食形態の拡大，品質の向上などの取り組みが進み，2000年の介護保険法施行以降は様々な製品が誕生している。

6.3.2 低栄養の予防に必要な食品の性状・形態と栄養素の補給

 栄養補給法には，経口栄養摂取，経腸栄養摂取，静脈栄養摂取の方法があるが，低栄養の予防では摂食嚥下機能障害をもつ高齢者にとって口から食べやすく形態・性状を調整し，さらに栄養素を強化した加工食品を本稿では対象とする。

これらの加工食品にあっては，咀嚼障害，嚥下障害があっても食べやすく，それらの障害の結果として生じる可能性の高い低栄養そのものの改善と予防を目的としている。

6.3.3 栄養補助食品

栄養補助食品には，栄養バランス調整食品及び特定栄養素強化食品がある。栄養バランス調整食品は，濃厚流動食のように食事摂取基準を参考に多種類の栄養素のバランスと濃度を調整したもので，スープ・ドリンク状食品などがあり，包装形態はレトルトパック，ブリックパック，缶詰などがある[4]。表3はポタージュスープ状（1 kcal/ml）とドリンク状（1.5 kcal/ml）の成分の事

表3　栄養バランス調整食品の事例

	栄養支援セルティ （とうもろこしのスープ）200 ml	栄養支援ハイピアー コーヒー風味 135 ml
エネルギー（kcal）	200	200
たんぱく質（g）	7.0	9.0
脂質（g）	5.6	7.2
炭水化物（g）	30.4	24.8
食物繊維（g）	2.8	3.0
ビタミンA（mg）	134	210
ビタミンD（μg）	0.6	1.3
ビタミンE（mg）	1.2	2.7
ビタミンK	−	18
ビタミンB_1（mg）	0.26	0.43
ビタミンB_2（mg）	0.24	0.50
ナイアシン（mg）	3.8	6.0
ビタミンB_6（mg）	0.20	0.30
ビタミンB_{12}（μg）	0.6	1.0
葉酸（μg）	40	65
パントテン酸	1.00	1.90
ビオチン	−	15
ビタミンC	10	20
ナトリウム（mg）	450	160
カリウム（mg）	432	160
カルシウム（mg）	162	150
マグネシウム	28	75
リン（mg）	148	150
鉄（mg）	2.0	3.0
亜鉛（mg）	1.8	3.0
銅（mg）	0.06	0.20
マンガン（mg）	0.18	1.30
ヨウ素	−	75
セレン	−	10
クロム	−	14
モリブデン	−	10

第2章　疾病予防食品の開発

例を示しているが，エネルギー，たんぱく質のほかに食物繊維，ビタミン，ミネラルの種類と量にも栄養摂取基準に配慮している。

　特定栄養素強化食品は，高齢者用のスープ・ドリンク状食品，ゼリー・プリン状食品にたんぱく質，ビタミン，ミネラルなど特定の栄養素を強化したものが多く，商品形態はカップ，ブリックパックなどの包装容器を使用しているほか，栄養素の強化目的の粉末状製品も開発されている。これらの栄養強化食品にあっては，高齢者の一回の食事での摂取量が少ないため，栄養素を基準内で，できるだけ高濃度になるような配合を目指すが，独特の風味を持つ栄養素もあるため，食品としてのおいしさを維持する範囲で添加量が決定される。また，素材の混合で生じる凝固や分離，沈殿反応などを生ずる場合があり，製造過程だけでなく保存中の変化の確認も重要である。

　これらの高齢者用のスープ等液状食品やゼリー・プリン状食品の食形態は嚥下障害があっても飲み込みやすい性状ではあるが，形状・性状の種類が少ないため飽きやすい。このため，味付けやフレーバーを工夫してバリエーションを豊富にする商品が多い。

6.3.4　栄養補助食品に使用する素材

　高齢者に考慮すべき栄養素には，たんぱく質，n-3系脂肪酸，ビタミンA及びE，ビタミンB_6，B_{12}及び葉酸，ナトリウム及びカリウム，カルシウム及びビタミンDがある[5]。一方，介護用加工食品で強化される栄養素にはたんぱく質，カルシウムのほかに食物繊維，鉄，亜鉛などが用いられている。

　ビタミン，ミネラルなどはサプリメントから栄養素を取る方法もあるが，摂食嚥下障害者では摂取しにくく，また食事からできるだけ多くの食品を組み合わせて栄養を摂取することが望ましい。しかし，栄養強化の目的からは濃縮，分離して安定した濃度に高めた素材を使用することが多い。表4では，代表的な栄養強化に使用する素材を示す。素材の選択にあっては，pH，風味，濁りなどの品質面に及ぼす影響が大きいことを考慮した素材の選択と濃度の検討が必要となっている。

表4　栄養強化に目的で使用する素材例

栄養素	素材例	備考
たんぱく質	乳たんぱく，大豆たんぱく	
脂質	植物油，魚油	
炭水化物	デキストリン	
食物繊維	水溶性食物繊維，不溶性食物繊維	
ビタミン類	ビタミン剤	
ビタミンC	アスコルビン酸ナトリウム	
カルシウム	リン酸カルシウム	
鉄	クエン酸鉄	
亜鉛	亜鉛酵母，グルコン酸亜鉛	栄養機能食品表示が必要

6.4 法律

健康増進法（平成14年法律103号）では，特別の用途に適する旨の表示（特別用途表示）や栄養成分に関する表示（栄養表示）の基準が決められている。特別用途食品では，総合栄養食品及び嚥下困難者用食品の基準が定められており，この基準を満たし申請し受理されると，用途などを包装容器に表記することができる。総合栄養食品の許可基準では，たんぱく質，脂質，炭水化物のほかビタミン，ミネラルの成分規格が定められている。一方，嚥下困難者用食品では物性規格はあるが栄養成分の基準は定められていない。

一般消費者に販売する食品に栄養表示する場合，栄養表示基準に基づき，表示しようとする栄養成分のほか，主要栄養成分であるたんぱく質，脂質，炭水化物，ナトリウム，及び熱量の含有量の表示が必要となる。また，栄養表示基準には，栄養成分又は熱量に関する強調表示の基準が定められている。さらに，栄養機能食品として表示する場合は，栄養成文名，機能の表示，注意喚起表示，一日あたりの摂取目安量などについて基準に基づく表示が必要である。

6.5 病院・高齢者施設と在宅

表5は，病院・施設と在宅における栄養管理の比較を示したものである。病院・施設では管理栄養士・栄養士の配置が義務付けられ，入院・入所した高齢者の栄養リスクが高いと判断された場合は，栄養アセスメントを実施して，個別の栄養ケアプランを作成して栄養管理の徹底を図る。しかし在宅では，管理栄養士・栄養士が関与する機会は少なく，摂食嚥下障害を生じていても食事形態を調整した調理が適切にできる家庭も少ない。さらに栄養や栄養調整食品に関する情報に乏しいために，低栄養に陥る高齢者が多いものと懸念される。栄養調整食品はカタログ販売やインターネットを利用した通信販売が広がっているものの，商品情報だけでなく商品選択のための情報が不足しているため高齢者の家庭では利用環境が整わず，また適切に商品を選ぶことも難しい。低栄養予防の観点から，栄養管理ならびに介護家族の負担軽減のために栄養調整食品の利用拡大が望まれる。

表5 病院，施設，在宅の栄養管理の違い

栄養管理の項目	病院・施設	在宅
管理栄養士・栄養士の配置	あり	なし
栄養アセスメントの実施	あり	なし
栄養ケアプランの実施	あり	なし
食事の調理	調理師	家族
栄養調整食品の利用度	多い	少ない
食事介助	専門職	家族
情報源	問屋・メーカー情報 研修会 専門誌	乏しい

第 2 章　疾病予防食品の開発

6.6　災害と要援護者の栄養

　低栄養の高齢者，摂食嚥下機能障害をもつ高齢者にとってライフラインの停止する災害は脅威となっている。これまで災害に備えて非常食を備蓄する自治体も多いが，食事に援護が必要な高齢者に適切な非常食の備蓄は少ない。高齢者用に，お粥缶詰の備蓄が行われているが，お粥は水分が多く，たんぱく質やビタミン，ミネラルは乏しい。このため，お粥には副食の提供が必要である。今後，予測される災害時では高齢者に短期間に低栄養が広がる危険があるため，長期の賞味期間がなくとも日ごろから利用が可能で，常温で保存可能な総合バランス栄養補助食品の買い置き（ランニングストック）対策が必要となっている。

文　　　献

1)　杉山みち子, 五味郁子, 高齢者の栄養管理, p.111-119, 日本医療企画（2005）
2)　日本静脈経腸栄養学会, 静脈経腸栄養ハンドブック, 南江堂, p.99（2011）
3)　第一出版, 日本人の食事摂取基準（2010 年度版）, p.306（2010）
4)　全国病院用食材卸売業協同組合, ジャピタルフーズカタログ 2011 年度版, p.87-97（2011）
5)　第一出版, 日本人の食事摂取基準（2010 年度版）, p.295-299（2010）

7 腸管免疫のための食品素材と加工食品の開発

南野昌信[*1], 志田 寛[*2]

7.1 はじめに

　免疫機能は加齢に伴って変化し，高齢者では抗原特異的な免疫応答の低下が感染抵抗性の減弱や癌発症の増加につながると考えられている。一方，高齢者では持続的な刺激によるメモリー細胞の蓄積や自己抗体の増加がみられ，近年になって加齢に伴う慢性的な低レベルの炎症が脳血管疾患，糖尿病などの生活習慣病の原因であると推測されるようになった（"inflamm-aging"）[1]。

　免疫系は，免疫担当細胞を産生する一次リンパ組織（骨髄・胸腺）と，異物を認識して免疫応答を誘導する二次リンパ組織から構成される。さらに二次リンパ組織は，外界との最前線で異物を処理する粘膜免疫系と体内を循環する異物を処理する全身免疫系に大別される。本稿では，粘膜免疫系の中枢とも言える腸管免疫に焦点を当て，これまでに明らかにされた食品の免疫調節作用の知見を述べる。

7.2 腸管免疫の特性

　腸管内には総数で 100 兆個に達する腸内細菌や多様な外来抗原が存在している。腸管免疫はこれらの異物に対して適切に応答し個体の恒常性を維持する役割を担っている。腸管免疫系は病原菌や毒素などの有害な異物に対して速やかに免疫応答を誘導するが，生体にとって無害な大部分の食物抗原や腸内細菌に対しては免疫寛容を誘導する。このように，抗原の性質によって免疫防御または免疫寛容を誘導する点が腸管免疫の特性と言える。

　腸管粘膜固有層には多数の IgA 産生細胞が存在し，産生された IgA は上皮細胞の保持する多量体抗体受容体（polymeric immunoglobulin receptor）に結合して管腔側へ転送され腸管内に分泌型 IgA（secretory IgA：sIgA）として分泌される。sIgA には，パイエル板の B2 細胞に由来する抗原特異性の高い IgA と，腹腔の B1 細胞に由来する抗原特異性の低い IgA が存在する。IgA 欠損患者は健常人に比べて呼吸器感染・尿路感染などの罹患率が高いことや，IgA 欠損と自己免疫疾患やアレルギー性疾患との関連が提示されており，IgA は生体防御や疾患の予防に重要な役割を担っていると考えられる。

　腸管粘膜固有層や上皮細胞間には多数の T 細胞が存在し，他の末梢リンパ組織の T 細胞に比べて活性化 T 細胞の表面形質を保持する細胞の割合が多い。また，腸管上皮細胞間リンパ球（intraepithelial lymphocyte：IEL）には CD4$^+$ T 細胞や CD8$\alpha\beta^+$ T 細胞の他に末梢リンパ組織には見られない CD8$\alpha\alpha^+$ T 細胞が多数認められることから，IEL の CD8$\alpha\alpha^+$ T 細胞サブセットは腸管固有の役割を担うと推測されている。IEL は細胞質にアズール顆粒を保持して強い細胞傷害活性を有し，無菌マウスの IEL は通常マウスに比べて細胞傷害活性が弱いことから，

[*1] Masanobu Nanno ㈱ヤクルト本社　中央研究所　基礎研究一部　理事
[*2] Kan Shida ㈱ヤクルト本社　中央研究所　基礎研究一部　免疫制御研究室　主任研究員

第2章　疾病予防食品の開発

　IEL が感染やストレスによって異常化した腸管上皮細胞の排除に働くことが指摘されている。また，ヒトの Vδ1⁺ IEL はストレスタンパクの一つである MICA を認識して癌細胞を傷害することから，IEL は癌化した腸管上皮細胞を認識して排除する可能性も考えられている。以上のことから，IgA や活性化された T 細胞が腸管粘膜の免疫防御において重要な役割を担っていると言える。

　一方，経口的に投与された異種タンパクに対して特異的な不応答が誘導されることが知られており，経口免疫寛容（oral tolerance：OT）と呼ばれる。OT の誘導には腸管附属リンパ組織（gut-associated lymphatic tissue：GALT）が関与する。パイエル板の M 細胞などから体内に入った抗原は直下のマクロファージや樹状細胞（dendritic cell：DC）に取り込まれる。抗原を取り込んだ CD 103⁺ DC が，抗原特異的 T 細胞クローンの除去，抗原特異的 T 細胞クローンの不応答化，調節性 T 細胞（Treg）の誘導などを介して OT を誘導すると考えられている。すなわち，免疫寛容の誘導では腸管粘膜における DC と T 細胞の相互作用が重要な鍵となっている。

　興味深いことに無菌マウスは通常マウスに比べて OT が誘導されにくいことや，無菌マウスの出生後早期に腸内細菌（*Bifidobacterium infantis*）を定着させると OT が誘導されるが，生後 5 週間以降に腸内細菌を定着させても OT は誘導されないことが報告されている。これらの事実は，腸内細菌が OT の誘導・維持に深く関わることを示している。

　腸管免疫系と全身免疫系は免疫担当細胞の構成や機能が異なり，それぞれ独自の機能を持っているが，両者は相互に密接に制御して個体全体の恒常性を維持している。臨床試験で食品の免疫調節作用を評価する場合は血液，唾液，糞便などを解析することが多く，直接腸管の組織を検査することは容易ではない。しかしながら，近年になって動物モデルや *in vitro* 試験を用いて食品成分が腸管免疫系に作用する機構が明らかにされつつある。次に，免疫系に影響を与える食品成分と作用機構について述べる。

7.3　腸管免疫に影響を及ぼす食品素材
7.3.1　ビタミンA

　ビタミン A は，レチノール，レチナール，レチノイン酸およびこれらの 3-デヒドロ体とその誘導体の総称である。ビタミン A は，動物由来の食物（肝臓・卵・乳製品など）からレチノールとして取り込まれ，体内でレチノイン酸に変換される。一方，緑黄色野菜に存在するカロテノイドは，摂取した後に体内でレチノールに変換される。ビタミン A は免疫機能との関連が最もよく研究された食物成分の一つであり，ビタミン A 欠乏症はさまざまな障害を引き起こし，特に子供では，はしかや感染性下痢による死亡の原因となる。

　ビタミン A の有効性を検討するために多くの介入試験が実施され，ビタミン A の摂取は，腸管上皮細胞のバリアー機能を維持して物質透過を防ぎ，マクロファージによる炎症性サイトカインの産生を抑制することが明らかにされた。また，ビタミン A が不足している小児では，ビタ

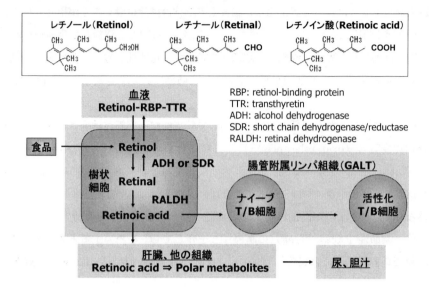

図1　ビタミンAの代謝経路
食品から摂取したレチノールは腸管粘膜固有層の樹状細胞によりレチナールを経て活性のあるレチノイン酸に変換される。レチノイン酸はリンパ系の細胞に作用し，Treg細胞の誘導やIgA産生細胞の分化を促進する。

ミンAの摂取が破傷風ワクチンやはしかワクチンの効果を増強する例が報告されている[2]。

近年になって，食物由来のレチノールから腸管粘膜のDCにより変換されたレチノイン酸がGALTのT細胞・B細胞の分化を促進し，粘膜における免疫防御機能を強化する経路が明らかにされた（図1）。さらに，胸腺由来のCD4^+T細胞は腸管粘膜でTGF-βとIL-6の作用を受けるとTh17細胞に分化し，TGF-βとレチノイン酸の作用によりinduced Foxp3^+Treg細胞に分化することが提示されている[3]。

7.3.2　ビタミンB_{12}

ビタミンB_{12}は動物性タンパク質に限定して含まれており，ヒトの体内では合成されない。また，草食動物は，腸内細菌が産生するビタミンB_{12}を利用して必要量を補っている。ビタミンB_{12}欠乏症は，巨赤芽球性貧血や神経症状，消化器症状，発育不良などの原因となる。悪性貧血患者を対象にした介入試験で，ビタミンB_{12}が，非経口投与によりCD2^+CD3^-細胞やCD8^+T細胞を増加させナチュラルキラー（NK）活性を高めることが報告されているが[4,5]，腸管免疫系に及ぼす影響はわかっていない。

7.3.3　ビタミンD

ビタミンDはビタミンD_2とビタミンD_3に分けられ，ビタミンD_2は植物（キノコ類）に，ビタミンD_3は動物（魚類・卵など）に多く含まれる。ビタミンD_3は肝臓で25(OH)D_3になり，腎臓で活性型の1,25(OH)$_2D_3$に変換される。ビタミンDは体内でもコレステロールから合成できるが，食物由来のビタミンDが不足すると欠乏症になり，骨の異常（くる病，骨軟化症，骨

粗鬆症）の他に，多発性硬化症，末梢動脈疾患，炎症性腸疾患，Ⅰ型糖尿病などの自己免疫疾患につながると言われている。

ApoE 欠損マウスにビタミン D_3 を投与すると動脈硬化が改善され，腸間膜リンパ節や脾臓でのTreg 細胞の増加，成熟 DC の減少，炎症抑制性サイトカイン（IL-10，TGF-β）や Treg 細胞遊走因子（CCL 20）の mRNA 発現の亢進が認められた[6]。これらの結果は，ビタミン D_3 が腸管粘膜の Treg 細胞を動員し炎症抑制機構を高めて動脈硬化を抑制することを支持している。

ビタミン D は細胞核内に発現されるビタミン D 受容体（VDR）に結合して作用を発揮する。VDR は多くの免疫担当細胞に発現されており，ビタミン D がマクロファージの抗菌性ペプチド（cathelicidin）産生の促進を引き起こし，オートファジーを誘導して殺菌作用を高めることが知られている[7]。また，VDR 欠損マウスは野生型マウスに比べて胸腺・脾臓・肝臓などの invariant NKT 細胞が減少し機能が低下していることや CD 8$\alpha\alpha^+$ IEL が減少していること，IL-10/VDR ダブル欠損マウスは重篤な炎症性腸疾患を発症することが報告された[8]。ビタミン D はパネート細胞の抗菌物質産生を促進し，Th 1/Th 17 細胞の減少と Treg 細胞の増加を誘導することが知られており，これらの免疫調節作用が炎症性腸疾患や大腸癌の軽減につながると推定されている[9]。

7.3.4 セレニウム

セレニウムは魚介類や肉類に多く含まれるミネラルで，selenocysteine（Sec）としてタンパク質（selenoprotein）に取り込まれている。Sec は cysteine の硫黄がセレニウムに置換した 21 番目のアミノ酸であり，ヒトでは 100 種以上の selenoprotein が存在すると推定され，これまでに 25 個の遺伝子が見出されている。セレニウム欠乏症は，筋肉および心臓血管障害，免疫系・神経系・内分泌系の機能低下，癌などのさまざまな疾患を引き起こす[10]。代表的な selenoprotein として，glutathione peroxidase, thioredoxin reductase などの抗酸化に関わる酵素や甲状腺ホルモンの代謝に関わる iodothyronine deiodinase が挙げられる。

T 細胞特異的に selenoprotein を欠損するミュータントマウスでは，リンパ組織の委縮，抗原特異的抗体応答の低下，TCR を介した刺激による T 細胞増殖応答・IL-2 R 発現・ERK リン酸化の低下などの異常がみられる[11]。セレニウム欠乏マウスは，ウイルス感染による炎症応答が亢進し病理変化が増悪する。また，セレニウム欠損下で培養したマクロファージは NF-κB に依存して inducible nitric oxide synthase や cyclo-oxygenase 2 が増強される。一方，セレニウムを摂取させると 15-deoxy-$\Delta^{12,14}$-prostaglandin J_2 の産生を促し NF-κB 活性を抑制して炎症反応が低下する。

健常人にセレニウムの錠剤またはプラセボを 15 週間摂取してもらい，6 週目にポリオウイルスワクチンを接種した。その結果，ウイルス抗原特異的な T 細胞増殖応答，IFN-γ や IL-10 産生が増加し，NK 細胞活性が増加傾向を示した。血中ポリオウイルス抗体価には差がなかったが，糞便中のポリオウイルス陽性者の割合の減少がセレニウム摂取により促進された[12]。

セレニウムの添加は，thioredoxin reductase の活性促進を介して，TNF-α により誘導され

るHIVの増殖を阻害する。また，HIV感染患者は健常人に比べて血中セレニウムレベルが低いことが知られている。そこで，HIV感染患者を対象にしたセレニウムの介入試験が多数行われた。セレニウムの摂取が血中CD4$^+$T細胞のレベルを回復させHIVウイルス量を低下させた例がある一方，全く効果がみられない例もあった[13]。今後は，被験者の背景を考慮しながらセレニウムの有効性をさらに検証していくことが必要である。

7.3.5 亜鉛

亜鉛は，肉類，魚類，穀物に多く含まれるミネラルである。亜鉛は300種類を超える酵素の活性化に関与し，細胞膜の安定化や細胞の増殖に必須であることから，免疫担当細胞のように増殖性の高い細胞には特に必要とされる。亜鉛欠乏症では食欲減退，味覚および嗅覚の障害，皮膚炎，夜盲症，免疫機能低下などの異常が現れる。また，亜鉛欠乏マウスでは胸腺やリンパ組織が萎縮しT細胞依存性および非依存性の抗体応答が低下することが知られている。亜鉛摂取を制限したマウスでは，LPS投与により誘導される腸管粘膜への細胞浸潤が増加し血漿中のIL-6，IL-10レベルが高まる[14]。

高齢者は一般に感染に罹りやすいが，亜鉛の補給が高齢者のT細胞機能を回復させることが知られている。また，高齢者（55〜87歳）に12ヵ月間亜鉛を摂取してもらったところ，呼吸器感染を含むあらゆる感染の発症率が低下することが報告された[15]。

7.3.6 プレバイオティクス

プレバイオティクスは，消化管上部で分解・吸収されずに大腸まで到達し，大腸に共生する有益な腸内細菌の選択的な増殖を促進してヒトの健康の増進維持に役立つ食品成分である。現在までに，オリゴ糖（ガラクトオリゴ糖，フラクトオリゴ糖，大豆オリゴ糖，乳果オリゴ糖，キシロオリゴ糖，イソマルオリゴ糖，ラフィノース，ラクチュロース，コーヒー豆マンノオリゴ糖，グルコン酸など）や食物繊維の一部（ポリデキストロース，イヌリン等）がプレバイオティクスとして認められている。プレバイオティクスの摂取は*Lactobacillus*や*Bifidobacterium*の増殖を促進してバランスのよい腸内菌叢を維持し，ミネラル吸収を促進することや免疫機能の異常を改善することが報告されている[16]。

健常な高齢者（64〜79歳）がガラクトオリゴ糖を10週間摂取すると，糞便中の*Bifidobacterium*，*Lactobacillus-Enterococcus*，*Clostridium coccoides-Eubacterium rectale*が増加し，末梢血単核細胞のNK活性や貪食活性が高まり，マクロファージのサイトカイン産生が炎症抑制の方向に変化した[17]。一方，HIV患者がガラクトオリゴ糖/フラクトオリゴ糖/酸性オリゴ糖の混合物を12週間摂取すると，糞便中の*Bifidobacterium*は増加したが*Clostridium coccoides-Eubacterium rectale*は減少し，活性化CD4$^+$T細胞の減少やNK活性の回復がみられた[18]。

クローン病患者に対するフラクトオリゴ糖の摂取効果が調べられている。中等度の患者を対象にした小規模（10例）の摂取前後比較試験で，3週間の摂取により*Bifidobacterium*の増加，炎症スコアの改善，腸管粘膜固有層のIL-10$^+$DCの増加がみられた[19]。その後に行われた活動期の患者を対象にしたプラセボ対照比較試験（摂取群54名，プラセボ群49名）で，4週間のフラ

第2章 疾病予防食品の開発

クトオリゴ糖摂取により腸管粘膜固有層の IL-10⁺ DC の増加はみられたが症状の改善はみられなかった[20]。炎症性腸疾患に対するプレバイオティクスの効果を検証するために，今後は，治療効果だけでなく予防効果を調べることも重要であろう。

7.3.7 プロバイオティクス

プロバイオティクスの語源は "for life" であり，プロバイオティクスは，適当な量を摂取することにより宿主の健康に有益な働きをする生きた微生物，と定義されている。プロバイオティクスには，腸内菌叢や腸内環境の改善を介して宿主の健康維持に役立ち，疾患リスクを低減させることが期待されている。一般に，*Lactobacillus* や *Bifidobacterium* は健康によい細菌と見做されているが，プロバイオティクスとして認められるためには，数多くの動物試験や臨床試験で有効性・安全性が確認されている必要がある。また，プロバイオティクスは宿主の免疫系により異物として認識されうるので，経口的に摂取した場合の安全性が保証されていなければならない。

これまでに数多くのヒト試験で，プロバイオティクスの腸内菌叢改善効果，免疫機能調節効果の他に呼吸器・消化器の感染予防効果，炎症性腸疾患改善効果，アレルギー改善効果などが報告されている[21]。プロバイオティクスの一つである *Lactobacillus casei* シロタ株は胃酸や胆汁酸の存在下でも生存できる通性嫌気性の乳酸桿菌であり，*L. casei* シロタ株を摂取した直後は糞便から *L. casei* シロタ株の生菌が回収されることから，生きて腸まで届くことが確かめられている。また，健常人や患者を対象にした臨床試験で抗癌効果，上気道感染予防効果，炎症性腸疾患改善効果が報告され，有効性や安全性が実証されている[22]。

しかしながら，プロバイオティクスの作用機序については十分な理解が得られていない。現時

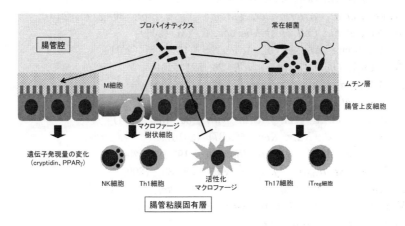

図2 プロバイオティクスの作用機構

プロバイオティクスの免疫調節作用には，常在性腸内細菌の安定化を介した間接的作用と，プロバイオティクス由来の成分による直接的な腸管上皮細胞や免疫担当細胞の活性化作用が推定されている。腸管免疫系の特性は免疫防御と免疫寛容のバランスであり，バランスが崩れると炎症性腸疾患，アレルギー，癌などの原因になる。プロバイオティクスの作用点は多数あることから，プロバイオティクスは特定の免疫機能を増強するというよりは，腸管免疫系を支えている免疫担当細胞の相互調節作用を補強するものではないかと考えられる。

点では，摂取したプロバイオティクスが腸内菌叢の改善を介して，あるいは直接腸管免疫系を活性化して免疫調節作用を発揮し，さまざまな疾患を予防すると推定されており，今後はそれらを検証する研究が重要である（図2）。

7.4 おわりに

食品は，エネルギー源として必要であるばかりでなく，生体のさまざまな生理機能の調節に重要な成分を含んでいる。高齢者では，免疫機能の低下により感染症の重篤化や癌の発症が起ると考えられており，免疫機能を調節する食品の摂取は高齢者の疾患予防に有用であると期待される。これまでに報告された食品の免疫調節作用に関する学術論文を調査すると，健常人，アレルギー患者，新生児や癌患者などの免疫機能が低下した方の免疫機能を調節するさまざまな食品が明らかにされている[23]。これらの情報を正しく理解し，日常の食生活に取り入れていくことにより，免疫機能を改善し健康な生活を過ごすことが可能になると期待している。

文　献

1) A. Desai *et al.*, *J. Leukocyte Biol.*, **87**, 1001 (2010)
2) E. Villamor *et al.*, *Clin. Microbiol. Rev.*, **18**, 446 (2005)
3) D. Mucida *et al.*, *Semin. Immunol.*, **21**, 14 (2009)
4) J. A. Vargas *et al.*, *Gut*, **36**, 171 (1995)
5) J. Tamura *et al.*, *Clin. Exp. Immunol.*, **116**, 28 (1999)
6) M. Takeda *et al.*, *Arterioscler. Thromb. Vasc. Biol.*, **30**, 2495 (2010)
7) J.-M. Yuk *et al.*, *Cell Host Microbe*, **6**, 231 (2009)
8) M. T. Cantorna, *Ann. N. Y. Acad. Sci.*, **1217**, 77 (2011)
9) J. Sun, *Curr. Opin. Gastroenterol.*, **26**, 591 (2010)
10) F. P. Bellinger *et al.*, *Biochem. J.*, **422**, 11 (2009)
11) R. Shrimali *et al.*, *J. Biol. Chem.*, **283**, 20181 (2008)
12) C. S. Broome *et al.*, *Am. J. Clin. Nutr.*, **80**, 154 (2004)
13) C. A. Stone *et al.*, *Nutr. Rev.*, **68**, 671 (2010)
14) D. G. Peterson *et al.*, *J. Nutr. Biochem.*, **19**, 193 (2008)
15) A. S. Prasad *et al.*, *Am. J. Clin. Nutr.*, **85**, 837 (2007)
16) S. Macfarlane *et al.*, *Aliment. Pharmacol. Ther.*, **24**, 701 (2006)
17) J. Vulevic *et al.*, *Am. J. Clin. Nutr.*, **88**, 1438 (2008)
18) A. Gori *et al.*, *Mucosal Immunol.*, **4**, 554 (2011)
19) J. O. Lindsay *et al.*, *Gut*, **55**, 348 (2006)
20) J. L. Benjamin *et al.*, *Gut*, **60**, 923 (2011)
21) K. Shida *et al.*, *Trends Immunol.*, **29**, 565 (2008)
22) M. Nanno *et al.*, *Int. J. Immunopathol. Pharmacol.*, **24**, 45 S (2011)
23) S. Kaminogawa *et al.*, *Evid. Based Complement. Alternat. Med.*, **1**, 241 (2004)

第3章 介護食品の開発

1 介護食品とは

大越ひろ*

1.1 はじめに

　介護食品とは，食事に関する介護を必要とする人，すなわち，咀嚼や嚥下などの摂食機能が低下した人のために開発された食品と定義することができる。
　では，いつ頃から介護食品の開発が行われたのであろうか。介護食という概念を提案した小田原にある高齢者総合福祉施設潤生園の施設長時田純氏の発想がその原点ではないだろうか。

1.2 介護食の開発

　介護を必要とする人のための食事（食品）に注目が集まったのは，1990年代になってからである。もちろん，高齢者人口の急速な増加により，介護が社会問題になったことも要因ではあるが，それまで食事の介護を必要とした人々に当たり前に出されていた食事はミキサー食や刻み食であった。しかし，口から食べさせること，すなわち食事介助を重要視していなかったために，口から食べにくくなった人に対しては，中心静脈栄養法などの非経口栄養法に移行することが多かった。そのような時代にあって，時田　純氏は介護を必要とする人々が最後まで「口から食べられる」ことを可能とした食事として，「介護食」を開発した。この介護食は，施設長の時田純氏と管理栄養士の椎野恵子氏らの努力の結果として誕生したといえる。1988年に臨床栄養で介護食[1]が紹介されたとき，摂食機能が低下した高齢者の食事に関わっていた多くの管理栄養士をはじめとした医療関係者は衝撃を受けた。今までのどろどろで，形がないミキサー食や刻み食ではなく，美味しそうな食事が展開していたからである。

1.3 介護食の条件

　介護食は咀嚼や飲み込みが困難な場合の食事として，前述の「どろどろの流動食」や，形がなくなった「刻み食」が用いられてきたが，それらは食欲をそそるようなものではなかった。すなわち，食事の準備期（先行期）としての食べる人にとって視覚や嗅覚に強く訴えるような食べ物ではなかった。介護食とは[2]，食べる人にとってはもちろん，食事ケアをする人にとっても「如何にも美味しそうな食べ物」でなければならいのである。しかも，摂食機能，すなわち，咀嚼や嚥下機能が低下した人に対応できるような，安全な食事ではなくてはならない。①誤嚥や窒息を起こさないこと，②栄養や水分を維持できること，③美味しく，のどごしよく食べられる，この

---

　*　Hiro Ogoshi　日本女子大学　家政学部　食物学科　教授

表 1　介護食の条件[2]

1. 口腔から咽頭部をなめらかに通り，むせずに，粘つかないで嚥下できる"のどごしのよい食事"にする
2. 見た目にもきれいで食欲がわき，おいしいものにする（どろどろの"おじや"のままではなく，"茶碗蒸し"などに再成形する）
3. "誤嚥しやすい食べ物"に気をつける
4. エネルギー，栄養素，水分が必要量とれるようにする
5. 誤嚥しない姿勢で，ゆっくり，少しずつたべさせ，最後に水分をとって咽頭部に貯留した食べ物をよく洗い流す
6. 愛情と敬意のこもった介助をする（一口でも召し上がっていただきたいという心を示す）

3つが必須条件であり，表1に示したような条件を満たしていることといえる。

1.4　介護食から介護食品へ

　介護食が発表されてから，急性期の病院や，特別養護老人ホームなどの管理栄養士やその関係者は努力し，潤生園で開発された介護食を参考に独自のいわゆる介護食を開発した。

　急性期の病院である聖隷三方原病院の管理栄養士であった金谷節子氏（当時）の発案で，1989年に「嚥下食」[3]が発表された。これ以降，「介護食」，「嚥下食」，「ソフト食」，「やわらか食」など，様々なネーミングで嚥下障害者のための食事が病院，施設などで独自に開発され，提案されてきた。

　これらと平行して，介護食・嚥下食の開発に企業が着手し，次々と嚥下食や介護食に準じたものが開発され，市販されることになった。このような流れの中で，むしろ後手に回った感がするが，1994年に当時の厚生省（現厚生労働省）は「高齢者用食品群別許可基準」を制定し[4]，この中に，食事の条件である栄養面（栄養表示の義務化）のみならず，物性面の基準が設けられた。付表としてそしゃく困難者用食品とそしゃく・えんげ困難者用食品の試験方法と許可基準の範囲が示されている。しかし，この基準も，現在は発展的に解消され，2009年4月から特別用途食品の改正に伴い，えん下困難者用食品の基準[5]となった。

1.5　介護食品

　1998年頃より，在宅向けの介護食品は市販され，現在ではそのアイテム，種類は飛躍的に増えた。これまで介護専門店や介護用品売り場でしか目にできなかった介護食品が，一般のスーパーや薬局，ドラッグストアに置かれ，さらには，インターネットによる通販販売も拡大している。

　市販介護食品には摂食機能に合わせた物性や栄養面での配慮，工夫がなされている。例えばレトルト処理や真空凍結乾燥（フリーズドライ）処理により，根菜類やかたい食材を軟らかく加工することができる。また食材を食品工業的に非常に細かく，滑らかにすることで，摂食機能が低下した人にも食べやすいよう加工されている。

第3章　介護食品の開発

　栄養面でも多くの工夫がなされている。家庭の調理では，少ない食事量でたんぱく質やビタミン，ミネラル類を充足させるのは非常に難しい。市販介護食品はこれらの栄養素をはじめ，食物繊維やその他の生理機能の高い食材を用いることにより，少ない食事量で栄養機能を充足させることが可能といえる。

　このように市販介護食品を利用することにより，適切な物性で，栄養的に配慮された料理を，手早く簡便に作ることができるようになる。

1.6　市販介護食品の種類

　市販されている介護食品の中でも，特に特徴的なカテゴリーの商品を紹介する。

①レトルト調理食品

　レトルト調理食品は手軽に使え，常温保管も可能である。また殺菌されているため抵抗力の低下した要介護高齢者にも安心である。このことにより，レトルト調理された介護食品が最も早く上市され，その種類も多い。レトルト調理された介護食品は主食の「お粥」，「おじや」，「うどん」をはじめ，「おかず」は和風を中心に洋風，中華風に至るまで種類，品数において最も豊富である。内容量は1人前の80〜200ｇと小容量が中心である。具材を全く含まないペースト状食品や具材を適度な大きさに刻んだものから，さらには具材の大きさは一口大で，軟らかく食べ易いように調理した，常食に近いものまで幅広く市販されている。

②乾燥食品

　乾燥食品には，粉末状食品と真空凍結乾燥食品（フリーズドライ食品）がある。粉末状食品は栄養補助食品やとろみ飲料の素の他，嚥下補助のための粘度調整用食品が数多く市販されている。また真空凍結乾燥食品は「おかず」や「おじや」を1人前毎包装した商品が市販されており，湯で戻した食品物性は均質性に優れている。

③冷凍食品

　冷凍食品は緑黄色野菜等の色や熱に弱いビタミン類を損なうことなく加工できる特徴がある。主食やおかず等その種類も多い。

④成型容器入り食品

　カップ状の成型容器入り食品は，容器から直接食べることができる特徴がある。スープやうらごし食品がゼリー状に固められたものや，デザートのプリン，ゼリーの他刻んだ具材を煮こごり風に固めた「おかず」系の商品が市販されている。

⑤スパウトパウチ入りゼリー飲料

　嚥下しやすいようゼリー状に調製した飲料である。果汁入り飲料やアイソトニックのイオン飲料，茶飲料等の品揃えがあり，ビタミン，ミネラルやポリフェノール，シャンピニオンエキス等の機能性素材を配合したものが多い。

⑥嚥下補助食品

　介護食品の特徴的な食品群として，食品を嚥下しやすい物性に調整するための補助食品が普及

している．多くはグアーガムやキサンタンガムのような増粘多糖類を用いたものや，化工デンプンを顆粒状とした粉末食品である．他に液状タイプや，ペクチン－カルシウム反応によりゼリーを形成する商品が市販されている．

文　　　献

1） 時田潤, 椎野恵子, 嚥下障害者のための食事「介護食（Ⅰ）」, 臨床栄養, 73(1), 1-8 (1988)
2） 手嶋登志子, 介護食ハンドブック, 医歯薬出版, pp.22-25 (2005)
3） 金谷節子, 嚥下食の実際：嚥下障害（日本語版）, 医歯薬出版, 東京 (1989) 付録
4） 厚生省生活衛生局食品保健課新開発食品保険対策室長通知, 高齢者用食品の表示許可の取扱いについて－高齢者用食品の試験方法－, 平成6年2月23日衛新第15号 (1994)
5） 特別用途食品の表示許可等について（食安発第0212001号）
http://www.caa.go.jp/foods/pdf/syokuhin93.pdf

2 介護食品に求められる物性機能

大越ひろ[*]

2.1 えん下困難者用食品の基準

　介護食品の物性の指標としては，現在えん下困難者用食品において示されている物性の基準，すなわち，テクスチャー特性の基準値といえる。

　厚生労働省は2010年2月12日の通知により，健康増進法の規定に基づき特別用途食品の表示許可等について，制度の見直しを行い，特別用途食品の取扱い及び指導要領を定めている。この制度は，平成21年4月1日から施行されている[1]。

　特別用途食品は病者用食品，妊産婦・授乳婦用粉乳，乳幼児用調整粉乳，えん下困難者用食品，特定保健用食品の5つに大別されている。今回行われた特別用途食品の改正は，在宅療法における適切な栄養管理が維持できる体制作り対応したものといえる。「高齢者」用食品が「えん下困難者」用食品に変更された理由については，次のような点からである。

　従来の高齢者用食品の許可基準では，そしゃく困難者用とそしゃく・えん下困難者用の2つに区別されていたが，そしゃくが必要な食品は企業努力と，義歯などを装着すること等で，改善することが可能であり，特別用途食品に入れる必要性が認められない，という理由から削除された。また，嚥下が困難となる症状は高齢者にのみ限定されるわけではないので，高齢者用という文言も削除され，「えん下困難者用食品の許可基準」になった。

　えん下困難者用食品の定義は，「えん下を容易ならしめ，かつ，誤えん及び窒息を防ぐことを目的とするもの」とされている。表1にえん下困難者用食品の規格基準を示した。許可基準がⅠ，Ⅱ，Ⅲの3段階に設定されており，それぞれの段階に対して，テクスチャー特性である硬さ，付着性，凝集性の範囲が示され，さらには備考欄に示すように，食形態についての記述が付記されている。

表1　えん下困難者用食品の許可基準

規格*	許可基準Ⅰ	許可基準Ⅱ	許可基準Ⅲ
硬さ（一定速度で圧縮した時の抵抗）（N/m²）	$2.5 \times 10^3 \sim 1 \times 10^4$	$1 \times 10^3 \sim 1.5 \times 10^4$	$3 \times 10^2 \sim 2 \times 10^4$
付着性（J/m³）	4×10^2 以下	1×10^3 以下	1.5×10^3 以下
凝集性	$0.2 \sim 0.6$	$0.2 \sim 0.9$	―
参考	均質なもの（例えば，ゼリー状の食品）	均質なもの（例えば，ゼリー状又はムース状等の食品）許可基準Ⅰを満たすものを除く	不均質なものも含む（例えば，まとまりのよいおかゆ，やわらかいペースト状又はゼリー寄せ等の食品）許可基準Ⅱを満たすものを除く

---

* Hiro Ogoshi　日本女子大学　家政学部　食物学科　教授

2.2 段階的な食事の物性機能とは

　市販されている介護食品の基準には，えん下困難者用食品の基準の他に，「ユニバーサルデザインフード」の4段階の基準値がある。これは日本介護食品協議会が定めた自主規格であり，次の節で詳細に解説してある。

　そのほかに，金谷節子氏が提唱する「嚥下食ピラミッド」[2]が示す段階的な食事の物性規格に基づき，市販品の分類もされている。また，黒田留美子氏が提唱する「ソフト食」[3]も段階的な食事基準を提示し，それに基づき区分を行っている。この他にも，増田邦子氏が提唱する「やわらか食」の段階的な食事区分[4]についても物性的な範囲が提示されているが，いずれについても，類似した傾向が見られるものの，物性という物差しで，統一できる段階ではない。参考のために状態のみで，主だった段階的な食事の共通化を試み，図1に示した。この図は物性ではなく，食物の状態で比較したものである。

2.3 物性基準の意味

　前述した段階的な食事についても，その基準として示されているのはテクスチャー特性である。しかし，「えん下困難者用食品の基準」では圧縮速度10 mm/secで測定した結果によって範囲が設定されており，「嚥下食ピラミッド」では1 mm/secで測定した結果に基づき範囲が示されている。しかし，テクスチャー特性の測定値は，圧縮速度などの測定条件が変化すると，数値が変動することが知られている[5]ので，共通化の指標とすることは難しい。

共通化のへの提案			食事区分				
			A	B	C		
嚥下食ピラミッド	区分	普通食	移行食	嚥下食	嚥下訓練食		嚥下開始食
				L_3	L_2	L_1	L_0
	主食	ご飯	ご飯又はかゆ	全粥など	重湯ゼリー		
やわらか食	区分	設定なし	やわらか食	やわらか一口食	やわらかつぶし食	やわらかゼリー・トロミ食	
			I	II	III	IV	
	主食		やわらかご飯	全粥	全粥	ミキサー粥	
ソフト食	区分	普通食	高齢者ソフト食			ミキサー固形・ペースト・ミキサー食	
			①		②		
	主食	ご飯	ご飯またはおかゆ			全粥+トロミ調製食品又は粥ミキサー	
ユニバーサルデザインフード	区分	設定なし	容易にかめる	歯ぐきでつぶせる	舌でつぶせる	かまなくてもよい	
			1	2	3	4	
	主食		やわらかご飯	全粥	全粥	ミキサー粥	
えん下困難者用食品				許可基準III 不均質なものも含む（例えば，まとまりのよいおかゆ，やわらかいペースト状又はゼリー寄せ等の食品）	許可基準II 均質なもの（例えば，ゼリー状又はムース等の食品）	許可基準I 均質なもの（例えば，ゼリー状の食品）	

図1　段階的な食事の共通化

第3章 介護食品の開発

2.4 段階的な食事の統一基準への模索

　食品の物性基準を設ける必要性を企業側から考えると，再現性のある商品であるための品質管理に必要といえる。また，利用者側である食べる人（もちろん，食事ケアをする人も含む）にとっても「安全な食品」であるための基準といえる。

表2　嚥下調整食5段階試案

コード	名称	内容・特徴	備考	互換性	嚥下障害重症度名称案	咀嚼障害重症度名称案
1	嚥下訓練ゼリー食	重度の症例に評価も含め訓練する段階 均一で，付着性・凝集性・硬さに配慮したゼリー 残留した場合にも吸引が容易なもの 少量をすくってそのまま丸のみ可能		嚥下食ピラミッドL0 特別用途食品Ⅰ	重度	重度
2	嚥下調整ゼリー食	付着性，凝集性，硬さに配慮したゼリー・プリン状のもの 口腔外でスプーンですくって食塊状にすることができる	肉・魚などのすり身のゼリーでも，軟らかさやなめらかさが適切ならここに入るものもある	嚥下食ピラミッドL1 L2 特別用途食品Ⅱ	中等度	重度
3	嚥下調整ピューレ食	咀嚼は不要 ピューレ・ペースト・ムース・ミキサー食などのうちべたつかず，まとまりやすいもの。 粒状のものの混在した不均一なものでも，その粒が充分軟らかく，また小さければ（飯粒半分程度）ここに含まれる。	ミキサー食のうち，管を通すことのできるようなもの，飲むことが主体になるようなサラサラの液体状のものはここに含まれない。ある程度形があり，スプーンで食べるものである。	嚥下食ピラミッドL3 特別用途食品Ⅲ UD定義の4 (UD:ユニバーサルデザインフード)	軽度	重度
4	嚥下調整やわらか食	形があるが，歯がなくても押しつぶしが可能で，かつ食塊形成や移送が容易で，咽頭でばらけず嚥下しやすいように配慮されたもの 例） ・つなぎを加えてある軟らかいハンバーグの煮込み ・大根や南瓜の軟らかい煮込みで汁にもとろみのついたもの ・酵素処理した肉・魚・根菜など	2との違いは，2ではペーストをゲル化剤などで再形成したようなものが主となるが，4では自然な外観のものでかつ物性に配慮されたものが主となる。 いったんすりつぶしてから再形成したような市販介護食は物性によって2〜4のいずれかに入る	嚥下食ピラミッドL4 高齢者ソフト食 UD定義の3	軽度	中等度
5	嚥下調整移行食	誤嚥と窒息のリスクを配慮して素材と調理方法を選んだ食事。 硬くない，バラけにくい，貼りつきにくいもの 箸で食べられるものも含む。 箸やスプーンで切れる・ナイフは不要	シチューなど，一般食でもここにはいるものもある 標準的要介護高齢者対応食	嚥下食ピラミッドL4 高齢者ソフト食 UD定義の1・2	軽度	軽度

日本摂食・嚥下リハビリテーション学会嚥下調整食特別委員会

高齢者用食品の開発と展望

　段階的な食事については，既存のさまざまな段階案があり，その成立の背景には敬意を表するものであるが，統一基準のないことが一般社会や多くの臨床家からわかりにくいという原因となっている。すなわち，急性期の病院から患者が特養ホームなどに転院する場合，あるいは在宅で介護を受ける場合などのように，食事提供者が異なってくると，連続性が保てない状況が生じることもある。このようなことは，摂食・嚥下リハビリテーションのさらなる発展と普及のためには不利益と考えられるので，日本摂食・嚥下リハビリテーション学会では，嚥下調整食特別委員会を立ち上げ，段階的な食事の統一基準について検討を重ねている（平成24年4月1日現在）。試案として昨年，嚥下調整食5段階試案（表2）を作成し，学会誌に公表[6]，パブリックコメントを現在募集中であり，ご意見を受け，検討を行い，平成24年度中に嚥下調整食についての基準を決定することにしている。この試案には物性基準が示されていないが，テクスチャーという概念に含まれる食べ物の状態で区分したことが特徴である。

文　　献

1) 特別用途食品の表示許可等について（食安発第0212001号）
   http://www.caa.go.jp/foods/pdf/syokuhin93.pdf
2) 金谷節子, 手嶋登志子, 摂食・嚥下障害者の栄養・調理, 金子芳洋, 千野直一監修, 摂食・嚥下リハビリテーション, p.238, 医歯薬出版 (1998)
3) 黒田留美子, 高齢者ソフト食, 厚生科学研究所 (2001)
4) 増田邦子, 大越ひろ, 高橋智子, 高齢者の食介護ハンドブック, pp.33-42, 医歯薬出版 (2007)
5) 中濱信子, 大越ひろ, 森高初惠, 改訂新版おいしさのレオロジー, pp.60-61, アイ・ケイコーポレーション (2011)
6) 日本摂食・嚥下リハビリテーション学会嚥下調整食特別委員会, 嚥下調整食試案, 摂食・嚥下リハ学会誌, 33(2), 220-221 (2011)

3 物性規格（ユニバーサルデザインフード）

藤崎 享*

3.1 はじめに

　介護用加工食品の生い立ちについては，1980年代の中旬ごろ昭和59（1984）年にさかのぼる。経口で食事が摂取できない患者への対応としては経管流動食がすでに存在したが，病院や老人ホームなどでは，これら患者や対象者の摂食状況回復に合わせて，経口用の食事を個々のケースを見ながら調整・調理してきた。このような状況の中，安定した品質や栄養面，衛生性をもった食事供給についての要望が高まったことから，これら要件をクリアできるという点で，介護用加工食品が徐々に求められるようになったのが始まりである。以降，とろみ調整食品の開発・上市に続き，90年代後半にはレトルトパウチタイプの市販用介護食品が登場している（平成10（1998）年）。平成12（2000）年に入ると，国の進める高齢者保健福祉政策の一環として介護保険制度が施行されたが，これを機としてか，介護用加工食品市場へ参入する企業が相次いだ。

　当時の状況をみると，各メーカーが独自の考え方で商品を開発しており，今後の高齢者人口増加を見込んだ上での「介護食」という一つの分野であるにも関わらず，コンセプトは統一感のないばらついたものとなっていた。一方，厚生労働省は平成6（1994）年に高齢者用食品の表示許可の取り扱いについて定めているが，これは明らかな「病者向け」であり，加工食品業界が考える一般用食品としての「介護食品」とは考え方を隔していた。このような背景の中，利用者に混乱を与えないためにも，業界が主体となり自主規格を策定する必要性が急務となった。

3.2 日本介護食品協議会の設立と介護食品の区分について

　日本介護食品協議会の前身として平成12（2000）年に設置された，「介護食品協議会（仮称）設立ワーキンググループ」では，優先検討課題の筆頭に「介護食の区分」を取り上げた。段階的な食事として参考の対象になったのはベビーフードであったが，ベビーフードは「離乳準備期」から「離乳完了期」までの5つに区分されていたことから，介護食品の区分についても5段階の案（「区分1（軽度）～区分5（重度）」）がたたき台として設定された。以降，これをもとに区分の検討が進められたが，参加各社の考え方から実際には，6段階，4段階，3段階等複数の案が提示された。中にはそしゃくと嚥下状態のマトリックス表示で16通りの区分を示す案もあった。これらから，最終的には「消費者がわかりやすい」ことが第1となるよう，「大きさ」，「かたさ」，「とろみ（粘度）」に配慮した4区分の案が採用されることとなった。この4区分は，ベビーフードの考え方の他にも，厚生労働省の旧特別用途食品「高齢者食品」の基準についても参考にしているが，基本的には食品の状態で分類したものであり，対象者には健常者から要介護者まで幅広く含む「一般食品」の立場をとったものである。

　日本介護食品協議会では設立（平成14（2002）年4月）以降，加盟各社の商品の物性の確認

---

　*　Toru Fujisaki　日本介護食品協議会　事務局長

等を日本女子大学教授・大越ひろ氏の協力を得て行い，現在の区分表および物性規格を作成し，平成15（2003）年6月に「ユニバーサルデザインフード自主規格第1版」を発行した。また，当時すでに数多く市販されていたとろみ調整食品についてもその定義に加えている。

3.3 ユニバーサルデザインフードの定義と区分

協議会では，ユニバーサルデザインフードを「利用者の能力に対応して摂食しやすいように，形状，物性，および容器等を工夫して製造された加工食品および形状，物性を調整するための食品」と独自に作成した「ユニバーサルデザインフード自主規格」に定義している。

この自主規格では，上記の経緯により，ユニバーサルデザインフードの物性について協議会が考案した「区分1～4」の各段階における基準値を設定しており，会員企業はこれに則り，各社の意図する区分の製品を開発・供給している。表1はユニバーサルデザインフードの区分表である。各区分には物性規格として，それぞれ「かたさ上限値」を設定しているが，区分3および4についてはこの値の他，飲み込みやすさへの配慮として「粘度下限値」についても基準を設けており，これらにより区分を決定する仕組みとなっている。

3.4 とろみ調整食品のとろみ表現に関する自主基準

協議会では，食品メーカーによって多種多様に表現・記載されているとろみ調整食品のとろみ状態を示す表現（ヨーグルト状やジャム状などの例示）について，利用者各々が共通のとろみ状態をイメージしやすいよう，とろみのモデルとなる食品の表現を加盟企業の商品にて統一している。

表1　ユニバーサルデザインフードの区分及び物性

分類	区分形状	かむ力の目安	飲み込む力の目安	物性規格		性状等
				かたさ上限値 N／m^2	粘度下限値 mPa・s	
区分1	容易にかめる	かたいものや大きいものはやや食べづらい	普通に飲み込める	$5×10^5$		
区分2	歯ぐきでつぶせる	かたいものや大きいものは食べづらい	ものによっては飲み込みづらいことがある	$5×10^4$		
区分3	舌でつぶせる	細かくてやわらかければ食べられる	水やお茶が飲み込みづらいことがある	ゾル：$1×10^4$ ゲル：$2×10^4$	ゾル：1500	ゲルについては著しい離水がないこと。固形物を含む場合は，その固形物は舌でつぶせる程度にやわらかいこと。
区分4	かまなくてよい	固形物は小さくても食べづらい	水やお茶が飲み込みづらい	ゾル：$3×10^3$ ゲル：$5×10^3$	ゾル：1500	ゲルについては著しい離水がないこと。固形物を含まない均質な状態であること。
とろみ調整食品	水，飲み物，食物に添加することで適切な物性を付与し，摂食しやすい状態に物性を調整できる食品又は食品添加物をいう					

第3章 介護食品の開発

これは、同様のとろみ状態を示すものであっても、パッケージ上に表現されるモデル食品が企業ごとに異なっていること、また、モデルとした食品について、既存商品個々の性状差が極端に違うために生じる利用者感覚の乖離を解消することにある（例えば、「ジャム」といっても商品によって性状は一律ではないため、人によって解釈するイメージが異なる）。これによって協議会では多くの利用者が戸惑うことなく比較・参照できる表2の表示方法を得た。

この「とろみ表現の目安」には、より客観的な力学的測定法として、とろみ調整食品の「かたさ」に着目し、これを基準として用いていることが大きな特徴である。検討を開始した当初は「粘度」を基準指標の候補としたものの、高粘度（高添加量）となるほど、機器や測定条件および測定機関により値のばらつきが大きくなる傾向が研究より明らかとなった（図1）。一方、「かたさ」については、測定機関による値のばらつきが小さい（図2）こと、ユニバーサルデザインフードの主たる物性規格値として既に用いられていたことから、各社での管理が容易であり基準

表2　とろみの目安表示例

とろみの強さ	＋✢✢✢	＋＋✢✢	＋＋＋✢	＋＋＋＋
かたさの目安 (N/m²)	〜200	200〜400	400〜700	700〜
とろみのイメージ	フレンチドレッシング状	とんかつソース状	ケチャップ状	マヨネーズ状
イメージ図				
使用量の目安	←1g→	←2g→	←3g→	

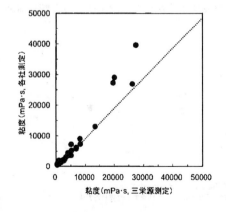

図1　各社間の「粘度」の相関
粘度（mPa・s, 三栄源エフ・エフ・アイ㈱測定）

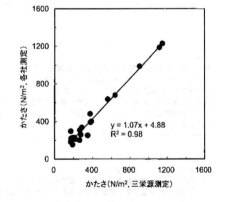

図2　各社間の「かたさ」の相関
かたさ（N/m², 三栄源エフ・エフ・アイ㈱測定）

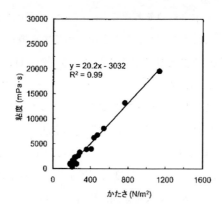

図3　かたさと粘度の相関

とするに妥当であった．さらに，「粘度」と「かたさ」には高い相関（図3）がある．以上の要因により，協議会では「かたさ」を「とろみ表現の目安」を決める上での基準指標とし，以降，とろみ調整食品の溶解試料の力学特性と同様の挙動を示すようなモデル食品の選定等作業を経て同自主基準を完成させた（平成20（2008）年10月）．

本件については，日本摂食・嚥下リハビリテーション学会学術大会（第12～14回）にて発表を行っている．

3.5　おわりに

ユニバーサルデザインフードの区分に使用している「かたさ」の測定法は，基本的に旧特別用途食品の「高齢者食品」測定方法に準拠しており，測定温度，プランジャー直径と圧縮速度，測定に用いる容器等に規定がある．しかしながら，プランジャーの材質や高さ，測定機器のメーカーに規定はなく，また，指定の容器に移して測定できないものについては例外の測定方法も認めている（図4）．

これを受け，協議会では以下の規定外の測定条件が及ぼす「かたさ」測定値への影響を検証す

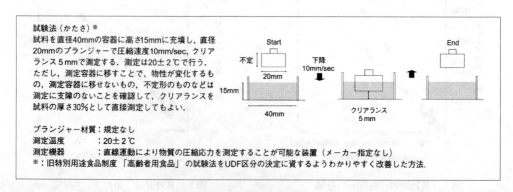

図4　試験法（かたさ）

第3章 介護食品の開発

ることとした（測定には2種類のゲル状食品とゾル状食品を用いて行った。なお，測定に際しては，以下の①〜④の項目を変更する以外は現行のUDF試験法に則して測定を行った）。

①プランジャーの違い，②測定機器の違い，③試料の高さの違い，④容器の直径の違い

この結果，プランジャーの材質の違い以外の項目においては，測定値に差がみられた（図5）。しかし，この測定値の差はUDF区分規格（かたさ物性値）の広さに対してはわずかなものであったことから，現行のUDF試験法は汎用性の高い方法であることが再確認された。

本検討は，第16回日本摂食・嚥下リハビリテーション学会学術大会にて発表を行っている。

日本介護食品協議会では，今後も利用者の選択に資する商品づくりを念頭に，誰もが使いやすい介護食品すなわち「ユニバーサルデザインフード」のありかたについて一層の検討を重ねていく所存である。

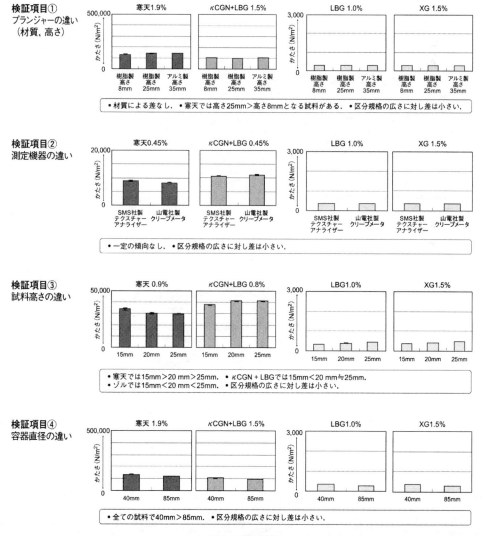

図5　検証結果

文　　献

1) 船見孝博ほか, 日本摂食・嚥下リハビリテーション学会誌, **13**(1), 10-19（2009）
2) 社団法人日本缶詰協会, 缶詰時報, **89**(9), 34-36（2010）
3) 社団法人日本缶詰協会, 缶詰時報, **90**(1), 71-73（2011）
4) 日本介護食品協議会, ユニバーサルデザインフード自主規格第2版（2011）
5) 日本介護食品協議会, 日本介護食品協議会10年史（2011）

4　レトルト食品

伊藤裕子[*]

4.1　レトルト食品の概要

　レトルト食品とは一般的に，容器包装に詰めた食品に加圧加熱殺菌を施し，常温で長期保存できるものをいう。容器形態は，袋状のパウチが多いが，一部トレー状などの成形容器もある（レトルトタイプのデザート類については「6　ゼリー状食品」に含むこととし，この項に示すレトルト食品からは省く）。

　現在ではレトルト食品に限らず冷凍食品を含め，幅広くいわゆる介護食品が提供されているが，市販介護食品が初めて市場に現れた1998年以降，店頭販売においては常温品（すなわちレトルト食品）が主流となっている。

　介護食品として必要な要素はレトルト食品と冷凍食品で変わるものではないが，簡単にまとめると以下の通りと考える。

① おいしさ
② 摂食能力に応じた適度なやわらかさ，まとまり感
③ 不足しがちな栄養素への配慮
④ 買い求めやすさ
⑤ 取り扱いやすさ

　介護食品においては「やわらかさ・まとまり感」といった物性面が重視されるが，いくら物性が適切でもおいしくなければ継続して使用することはできない。食品として最も重要な要素は「おいしさ」であると考えている。

　そして，当然のことながら介護食品としては「摂食能力に応じたやわらかさ，まとまり感」といったものが必要になる。2002年4月に食品企業が中心となり設立した日本介護食品協議会では，噛んだり飲み込んだりすることが難しくなった（＝摂食機能が低下した）人でも食べやすいよう，形状や物性，容器を工夫した加工食品を「ユニバーサルデザインフード（UDF）」として定義，区分を設定し，自主規格を策定している。4段階の各区分にかたさ，またはかたさと粘度の規格が設定されており，規格に基づき物性調製された食品が提供されている。

　摂食機能が低下した方にとって必要な介護食品においては，おいしさを損なわない範囲での「栄養素への配慮」も重要である。特に摂食機能低下に伴い不足しがちになるのはたんぱく質・食物繊維・カルシウムといった栄養素や水分であるため，これらに対する配慮も欠かせないと考える。

　また，食事の提供は日に3度，365日休むことができない。大変な介護生活を支える上で，どこでも手軽に購入できる「買い求めやすさ」や，常温保管可能ですぐに食べられる「取り扱いやすさ」は重要な要素である。

＊　Hiroko Ito　キユーピー㈱　研究所　健康機能R&Dセンター　介護食チームリーダー

4.2 レトルト食品の市場状況

日本介護食品協議会によるユニバーサルデザインフード生産統計によれば，2010年レトルトタイプの介護食品市場は約28億円，推移は図1の通りである[1]。徐々に冷凍食品のウェイトが増えているが，冷凍食品は病院・施設における使用が主である。一部在宅向けに通信販売ルートで提供されている商品も見受けられるものの，家庭用においてはレトルト食品が主流であるのが現状である。

また，レトルトタイプの介護食品は11社から189品目が販売されており，販売企業は図2の通りである[2]（2011年6月現在）。

販売アイテムは年々増え，選択肢が増えることでお客様の幅広いニーズにも応えやすくなっているものと思われる。

4.3 レトルト食品の特長

レトルト食品は介護食品として提供するにあたり，以下のように優れた特長を持っている。
① 介護食品として適切な，やわらかく食べやすい物性に調製しやすい
② 常温での流通・保管が可能で賞味期間も長く，扱いやすい
③ 簡単に開封でき，すぐ召しあがれ，簡便性に優れる

現在市販用としてレトルトタイプの介護食品が主流を占めているのは，これらのメリットの影

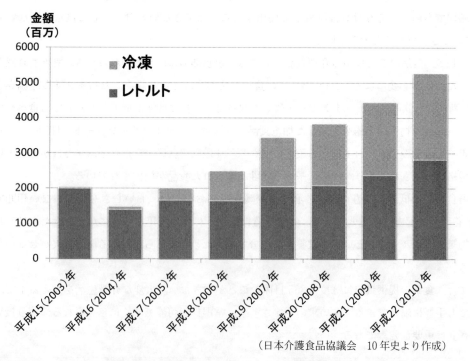

（日本介護食品協議会　10年史より作成）

図1　ユニバーサルデザインフード生産統計

第 3 章 介護食品の開発

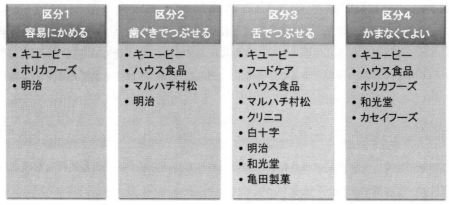

(2012年2月現在,日本介護食品協議会 HP より作成)

図 2　ユニバーサルデザインフード　区分別販売企業

響が大きいものと考えられる。

以下では,前述の①〜③それぞれについて,詳細に述べる。

4.3.1　やわらかく食べやすい介護食品として適切な物性

レトルト食品は高温・高圧下でレトルト殺菌するため,圧力鍋で調理したような効果が得られる。そのため酵素処理などによる軟化処理とは異なり,食品を自然な風味・状態でやわらかく食べやすく調理することが可能である。特にごぼう・れんこんなどの根菜類はやわらかく調理するのに手間も時間もかかるが,レトルト食品においてはやわらかく仕上げることができる。じゃがいもなどのでんぷん質が多い食品については,煮崩れ感も付与でき,味が良く染みることで,ご家庭の料理を再現したようなメニュー提供も可能である。一般食品においてはレトルト殺菌後の物性がネガティブな要因となることもあるが,介護食品においては物性調製という観点から,むしろ利点となっている。

また,圧力鍋で調理したような効果が得られることから,煮込みメニューなどは特においしく調理可能であり,特性を生かした商品提供が可能である。

4.3.2　常温で長期保存が可能な扱いやすさ

レトルトパウチ食品は,気密性・遮光性に優れた容器に完全に密封して加熱殺菌を施してあるため,保存中に腐敗することなく常温で長期間の保管が可能である。そのため流通や保管に冷蔵・冷凍といった温度管理など,特別な配慮が必要なく扱いやすい。

賞味期間も通常1年以上と長く,ご自宅,あるいは施設において,非常食として備蓄することも可能である。震災などの非常時にもレトルト食品が重宝したとのご意見もあり,扱いやすさに優れている。

4.3.3　簡単に開封でき,すぐ召しあがれる簡便性

レトルト食品は,開封に器具を必要とせず簡単に開封できる。また,いつでも必要な時に開封するだけで使用でき,簡便性に優れている(商品によっては温めずに召しあがっていただくタイ

プもあるが，おいしく召しあがれるよう温めていただくことをお勧めしている商品が多い）。

体調がすぐれない時，天気が悪く買い物に行けない時，ご家族が外出の時，急に食事の準備が必要になった時など，様々な場面において便利に使用することが可能である。

また，さらなる容器の開封しやすさ，軽量化なども進み，持ち運びや廃棄もしやすくなっている。

4.4 レトルト食品の課題

前述の通り，レトルト食品には介護食品製造における長所も多いが，課題も存在しており，商品開発においては課題事項への配慮が必要となる。

＊加圧加熱殺菌のため，緑色の野菜などは褐変しやすい
＊加圧加熱殺菌のため，フレッシュな風味が損なわれやすい

加圧加熱殺菌，あるいは保存中の経時変化により，劣化が著しい素材やメニューを把握することや，これらを配慮した上でのメニュー選定や商品提供が重要になると考えている。さらに，損なわれてしまいがちな風味を保持，あるいは向上させる工夫など，これらの課題は一般加工食品にも共通するものであり，食品メーカーとしては今後も継続した技術向上が重要であると考える。

また，レトルト食品をよりおいしく召しあがっていただくために，あるいは食事の楽しみを拡げていただくために，商品を活用したアレンジレシピなどのご提案も重要と考える。アレンジレシピが存在することで，調理の簡便性と手作り感，フレッシュ感を共に表現できる。単にメニューが拡がるだけでなく，豊かな食生活につながるのではないか。当社ではホームページ上などでの紹介や，販売促進物としてアレンジレシピ集を提供しているが，同様の動きを取っている企業も多い。

アレンジレシピに限らず，色彩の美しい緑黄色野菜や，ゆずやみょうが，ねぎなど香りのよい薬味を添える，或いは季節の素材を加えるなど，ほんの少し手を加えていただくだけでより五感に訴える，あるいは季節感を味わえるメニューになると考える。このようなレトルト食品活用の提案も重要ではないかと考える。

4.5 市販レトルト食品

ここでは「キユーピーやさしい献立シリーズ」を例に取り，各区分商品を紹介していく。

やさしい献立シリーズは，普通の食事が食べづらくなった方でも，おいしく，食べやすいように配慮した初の一般市販向けの食品として，1998年より8品目にて発売を開始し，現在は49品の品揃えにまで拡充している。そのうちレトルトタイプの商品は全42品。日本介護食品協議会ユニバーサルデザインフード区分の「容易にかめる」「歯ぐきでつぶせる」「舌でつぶせる」「かまなくてよい」，4段階すべての区分に幅広く商品を取りそろえているのが特長である。介護食品を必要とされる方々は，個人個人様々な食事の歴史＝食歴をお持ちであり，好みがそれぞれ異なる。そのため，ご要望にお応えするにはメニューとしてはある程度の品揃えが必要になると考

第3章　介護食品の開発

写真1　やさしい献立シリーズ（区分1～4の商品例）

え，ごちそう感やなじみのあるもの，昔懐かしいメニューなどを，和洋中の様々なバラエティでご提供している（写真1）。

また，高齢者に不足しがちなたんぱく質，食物繊維，カルシウムなどが補給できるよう，メニューごとにおいしさを損なわない範囲で栄養面でも配慮している。

4.5.1　区分1　容易にかめる

最も通常の食事に近いため，具材はなるべく大きめにしながら，スプーンなどでつぶして召しあがっていただける設定とし，見た目の満足感も重視したおかずをラインナップしている。また，根菜類など皮を剥く，切るといった下処理や，やわらかく調理するのに手間のかかる素材を使用するなど，敬遠されがちな食材を多く取り入れる配慮をしている。

「区分1　容易にかめる」のカテゴリーは伸長著しく，常食といわゆる介護食品の橋渡し的な位置づけとして今後もニーズが拡大すると考えている。

4.5.2　区分2　歯ぐきでつぶせる

おじや，うどんなどの主食類と，バラエティ豊かなおかずを揃えている。たけのこやごぼうなど，かための素材は小さめに，大根やじゃがいもなど，やわらかめの素材はやや大きめにするなど，素材を物性に応じて適切な大きさに調製し，素材の食べやすさを均一にしている。また，全体を適度な粘度に調製することで，食べやすさに配慮している。

特に人気があるのは，おじや親子丼風，すき焼き，海老と貝柱のクリーム煮などである。

4.5.3　区分3　舌でつぶせる

舌で簡単につぶせるくらいやわらかく煮込んだ，やわらかごはん・おじや類と，やわらかおかずを揃えている。

ふっくらと炊き上げた食べやすいやわらかごはんは，お米そのものの味を楽しんでいただきながら，べたつかず，まとまり感もあり，安心して召しあがっていただける。

やわらかおかずは，すべてが均一なミキサー食とは異なり，それぞれの素材が認識できるが，舌でつぶせるほどやわらかく仕上げている。バラエティ豊かな品揃えで，肉じゃが，うなぎの卵とじなどが人気メニューである。

写真2　おかゆ用の具

　2011年2月から新ジャンルの商品として，おかゆをおいしく食べられるシリーズ「おかゆ用の具」を発売している．ごはんにあうおかずは世の中に多く存在するが，おかゆにあわせても楽しめるおかずは驚くほど少ない．日常的におかゆを召しあがっていらっしゃる方に，少しでも食事を楽しんでいただけるよう開発した商品である（写真2）．

4.5.4　区分4　かまなくてよい

　野菜や魚介，肉，煮豆などを，素材の味を生かしなめらかに仕上げたペーストシリーズで，そのままでペースト食代わりに，あるいはソースや彩りとして便利にご利用いただける．通常のミキサー処理では均一になりにくい素材を，非常になめらかにうらごし，素材の味を生かした味付けにしている．野菜シリーズは同量の牛乳を加え，スープとしても楽しめ汎用性が高い．それぞれのアイテムにより，不足しがちなエネルギー，たんぱく質，食物繊維，カルシウムを強化している．

　当社では見た目も重視し，素材が明確なメニューを選択しているが，料理を均一にしたミキサー食タイプの製品も上市されている．

4.6　レトルト食品の今後の展望

　超高齢社会が継続し，高齢化率はさらに上昇すると予測されている中，今後病院や施設のみならず，在宅で介護が必要となる方におけるニーズも増加すると思われる．レトルト食品に限らず介護食品全般として，ユニバーサルデザインフードの必要性はますます高まり，要望は多様化することが窺われる．そんな中で，ユニバーサルデザインフードが特別なものという概念を拭い去り，より一般的に使用していただくためには，認知啓蒙はもとより，買い求め易い価格の実現，販売経路を含めた市場拡大が重要と考える．

　食事は一日三食，毎日のことである．継続して市販品を利用していただくためには，購入しやすい価格を実現する必要がある．また，より幅広く，手軽な利用を促すには，販売経路の更なる拡大も必要ではないだろうか．現状では百貨店やスーパー，ドラッグストアといった店舗や通信販売などが主流であるが，より身近なコンビニエンスストアや，ネットスーパー，宅配サービス・

第3章　介護食品の開発

介護業者との連携など，販売経路の拡大は市場拡大のためにも重要な課題であると考える。そういった中で，常温流通・保管が可能なレトルト食品に寄せられる期待は大きいと思われる。

　さらに，高齢者は身体的な変化を含め個人差が大きく，食歴も異なり嗜好も様々である。それぞれの嗜好に適応し満足感を感じていただくためには，より商品の品質を向上させ，バラエティを充実させることが必要だと思われる。

　今後も増大する食事に配慮が必要な高齢者において，多様化するニーズを的確につかみながら，満足感を感じていただける商品を開発するために，各企業がそれぞれに努力することはとても重要である。一方では業界として連携し，ユニバーサルデザインフードの認知を広め，使用される方にとってわかりやすいよう，企業間のばらつきなどがないように進めることも重要である。

　今後も日本介護食品協議会の一員としてユニバーサルデザインフードを世に広めながら，ご家族を中心とした介護者の皆様の負担軽減の一助を担い，バラエティとおいしさ，食べやすさにより，食事が食べづらくなった皆様の食生活に貢献できる商品を提供し続け，業界全体として市場拡大をはかりたいと考える。

文　　献

1）　日本介護食品協議会，日本介護食品協議会10年史，p66，株式会社日本出版制作センター（2011）
2）　日本介護食品協議会，http://www.udf.jp/

5 とろみ調整食品

伊藤裕子[*]

5.1 はじめに

とろみ調整食品とは，食べ物や飲み物に加えるだけで，簡単に適度なとろみをつけることができる食品で，粉末タイプの商品がほとんどであるが，一部液体タイプの商品もある。

とろみ調整食品は，高齢化が問題となり始めた1990年頃から使用され始め，現在では介護生活にとって必要不可欠なものとして，介護食品市場のかなりのウェイトを占める存在となっている。

5.2 とろみ調整食品の市場状況

とろみ調整食品の販売額は2011年見込みで115億円，今後も使用量においては伸長するとみられている[1]。参入企業は㈱クリニコ，㈱明治，ニュートリー㈱，㈱フードケア，日清オイリオグループ㈱，㈱三和化学研究所，キッセイ薬品工業㈱，キユーピー㈱，和光堂㈱などであり，数多くの企業から，様々なタイプの，様々な包装形態の商品が販売されている[2]（写真1）。

5.3 とろみ調整食品の必要性

とろみ調整食品はなぜ必要なのか。

加齢や疾病など様々な要因により，咀嚼（噛むこと）機能や嚥下（飲み込むこと）機能が低下すると，通常の食事では摂食が困難になり，食事や飲み物を食べやすく，飲み込みやすくする配慮が必要となる。特に液体はのどを流れるスピードが速く，気管に入りやすいため，水分摂取時にむせやすい場合，とろみをつけることにより安全に水分が摂取できる。適切なとろみの状態は個人により異なるため，個々に応じたとろみを調整する必要があるが，適度なとろみをつけることで，飲み物や食品が口の中でまとまりやすくなり，また，ゆっくりとのどの奥へ流れるように

写真1　とろみ調整食品

---

[*] Hiroko Ito　キユーピー㈱ 研究所 健康機能R&Dセンター 介護食チームリーダー

第 3 章　介護食品の開発

写真 2　とろみをつけたお茶

なる[2]（写真 2）。

　一般的に一日の水分最低必要量は体重 1 kg 当たり約 20 mL とされており，体重 50 kg の人では約 1000 mL 以上の水分が必要になる（発熱，下痢，嘔吐などがない場合）[3]。加齢により体内保持水分量が低下しがちな高齢者は，食事中や食間など意識的に時間を決めて，少量ずつでも頻繁に水分を補給することが重要である。体にとっては必要不可欠でありながら摂取が難しくなることも，水分不足が引き起こされる原因である。

　水分補給の重要性を理解し，その上で飲み込みやすさに工夫をこらし，必要量の水分摂取を心がけることが重要であり，そのためにとろみ調整食品が必要となる。

　また，咀嚼機能が低下した人にとって食べやすい食品とは，低下した咀嚼力でも充分に細かくなるような，適度な大きさや物性の食品であり，口腔内で食塊としてまとまりやすいものである。健常人であれば咀嚼と唾液の存在によりまとまりを得られるが，高齢化に伴う唾液分泌量低下に伴い，食塊としてまとまりにくくなる点を，とろみ調整食品を加えることで補うことができる。特にさらさらしたまとまりのない液体や，味噌汁のように異なる物性を併せ持つものは誤嚥を招きやすいため，適度なとろみをつけたり，均一な状態に調整したりすることが必要である。

5.4　とろみ調整食品の特徴

　とろみ調整食品には粉末と液体の 2 タイプがあるが，市場のほとんどを粉末タイプが占めているので，粉末とろみ調整食品について以下にまとめる。

　粉末のとろみ調整食品は，大きく 3 つに分類され，それぞれ第一世代，第二世代，第三世代と呼ばれている。世代を経るごとに改良が進み，一般には後の世代ほど飲み込みやすく，また使いやすいとされている。

5.4.1　第一世代

　第一世代はでん粉が主体のとろみ調整食品であり，代表的なものとして「トロメリン顆粒」などがあげられる。ボディ感のあるとろみがつき，安価であるが，添加量を多く必要とする，とろ

みが安定するまでに時間を要する，味が落ちる，白濁するなど風味・色調に影響が出る，唾液でとろみが落ちる，などの指摘もある。

5.4.2 第二世代

第二世代はでん粉と増粘多糖類が主原料であり，代表的なものとして「トロミアップA」などがあげられる。第一世代に比べ，少量でとろみがつくように改良され，とろみの安定も早くなっているが，風味・色調への影響や，唾液でとろみが落ちる，などの指摘はある。

5.4.3 第三世代

第三世代の主原料は増粘多糖類とデキストリンである。でん粉を使用していないためべたつかず，すっきりしたキレの良いとろみで，喉越しが良くなっている。風味・色調への影響は少なく，素材の味や色をそのまま楽しむことができる。とろみの安定や，とろみがつくまでの時間なども短縮され，介護や医療現場でも主流は第三世代のとろみ調整食品となっており，多くの商品が存在している。商品例としては，トロメイクSP，つるりんこQuickly，ネオハイトロミールⅢ，ソフティア1SOL，とろみ食のもと，新スルーキングi，とろみファインなどである。

5.5 市販とろみ調整食品

ここではキユーピー「とろみファイン」を例にとり，市販とろみ調整食品をご紹介する（写真3）。

第三世代に属するとろみファインの特長は，以下の点である。

- 溶けやすく，とろみの状態が良い
- 風味や色調への影響がない
- ナトリウムが少ない

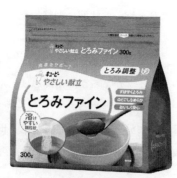

写真3　キユーピー　やさしい献立　とろみファイン，ジャネフ　とろみファイン

第3章　介護食品の開発

① すぐに溶けて使いやすい

　冷たいものでも温かいものでも溶けやすく，1～2分ですぐにとろみがつく。べたつかず，すっきりしたキレの良いとろみで，喉越しが良く，また，とろみ調整もしやすく，使用される方のその日の状態，食事の内容にあわせて調整できる。

　とろみ調整食品が使われる最大のポイントは，溶けやすさ，使いやすさにあるため，この点は重要なポイントと思われる。

② 料理のおいしさを損なわない

　とろみファインを使用しても，料理の味や見た目を変えることなく，風味・色調への影響がない。食事が飲み込みやすくなることはもちろん大事だが，味を損ねてしまっては，せっかくの食事が楽しめなくなってしまう。また見た目にも変わらないことは食事をおいしく召しあがっていただくうえで重要な要素だと考える。

　とろみファインは，味・見た目を含め，「料理のおいしさを損なわない」点が評価され，介護以外にもホテルやレストランの食事でも使用されている。

③ ナトリウム控えめ

　とろみファインは他製品と比べ，ナトリウム量がかなり少ない。日常的に頻繁に使用するものだからこそ，ナトリウム過剰摂取が気になる方も多いが，そのような場合でも安心して継続使用していただける。

5.6　とろみ調整食品の今後の展望

　とろみ調整食品は超高齢社会の進展に伴い，今後も需要は拡大すると思われる。

　そのような中，とろみ調整食品の課題は大きく2つに分けられると考える。

　一つはとろみつけすぎの問題，もう一つはとろみ調整食品の表示の問題である。

5.6.1　とろみつけすぎの問題

　なぜとろみ調整食品が必要か？

　前述のとおりそのままでは食べづらく，飲み込みにくい方が召しあがりやすくなるように，とろみ調整食品を使用してとろみをつけている。しかし中には必要以上にとろみをつけすぎていたり，経時的にとろみが強くなるタイプの製品を使用し，調理時には適正なとろみでも，実際の食事場面ではとろみがつきすぎていたりするというケースもある。とろみ調整食品のタイプを把握し，実際の食事場面で適正なとろみになるような注意が必要であるし，とろみ調整食品を提供する企業側は，とろみの経時変化がなるべく少ない製品を提供する必要があるのではないか。

　とろみのつけすぎは，おいしさを損ねるだけでなく，飲み込みにくくなり窒息につながる場合もあるので厳重な注意が必要であり，認知啓蒙も重要である[2]。

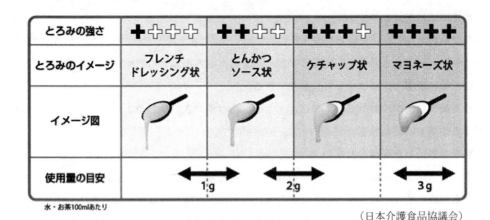

図1　とろみの目安の表示例

　また，小袋の製品であれば入れすぎの心配も少ないが，大容量の製品を目分量などで使用する場合は注意が必要である。

5.6.2　粉末とろみ調整食品の表示の問題

　粉末とろみ調整食品は多くの企業が様々な商品を出していることは前述した。

　企業がそれぞれの考えでとろみの状態を表現することで，使用される方が混乱し，分かりにくい状況を招いていることが問題となっている。この状況を憂慮し，日本介護食品協議会では，とろみの状態についてメーカー間の表示を統一し，とろみのつき方を図1のように，4段階のイメージで表現している[2]（商品によっては3段階で表示する場合もある）（図1）。

　現状は日本介護食品協議会加盟のメーカー間での動きであるが，使用者の使いやすさの観点からより多くの企業による統一表示を目指し，協議会としても努力を続けていく。

文　　献

1）　㈱富士経済, 高齢者向け食品市場の将来展望 2011, p290（2011）
2）　㈶日本訪問看護振興財団, 食べる力のサポートブック, p22（2011）
3）　蓮村幸兌ほか, 在宅高齢者食事ケアガイド, 第一出版㈱, p5（2006）

6 ゼリー状食品

伊藤裕子[*]

6.1 はじめに

一言でゼリー状食品といっても，介護食品市場には様々な商品が存在する。

この項におけるゼリー状食品とは，食べやすいように予めゼリー状に調製した食品，または簡単にゼリー状に調製できる食品を示す。

ゼリー状食品は，その訴求内容から，栄養補給タイプと水分補給タイプ，物性調製タイプに大別される。これらのゼリー状食品の容器形態としては，カップ・パウチ・スパウト付パウチ・ソフトボトル・紙パック，ディスペンパックなど様々で，個包装から大容量まで，幅広く提供されている（図1）。

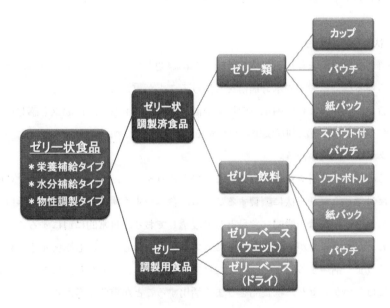

図1 ゼリー状食品の分類

6.2 ゼリー状食品の市場状況

ゼリー状食品は栄養補給タイプと水分補給タイプ，物性調製タイプに大別されるが，2011年予測では栄養補給ゼリー市場は33億円[1]，水分補給ゼリー市場は15億円[2]，物性調製タイプは20億円[3]とみられている。

栄養補給タイプとしては，たんぱく質やミネラルなど，不足しがちな栄養素を強化した商品があり，デザートの感覚で栄養補給可能な甘いタイプが多いが，一部にはおかずタイプのムースなどもある（流動食をゼリー状にしたような総合栄養に近いタイプの商品については，別途総合栄

---

[*] Hiroko Ito　キユーピー㈱　研究所　健康機能R&Dセンター　介護食チームリーダー

養食品の項目があるため，ゼリー状食品には含めないこととする）。

水分補給タイプとしては，特に飲み込みやすさに配慮したゼリー状，またはゼリーベースの製品が，様々なフレーバーを取りそろえている。水分補給を主目的に，浸透圧に配慮したタイプや，エネルギー補給可能なものや低カロリーなもの，緑茶ポリフェノール，キシリトール，鉄，食物繊維，オリゴ糖，ビタミン類など，物性に影響を与えない機能性素材が添加されている商品などが多い。

物性調製タイプは，とろみ調整食品と同様の使用方法となるが，とろみではなくゼリー状に調製できることが特徴となっている。飲料や食品，流動食などに使用でき，純粋に物性調製のみを訴求としている商品が多い。

いずれも今後も引き続き成長する市場とみられており，現状では施設での使用がメインではあるが，在宅においても今後伸長すると予測される。

6.3 ゼリー状食品の必要性

摂食が困難になれば，栄養補給・水分補給は共に課題となってくるため，食事だけでなく間食も含め，あらゆる機会に栄養や水分補給を心掛けることが重要になる。

特に高齢者は，老化により体内水分保持量が減少する傾向もあり，口渇感も感じにくい。しかし水分摂取が不足すれば，深刻な疾患につながる恐れもあるため，積極的な水分補給が重要だが，誤嚥のリスクもあり困難が伴う。

前述のとろみ剤は，飲料や食事に混ぜることでとろみをつけ，飲み込みやすくする商品であるが，とろみだけでなくゼリー状に調製することも，食べやすくするための一つの手段である。ゼリー・ムース・プリン類は一般的な食品として浸透しており，日常的に口にすることが多い。違和感なく召しあがれることが，食べやすさだけでなく「おいしさ」にも影響するため，これらゼリー状食品をうまく活用することで，安全だけでなく実際に召しあがる方にとっての満足感にもつながるのではないか。ゼリー状食品をうまく活用することが重要と考える。

6.4 ゼリー状食品の特長と市販商品

前述のゼリー状食品の分類に沿って，各種ゼリー状食品の特長をまとめ，各商品をタイプ別に当社商品を例に説明する。

6.4.1 栄養補給タイプのゼリー状調製済食品

カップタイプのものが多く，それ以外にもスパウト付パウチ，紙パックなどの形態がある。いずれも食事に付加して不足しがちな栄養素を補給するもので，デザート系の甘い仕立ての商品が多い。

- ジャネフ パンナコッタゼリー

バターや生クリームを贅沢に配合し濃厚なミルク風味のおいしさが楽しめる，食べやすいパンナコッタゼリー。少量でもしっかり不足しがちなエネルギー，たんぱく質，カルシウム，亜鉛な

第 3 章　介護食品の開発

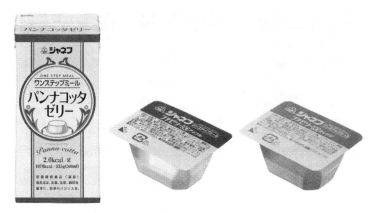

写真 1　ジャネフ　パンナコッタゼリー，ジャネフ　プチゼリー 80，アップル・オレンジ

どの栄養素が補給できる。
- ジャネフ　プチゼリー 80（オレンジ・アップル）

　おいしさとコンパクトなサイズが特徴のフルーツゼリー。

　摂食量が低下した方でも，1 個 35 g の小容量のゼリーで無理なく 80 kcal のエネルギーと水分補給が可能であり，おいしく手軽に栄養・水分補給に役立てていただける。

　フルーツ本来の甘みと酸味が生きており，食事のきっかけとして召しあがっていただくと，咀嚼や唾液分泌を促す働きも持つ（写真 1）。
- ジャネフ　カップゼリー（やわらかプリン，和風デザートごま・きなこ・黒糖）

　カスタードプリンや，ごまだんご，きなこもちなど和菓子をイメージさせるカップ入りの和風デザートに，不足しがちなたんぱく質，鉄，亜鉛，カルシウムなどの栄養素をそれぞれ付加してある。カップのシールをはがすだけで，そのまま召しあがっていただける。通常のデザートのようにおいしく賞味期間も長いため，栄養補給の目的以外にも便利にお使いいただける。

6.4.2　栄養補給タイプのゼリー調製用食品

　お湯で溶かして調製したり，ミキサー食などに混ぜたりして使用する商品で，袋入りのタイプが多い。調理が必要なため病院・施設などでの利用が多いが，素材として献立中に取り入れられる場合が多い。
- ジャネフ　ムースゼリーパウダー（プレーン，かつお風味，コンソメ風味，バナナ風味，かぼちゃ風味，抹茶風味）

　不足しがちなエネルギー，たんぱく質，カルシウム，亜鉛などが補え，物性調製が可能な粉末商品。お湯に溶かして冷ますだけで簡単にムースゼリーができる。常温でもゼリー状になり，保型性があるため切り出しも可能で，厨房などでの大量使用にも使いやすい。使用するパウダーの量を変えることで，希望の物性に調製することが可能で個別対応しやすい設計になっている。

　味をつけなくても使用可能な味付きタイプ 5 種類と，味がついておらず，おかゆなどにも使用できるプレーンがある（写真 2）。

129

高齢者用食品の開発と展望

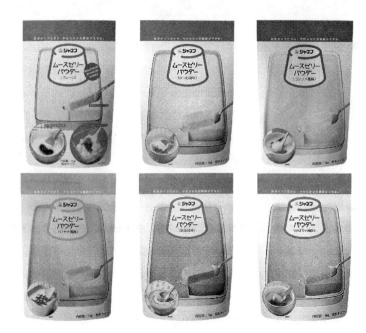

写真2　ジャネフムースゼリーパウダー

6.4.3　水分補給タイプのゼリー状調製食品

　飲み込みやすいよう物性上の配慮が施されたゼリー状であることが特徴で，容器形態はさまざまであるが，ゼリー飲料様の商品が多い。

　ソフトボトル，カップといった手に持って飲んだり食べたりすることが可能な個装タイプの商品，キャップ付きでリキャップも可能なスパウト付パウチタイプ，紙パックやパウチなど，容器を移し替えて召しあがっていただく商品など，多種多様な容器の商品がある。

　以下に簡単に，それぞれの容器特性を中心に特長をまとめる。

　スパウト付パウチ入り　：キャップ付きのためリキャップできる。
　個装紙パックタイプ　　：ストロー付き。リキャップはできない。
　ソフトボトル　　　　　：持ちやすい。リキャップはできず，スタンディング性はない。
　パウチ入り　　　　　　：容器に移す手間がかかる。
　大容量紙パック　　　　：容器に移し小分けする手間がかかる。在宅では大容量だと使いにくい。

・キユーピー　やさしい献立　ゼリー飲料

　いわゆるゼリー飲料というよりは，フルーツそのものの味わいを楽しんでいただける商品設計になっている（写真3）。

　りんご・ももの2品では果汁や果肉を多く配合し，市販の一般的なゼリー飲料と比べると，すりおろしたフルーツそのものの味わいや食感を楽しんでいただけるような商品設計にしている。一方，白ぶどうはさっぱりしたゼリー状で，緑茶ポリフェノールやキシリトールを配合し，お口

第3章　介護食品の開発

写真3　ゼリー飲料（りんご・もも・白ぶどう）

の衛生に配慮している。

　スパウト付パウチ入りでリキャップが可能，携帯にも便利で，ベッドサイドなどでもこぼす心配もなく安心して使用できる。

6.4.4　水分補給タイプのゼリー調製用食品

　水やお湯で溶解すると，飲みやすいゼリーが調製できる粉末商品。

　冷やさなくても反応によりゼリーになるタイプと，熱湯溶解後，冷却によりゼリーになるタイプがある。

- **キユーピー　やさしい献立　水分補給ゼリーのもと**

　水で溶かして30秒混ぜるだけで，冷やさなくても簡単に水分補給用ゼリーが調製できる（写真4）。

6.4.5　物性調製タイプのゼリー調製用食品

　飲み物や食べ物に使用することで，物性を食べやすく調製することができる食品。粉末や液状などの商品がある。

　また，物性調製タイプは飲み物や食べ物を食べやすく調製するための補助食品なので，ゼリー調製用食品のタイプのみ商品として販売されている。

- **ジャネフ　かんたんゼリーの素**

　2液が分かれて容器に充填されており，好みの飲み物などに入れ混ぜると，冷やさなくても数分で簡単にゼリーが調製できる。

　カルシウムとペクチンの反応によりゲル化するため，温かいものでもゼリー状にできる。

　ドレッシングなどにも使用しているユニバーサルデザイン性の高い独自容器「ディスペンパック」入りで，片手で絞り出すこともでき，簡便性も大きな特長である（写真5）。

高齢者用食品の開発と展望

写真4　水分補給ゼリー

写真5　かんたんゼリーの素

6.5　ゼリー状食品の課題

　一言でゼリー状食品といっても，訴求ポイントも違えば商品形態も異なり，さらにその物性も様々である。これらゼリー状食品に関しては，最も基本的で重要な要素である物性，すなわちゼリーの状態についても，よりわかりやすく情報を提供することが今後の課題ではないかと考える。

　とろみ調整食品にも共通するが，ゼリー状食品は嚥下困難な全ての方に適した状態であるわけではない。障害が何に起因するのか，あるいはどの程度なのかにより，必ずしもゼリー状が適切ではない場合もある。ゼリー状食品に限ることではないが，対象者に適切な物性の食品を選べるよう，商品の物性に関する情報提供が重要ではないかと考える。また，温度の影響により物性が変化するタイプの製品が多いため，温度と物性に関する情報提供も必要と考える。

　さらに今後の課題としては，温度に依存しないタイプのゼリー状食品も求められるのではないだろうか。

文　　　献

1)　㈱富士経済，高齢者向け食品市場の将来展望 2011, p275（2011）をもとにキユーピーで算出
2)　㈱富士経済，高齢者向け食品市場の将来展望 2011, p283（2011）
3)　㈱富士経済，高齢者向け食品市場の将来展望 2011, p290（2011）

7 冷凍食品

中村彩子*

7.1 介護食における冷凍食品の意義

7.1.1 手間の軽減

摂食嚥下困難者を対象とした食事作りは，通常の食事作りのように栄養面やおいしさに気を配るだけでなく，物性面にも配慮することが求められる。昨今では，液体の温度に関わらず素早く簡単にとろみを付与できるとろみ調整食品や，温かなゼリーを作ることができるゲル化剤製剤などが広く普及し，病院や介護施設の厨房でも，家庭の台所でも，クオリティの高い介護食を作ることが可能である。しかしながら，1年365日休みなく続く食事作りにおいて，主菜，副菜，主食，汁物の全てを手作りの介護食で対応するのは大変な手間である。彩りのために添える野菜や副菜が冷凍食品でストックできるだけでも，調理の手間は大幅に軽減される。

7.1.2 美味しさ

これまで，保存の効く介護食といえば，ボイル殺菌，もしくはレトルト殺菌を施したタイプが主流であった。しかしながら，ボイル殺菌で十分な保存性を得るためには，通常，食品のpHを酸性側に調整した上でボイルする必要があり，フルーツゼリーのように酸味のある食品であれば問題はないが，惣菜のようにもともとpHが中性域で，かつ酸味をつけると著しく味を損なうような食品には不向きである。一方，レトルト殺菌であれば，pHが中性域の食品でも十分な殺菌を行うことが可能であるが，レトルト臭と呼ばれる独特の臭気が発生してしまう。味が濃い食品であれば気にならないが，繊細な味の食品では，レトルト臭により美味しさが損なわれてしまう。また，レトルト殺菌は，加圧加熱により100℃以上の温度をかけて殺菌を行うため，アミノカルボニル反応による褐変が起こりやすく，食品の見た目が損なわれることもある。

その点冷凍であれば，殺菌のためにpH調整を行ったり熱をかけたりする必要がないため，味や香り，色を損なわずに，長期間の保存を行うことが可能である。

7.2 介護食における冷凍食品の種類

冷凍介護食には，大別して業務用と家庭用が存在する。両者の境界は必ずしも明確ではないが，一般に業務用冷凍食品は，厨房で最後のひと手間を加えてから提供することを想定したタイプが多い。他方，家庭用のみで展開している商品は，調理をせず解凍や温めだけで食べられる商品が主流である。

7.2.1 業務用

調理用食材として使用できるよう，味付けや形をシンプルに仕上げた軟らかな肉，魚，野菜素材などが販売されている。また近年では，加工食品メーカーの製品だけでなく，給食委託業者のセントラルキッチンで製造した製品が業務用として自社受託先以外に販売されている例もある。

---

* Saeko Nakamura 三菱商事フードテック㈱ 多糖類部

高齢者用食品の開発と展望

給食委託業者は，その経験から，介護食について豊富なノウハウを持っている。さらに給食委託業者のセントラルキッチンは，加工食品メーカーに比べ小ロット生産が可能であるため，介護食の製造に適しているといえる。写真1に，給食委託業者セントラルキッチンで製造された業務用介護食の例を，写真2および3にその調理例を示す。シンプルな形状であるため，型抜きや切り出しが行いやすく，盛付けの工夫で手作り感のある食事に仕上げることができる。

写真1　業務用冷凍介護食の商品例
（シダックスデリカクリエイツ株式会社「やわらかマザーフード」）

写真2　業務用冷凍介護食の調理例①
（シダックスデリカクリエイツ株式会社「やわらかマザーフード」）

写真3　業務用冷凍介護食の調理例②
（シダックスデリカクリエイツ株式会社「やわらかマザーフード」）

7.2.2　家庭用

従来から，在宅糖尿病患者や腎臓病患者向けの冷凍治療食弁当が販売されてきたが，近年それらの製造業者が，軟らかい惣菜を詰め合わせた介護食弁当の販売に参入するパターンが見受けられる。また，加工食品メーカーからは，弁当用小分け冷凍惣菜のように1食分ごとにトレイを切り離し，レンジアップできる商品も販売されている。

第3章 介護食品の開発

7.3 冷凍介護食の開発
7.3.1 求められる特性
(1) 少量多品種

介護食に求められるクオリティは年々高くなっており,常食で使用頻度の高い食品素材については,出来る限り商品ラインナップに加えることが望まれている。また,家庭はもちろんのこと,病院や介護施設であっても,1施設あたりの介護食対象者は必ずしも多くないため,1人分,もしくは小人数用のポーションであることが望まれる傾向にある。

(2) 様々な解凍,温め方法への適応

業務用製品では,近年普及が進むスチームコンベクションオーブン(スチコン)や温冷配膳車での解凍や温めを想定した商品が多い。スチコンとは,熱風,スチーム,もしくはその組み合わせにより加熱を行う装置であり,芯温センサーを用いて芯温管理ができるため,衛生管理上利点がある。1996年にO-157の集団感染が相次いで以来,導入する病院,施設が増えてきている。しかしながら,小規模施設であれば温冷配膳車を使わずに適時適温配膳を行っている場合もある。また,スチコンを持たず,加熱調理は全て回転釜で行っている,あるいは,スチコンは設置されているが常食など対象者が多い食事の調理に優先的に利用されるため,介護食の解凍には利用できないということも考えられる。無論,家庭での解凍には,上記のような機器類を使用することはできない。つまり,介護食が利用される場が広がっている今日では,多様な温め方に対応できる商品作りが求められているといえよう。

7.3.2 開発の実際

冷凍介護食を開発するうえでは,①軟らかくまとまりの良い物性とすること,②冷凍解凍時の物性変化や離水を抑えること,③温めによる物性変化を抑えること,の3点を考慮する必要がある。なお,介護食の分野では,軟らかくまとまりのよい物性を得るために,増粘多糖類を用いた物性改良が行われることが多い。本項では,増粘多糖類を用いた介護食における,耐冷凍性および耐熱性向上方法について解説する。

(1) 耐冷凍性

ゲル状食品は,高分子が架橋してできた三次元網目構造の中に水が抱き込まれている状態である。ゲルの水分には,この三次元網目構造に強く結合した状態の結合水と,自由に動くことのできる自由水があり,離水の原因となるのは後者の自由水である。一般に,チルドや常温のゲルの場合には,経時的に網目構造が収縮してくるのに伴い,自由水が押し出され,離水を生じるが[1],冷凍ゼリーの場合には,網目構造内の自由水が氷結晶を生成し,解凍時にこの氷結晶が溶け出してしまうことにより離水が生じる。また,自由水が氷結晶を生成する際に体積が増すため,周囲の細胞壁を傷つけてしまい,ゲル自体の食感が著しく低下する。その代表的な例が寒天ゼリーやコンニャクである。

冷凍介護食では,誤嚥の原因となり得る離水を防ぐのはもちろんのこと,食感低下も防ぐ必要がある。そのためには,以下のような方法により,自由水を減らし,結合水を増やすことが有効である。

① 増粘多糖類の選択

一般的に，離水はゲル化剤の濃度が低い場合に起こりやすい[2,3]。これは，低濃度の場合，網目構造に結合する結合水の割合が低いためである。従って，ゲル化剤の添加濃度を高くすれば，ある程度離水を抑制することができる。

しかし他方で，介護食では軟らかな食感が求められるため，寒天のように低濃度でもしっかりとしたゲルを形成するゲル化剤を，離水を防止するために高濃度で使用するということは困難である。

したがって，増粘多糖類を選択する際には，求める硬さのゲルを調整するために必要となるゲル化剤濃度が，比較的高いものを選定するとうまくいくことが多い。具体的には，ι-カラギーナンやネイティブジェランガム，また混合系であればキサンタンガム-ローカストビーンガムのブレンド品などは，冷凍を想定した製品への利用に適しているといえる。

② 水分活性調整剤の利用

塩類や糖類，アミノ酸などは，水と強く結びつき，自由水を結合水に変える役割を果たす。しかしながら塩類の濃度は，増粘多糖類の水和を遅らせ，さらに増粘多糖類によっては溶解温度が上昇したり，溶解しなくなったりすることもあるため，注意が必要である。たとえば脱アシル型ジェランガムは，カチオンの存在下では非常に水和しにくくなることが知られている。また，ネイティブジェランガムは，脱アシル型のジェランガムに比べるとカチオンの影響は少ないものの，溶解温度がやや上昇する傾向にあることが知られている[4]。またキサンタンガムでは，塩分の存在下では水和が遅れる傾向がある[5]。

その点糖類の添加は，高い濃度であっても増粘多糖類の膨潤溶解には影響を与えないことが多く[5]，さらにゲルはもろさが改善され，しなやかになる傾向があるため[6,7]，ゲルの離水防止のための水分活性調整剤としては非常に適しているといえる。例えば寒天は，解凍時の離水が多く，基本的には冷凍に不向きであるが，砂糖濃度60％以上，寒天濃度1％以上とした場合（羊羹のようなもの）には離水が止まり[3]，冷凍解凍にも耐えるようになる。

（2）耐熱性

デザートや小鉢として供されるような商品であれば，自然解凍のみで喫食することもできるが，主菜として供されるような商品は，やはり温かい状態で提供できることが望ましい。

① 想定すべき温め方法と温度

どの程度の耐熱性が必要かは，どのような温め方法が想定されるかによって異なってくる。以下に，冷凍介護食の解凍，加熱を行う際の一般的な方法と，それらで想定される温度を列記する。

a. 温冷配膳車

温冷配膳車とは，温かい食事を温かく，冷たい食事は冷たいままで提供することができる配膳車である。適時適温配食の実施に対して入院時食事療養費の特別管理加算が行われたため，広く普及した（2005年の診療報酬改定により加算は廃止されたが，適時適温配食は食事療養（Ⅰ）の算定要件となった）。

基本的には保温と冷蔵を目的としたものであり，加熱のための装置ではない。しかし，

第3章　介護食品の開発

HACCPや厚生労働省の大量調理施設衛生管理マニュアルに代表されるような高度衛生管理の下で製造された冷凍介護食の場合、冷蔵庫内や流水で解凍したものを器に盛り付け、温冷配膳車内で適温まで温めて供されることも多い。温冷配膳車での温めは、通常65℃程度にセットされるため、65℃で溶け出しが起こらないことが目標となる。

b. スチームコンベクションオーブン（スチコン）

スチコンでの温めが想定される場合、温度は1℃単位で調整が効くため、製造者にとって商品の設計は比較的容易である。高度衛生管理のもとで製造するのであれば、温冷配膳車と同程度の耐熱性を持たせれば十分であろう。

c. 湯浴

湯浴での温めは、特別な設備を要しないことが最大の利点である。介護施設でも家庭でも行える温め方法であるため、家庭用の商品を開発するのであれば、後述の電子レンジでの温めには対応できなくとも、最低限湯浴での温めが可能な設計にすることが必須である。湯浴の場合、パッケージごと湯に投入することになるため、包装形態はカップや真空パックが望ましい。包材中に空気が多く入ると湯浴中で浮きやすく、また、空気は熱伝導率が低いため、温めに時間を要する原因となる。なお、沸騰水中で温める場合、表面温度は95℃程度には達すると考えられる。

d. 電子レンジ

電子レンジの普及率は高く、2009年の全国消費実態調査（総務省）によると[8]、2人以上の世帯では97.5%が所有している。また、70歳以上の高齢者単身世帯においても90.9%が所有しており、昨今では高齢者にとっても馴染み深い機器であるといえる。現在上市されている冷凍介護食の中にも、家庭向けでレンジアップに対応している製品が幾つか存在するが、まだその数は少ない。高齢者人口が増加の一途をたどり、在宅介護がより一層増えていくことが見込まれている今日、レンジアップ対応介護食の開発は急務であろう。

なお、電子レンジは、マイクロ波照射により食品中の水分子を振動させることにより対象物を加熱させる。水は常圧下で100℃を超えることはないが、油脂は水に比べマイクロ波の吸収効率が悪いものの、温まれば100℃を超えてしまう。介護食ではエネルギーの摂取量を増やすことや、口当たりを滑らかにする目的で、油脂を多く配合することも珍しくない。したがって、電子レンジ加熱を想定する商品の場合には100～150℃程度の耐熱性をもたせる必要がある。

e. 焼く、揚げる

解凍後さらに調理操作を加えて提供される可能性がある商品の場合、焼く、揚げるという操作にも耐えることが望まれる。例えば粉砕した肉や魚を軟らかく再形成したような、素材色の強い商品がこれに該当する。いずれの場合も150～200℃程度の熱がかかるため、非常に高い耐熱性が要求される。

② 耐熱性向上の手法

温冷配膳車やスチコンの使用を想定した商品であれば、65～70℃程度の耐熱性があればよいので、配合設計はさほど難しくない。比較的耐熱性が高い増粘多糖類を組み合わせ、さらに固形分

量を多くすることで対応可能である。耐熱性の高い増粘多糖類としては，寒天（85〜95℃），ジェランガム（カチオン添加で100℃以上），ネイティブジェランガム（カチオン添加で80〜100℃），グルコマンナン（アルカリ存在下での加熱により熱不可逆），カードラン（80℃以上で加熱溶解した場合130℃程度）が挙げられる。ただし，寒天，ジェランガム，カードランなどは，いずれも離水が多く，さらに食感がもろいため，単独での使用は不適当である。寒天であれば，例えばキサンタンガム-ローカストビーンガムの系に少量添加して耐熱性を高めたり，ジェランガムであればネイティブジェランガムとの混合で使用するなどの方法を採ると，食感，離水ともに良好な仕上がりとなる。

　湯浴で温める場合には，100℃近い熱にさらされる。しかし，湯浴の場合には他の温め方法と異なり，必ず容器ごと湯に投入されるという特徴がある。したがって，多少表面が溶け出したり硬さが緩んだりしても，湯浴から引き上げた後，速やかに再凝固すればよいという発想で商品を設計することも可能である。例えば，ゲル化温度が極めて高いネイティブジェランガム（カチオン添加で70〜80℃）をベースとして用いれば，そのような商品を作ることができる。

　電子レンジの使用や，焼く，揚げるなどの調理操作が可能な商品を開発するためには，増粘多糖類のみでの対応は難しい。その場合は，タンパク質の熱変性を利用して，熱不可逆性のゲルとする必要がある。しかしこうした場合においても，増粘多糖類を併用することで食感を軟らかく，なめらかにに仕上げることが可能となる。

7.4　おわりに

　本節では，増粘多糖類を用いた冷凍介護食の開発について基本的な内容を解説した。実際の開発にあたっては，本節で挙げたような増粘多糖類をそのまま使うのではなく，目的に合わせて製剤化された製品を用いる方が簡便である。なお，三菱商事フードテックでは，各種増粘多糖類，ゲル化剤製剤を取り揃えているほか，顧客ニーズにあわせた専用製剤の開発も行っている。

文　　　献

1) 林　良純, 繊維学会誌, **65**(11), p.412-421（2009）
2) 品田利彦, 安定剤とその利用技術, p.21, 衛生技術会（1981）
3) 国崎直道, 佐野征男, 食品多糖類, p.121-123, 幸書房（2001）
4) FFIジャーナル編集委員会, 食品・食品添加物研究誌, **209**(10), p.910-918（2004）
5) 国崎直道, 佐野征男, 食品多糖類, p.150-152, 幸書房（2001）
6) 大賀稔子, 加藤美由紀, 藤井恵子, 中濱信子, 日本家政学会誌, **47**(4), p.321-328（1996）
7) 長坂慶子, 粂野恵子, 中浜信子, 日本家政学会誌, **42**(7), p.621-627（1991）
8) 総務省統計局, 平成21年全国消費実態調査, 主要耐久消費財に関する結果, 総務省統計局（2010）

8 総合栄養食品

海野弘之[*1]，外山義雄[*2]

8.1 総合栄養食品とは

　総合栄養食品は，2009年に特別用途食品の一類型として位置づけられた表示許可制度であり，これまで規制が設けられていなかった食品扱いの流動食を一定基準で規制するために設けられた制度である。総合栄養食品の制度が制定された2009年当時，食品扱いの流動食は約50品種以上存在しており，流動食の普及が加速するにつれて医薬品扱いの経腸栄養剤および一般食品と，何らかの区別が必要であるとの認識が高まっていた。何よりもチューブを通して直接胃内に投与するという一般食品とは異なる使用方法にもかかわらず，特別な規制が公的に存在せず，そのことを使用者である医療側がほとんど認識していないこと，加えて以前から欧米では流動食をメディカルフーズとして一般食品と区別していたことが，わが国においても総合栄養食品制度の制定を推し進める要因になったと考えられる。

　総合栄養食品が有するべき規格は「疾患等により経口摂取が不十分な者の食事代替品として，液状又は半固形状で適度な流動性を有していること。」と定められており[1]，規定された栄養成分の規準に適合していることが必要である。しかし，必ずしも全ての栄養成分の含量が規準内である必要はなく，規準を外れて調整している成分については，その旨を表示すればよい。

　なお，総合栄養食品は，表1のように病者用食品の一つに分類されており，病者用食品は特別用途食品の中に位置づけられている。その他の特別用途食品としては，妊産婦・授乳婦用粉乳，乳児用調製粉乳及びえん下困難者用食品が挙げられる。総合栄養食品の表示許可を受けるためには，許可基準に対する適合性に関して消費者庁の審査を受ける必要がある。

表1　特別用途食品の分類

特別用途食品	病者用食品	許可基準型	低たんぱく質食品
			アレルゲン除去食品
			無乳糖食品
			総合栄養食品
		個別評価型	
	妊産婦，授乳婦用粉乳		
	乳児用調製粉乳		
	えん下困難者用食品		
	特定保健用食品		

---

*1　Hiroyuki Umino　㈱明治　健康栄養ユニット　栄養事業本部　メディカル栄養事業部
　　開発グループ

*2　Yoshio Toyama　㈱明治　研究本部　食品開発研究所　栄養食品開発研究部

8.2 総合栄養食品制度の概要

8.2.1 規格

① 疾患等により経口摂取が不十分な者の食事代替品として，液状又は半固形状で適度な流動性を有していること。

② 表2の栄養成分等に適合したものであること。ただし，個別に調整した成分等については，この限りではない。

（粉末状等の製品にあっては，その指示通りに調製した後の状態で上記①及び②の規格基準を満たすものであれば足りる。）

8.2.2 許容される特別用途表示の範囲

食事として摂取すべき栄養素をバランスよく配合した総合栄養食品で，疾患等により通常の食事で十分な栄養を摂ることが困難な者に適している旨。

8.2.3 必要な表示事項

① 「総合栄養食品（病者用）」の文字。

② 医師，管理栄養士等の相談，指導を得て使用することが適当である旨。

③ 栄養療法の素材として適するものであって，多く摂取することによって疾病が治癒するというものではない旨。

④ 摂取時の使用上の注意等に関する情報。

⑤ 基準量（表2）及び標準範囲（表3）を外れて調整した成分等がある場合はその旨（「○○調整」）。

⑥ 1包装当たりの熱量。

⑦ 1包装当たり及び100kcal当たりのたんぱく質，脂質，糖質，食物繊維，水分，ナトリウム，食塩相当量及び基準量（表2）又は標準範囲（表3）を外れて調整された成分の含量。

⑧ 欠乏又は過剰摂取に注意すべき成分がある場合はその旨。

8.3 総合栄養食品の現状と課題

総合栄養食品制度が制定されてから2年ほど経過した現在でも，総合栄養食品の認可を受けているのは㈱クリニコのシーゼット・ハイ®（CZ-Hi）だけである。これは，総合栄養食品となるべき流動食において，次のような課題が存在しているためと考えられる。

その課題は，既に多くの流動食に使用されている原材料の一部が，総合栄養食品では使用できないことである。これが，総合栄養食品の制度が施行されてから2年経過した2012年となっても，ほとんど申請が行われていない最大の原因と考えられる。具体的には，2012年1月の時点で食品添加物である「グルコン酸亜鉛」「グルコン酸銅」は乳児用調製粉乳と栄養機能食品だけに使用が認められており，総合栄養食品には使用が認められていない。また，総合栄養食品と同時に栄養機能食品の適用を受けることもできないことから，総合栄養食品で「グルコン酸亜鉛」「グルコン酸銅」を使用することができないのである。

第3章　介護食品の開発

表2　栄養成分等の基準

	100 ml（又は100 g）当たりの熱量
熱量	80〜130 kcal

成分	100 kcal 当たりの組成
たんぱく質[*1]	3.0〜5.0 g
脂質[*2]	1.6〜3.4 g
糖質	50〜74%
食物繊維	（熱量比として）
ナトリウム	60〜200 mg
ナイアシン	0.45〜15[*3]（5[*4]）mg NE
パントテン酸	0.25 mg 以上
ビタミンA	28〜150 μg RE[*5]
ビタミンB_1	0.04 mg 以上
ビタミンB_2	0.05 mg 以上
ビタミンB_6	0.06〜3.0 mg
ビタミンB_{12}	0.12 μg 以上
ビタミンC	5 mg 以上
ビタミンD	0.3〜2.5 μg
ビタミンE	0.4〜30 mg
ビタミンK	3〜13 μg
葉酸	12〜50 μg
塩素	50〜300 mg
カリウム	80〜330 mg
カルシウム	33〜115 mg
鉄	0.3〜1.8 mg
マグネシウム	14〜62 mg
リン	45〜175 mg

*1　アミノ酸スコアを配慮すること。
*2　必須脂肪酸を配合すること。
*3　ニコチンアミドとして。
*4　ニコチン酸として。
*5　プロビタミン・カロテノイドを含まない。

表3　標準範囲

成分	100 kcal 当たりの組成
ビオチン	2.3 μg 以上
亜鉛	0.35〜1.5 mg
クロム	1〜7 μg
セレン	1〜18 μg
銅	0.04〜0.5 mg
マンガン	0.18〜0.55 mg
モリブデン	1〜12 μg
ヨウ素	8〜120 μg

食品扱いの流動食における亜鉛と銅の添加に関する歴史的背景をさかのぼると，1990年代までに発売された一般食品扱いの流動食では亜鉛や銅を原材料として添加することができず，長期単独使用では欠乏症を発生することがあった。しかし，2000年頃から食用酵母の培養時に亜鉛や銅などの微量元素を取り込ませることで，その含量を高めたミネラル強化酵母という原材料が販売されたことで多くの流動食に配合されるようになる。さらに，2005年の栄養機能食品制度改定時に，栄養機能食品において食品添加物であるグルコン酸亜鉛，グルコン酸銅が使用可能となったため，多くの流動食はあえて栄養機能食品とすることで，グルコン酸亜鉛，銅を配合した流動食を商品化したのである。このため，経口摂取できない患者が使用するために作られた流動食の多くが，原材料の都合で栄養機能食品となり「食生活は，主食，主菜，副菜を基本に，食事のバランスを。」と表示している。この矛盾を解消する目的もあって総合栄養食品の制度が創設されたと考えられるが，現実的には制度の矛盾は解消されないままとなっている。

8.4 総合栄養食品の将来

将来，前述の課題が解消されれば，次に記載するような数多くの流動食が次々と総合栄養食品として申請，承認されると考えられることから，現在の流動食の状況を解説することで，総合栄養食品のあるべき姿を述べたい。

8.4.1 主流は半消化態流動食である

液状の流動食は，使用する窒素源の状態から，消化態流動食，半消化態流動食，自然流動食の3つに分類される。窒素源にアミノ酸またはペプチドを使用したものが消化態，分離したたんぱく質を使用したものが半消化態，天然の食品そのものを使用したものが，自然流動食となる。現在，食品扱いで市販されている流動食のほとんどは，臨床的に適用範囲の広い半消化態流動食である。

8.4.2 様々な組成や物性，容器形態の流動食が存在する

半消化態の流動食は，次のように分類することができる。将来，これらの様々な流動食が総合栄養食品として認可されると予想される。

A 栄養組成による分類
 ① 標準組成
    およそ総合栄養食品の栄養成分規格に当てはまる組成。一般的なエネルギーバランスで，100 kcal当たりの蛋白質含量が4.0 g程度，1 ml当たりの熱量が1 kcal程度のエネルギー濃度。
 ② 高蛋白組成
    標準組成の蛋白質含量を100 kcal当たり5.0 g以上とした組成。
 ③ 高濃度組成
    標準組成の1 ml当たりの熱量を高めて1.5 kcalや2.0 kcalのエネルギー濃度とした組成。

第3章　介護食品の開発

④ 希釈組成

標準組成に水分を添加し，1 ml 当たりの熱量が 1 kcal 以下のエネルギー濃度とした組成。

⑤ 病態・対象別組成

糖尿病・耐糖能異常や慢性腎臓病・維持透析，肝疾患，周術期（イムノニュートリション），小児期を対象とした栄養組成。糖尿病用では，小腸からの吸収が緩やかな糖質を使用したものや脂質の割合を増やして相対的に糖質の割合を減らしたものなどが存在する。

B 粘度や流動性など性状からの分類

① 液状

元々，経鼻胃管という細径のチューブを経由して，ポンプまたは自然落下による滴下投与を目的とした流動性の高い液状タイプの流動食である。内径数ミリメートル程度のチューブを通過できるように，一般的に粘度は 10 mPa・s 程度である。胃ろうからの投与も可能である。

② 半固形状

2009 年頃から普及し始めた，胃ろう（一般的に PEG：ペグとも言われる）に用いられる比較的太めのチューブを経由して投与することを前提として開発された流動食である。液状流動食では胃食道逆流を起こすなどの問題が生じる患者さんに対して有用と考えられ普及を始めており，合田ら[2]によれば，粘度 20000 mPa・s 程度が望ましいとされるが，現段階では粘度による規定のみを指標とすることが妥当かどうかも含めて諸説論じられている。なお，市販品には 1000 mPa・s 程度の製品もあり，最近では一定粘度以下の製品を半固形流動食とは区別する考え方もある。

C 投与経路の違いによる分類

① 経管投与用

液状の流動食は一般的に，経鼻胃管といわれるチューブを経由して投与する経管投与を前提として設計されている。液状の流動食は胃ろうからも投与することができる。

② 経口摂取用

元来，流動食は経口摂取不可能な患者の食事代替手段として発達したものであるが，風味の向上や様々な物性への展開によって，完全な食事代替手段としてだけでなく，食事摂取量の不足を補うための補食として，その使用が年々増加している。これは，高齢要介護者の低栄養予防や回復に有用な栄養補給手段であり，近年，特にニーズが高まっている。

現在，市販されている製品には明らかに経口用などという表示はなされていないものの，事実上使用者から経口用と認識されている製品が多数存在する。その特徴は次の通りである。

- 標準組成に近い栄養バランスで，三大栄養素および主要なビタミン・ミネラルを含んでいる
- 液状タイプでは 1 ml 当たりの熱量が 1.6 kcal の高濃度組成であり，小容量で多くの栄養素を補給できる。

- 香料だけでなく果汁や抽出エキスなどを含み，従来よりも風味が向上している。
- 飽きずに毎日摂取することができるよう，複数の風味がラインナップされている。
- 使用者の摂食状況に合わせてカップ入り，ブリックパック入り，チアーパック入りなど様々な容器形態のゼリー状タイプも選択できる。

③ 胃ろう（PEG）用流動食

粘度が高い半固形状の流動食が該当する。チューブ径の細い経鼻胃管を通すことは難しいため，比較的チューブ径の大きな胃ろうからの投与が前提となっている。

D 容器形態による分類

液状の流動食には様々な容器が用いられる。最も一般的な容器は，ブリックパックと呼ばれるレンガ型の紙容器と，ソフトバッグ（ソフトパック）と呼ばれる直接チューブ接続できるスパウト付のプラスチックフィルム容器である。

① ブリックパック

包材コストを抑えることができ，無菌充填方式のため風味への影響も比較的少ないという利点があるが，ボトル状の投与容器に内容液を移し替えて使用しなければならず使用者の負担となる。経口で摂取する場合はストローを使うことができる（図1）。なお，流動食に用いられるブリックパックは常温保存が可能なグレードの包装材料と充填機器によって製造される。

② ソフトバッグ（ソフトパック）

ブリックパックよりも容器コストが高く，レトルト殺菌のため熱による風味変化や褐変が比較的大きいが，ボトル状の投与容器が不要で，密閉に近い状態のまま投与できるため衛生的である（図2）。最近では，無菌充填方式のソフトバッグも開発されている。

③ その他

ブリックパックとソフトバッグ以外の容器として，わが国ではスチール缶やアルミパウチ，カート缶（缶型の紙容器）などの容器が用いられている。なお，海外ではプラスチックボトルやガラスビンも多用されているが，これは国内においてコスト，ユーザビリティ，

図1　ブリックパック入り流動食

図2　ソフトバッグ入り流動食

第 3 章　介護食品の開発

廃棄のしやすさが重視されるのに対して，海外では容器強度や賞味期限の長さが優先されるためと考えられる。

8.5　介護食と総合栄養食品

　総合栄養食品は液状または半固形状で適度な流動性を有していることが前提であるため，流動性のない固形のゼリーは総合栄養食品にはなり得ない。従って，要介護者のための総合栄養食品としては，図 3 に示すような，将来，総合栄養食品となりうる液状またはゼリー状の経口用流動食がいわゆる介護食の概念に最も近い存在といえる。これらの多くは高齢による摂食機能の低下や認知症患者に多用されるケースが多く，主に嚥下咀嚼困難者用に加工された介護食で不足する栄養素を補う目的で使用されている。例えば，常食をミキサー等で粉砕したあと増粘剤やゼリー剤を添加する場合には，だし汁などの水分を添加しなければならず，食事ボリュームが増加する一方で相対的に容量当たりの熱量が低下する。つまり，摂食支援を必要とする要介護者では十分な摂食量を確保できない，または摂食に時間がかかってしまうなどの状態にあるため，総合栄養食品による食事補完が必要となるのである。

図 3　液状およびゼリー状の経口用流動食

文　　献

1) 厚生労働省通知, 食安発第 0212001 号　特別用途食品の表示許可等について，平成 21 年 2 月 12 日
2) 合田文則, 胃ろうケアのすべて, P68, 医歯薬出版 (2011)

9 栄養機能食品

海野弘之[*1], 外山義雄[*2]

9.1 栄養機能食品とは

　栄養機能食品とは，高齢化やライフスタイルの変化等により，通常の食生活を行うことが難しく1日に必要な栄養成分を取れない場合に，その補給・補完のために利用されることを目的とした食品である。

　1日当たりの摂取目安量に含まれる栄養成分量が，国が定めた上・下限値の規格基準に適合している場合，その栄養成分の機能を表示することができる。機能の表示と併せて，定められた注意事項等を適正に表示しなければならないが，いずれも国への許可申請や届出は必要ない。

　栄養機能食品の表示の対象となる栄養成分は，人間の生命活動に不可欠な栄養素で，科学的な根拠に基づき医学的・栄養学的に広く認められ確立されたものである。現在は，表1に示したミネラル5種類，ビタミン12種類について，規格基準が定められている。

　なお，栄養機能食品は特定保健用食品（いわゆる特保）と共に，国民の健康保護の観点と諸外国の制度との整合性を図る目的で創設された保健機能食品の中に位置づけられている。「保健機能食品制度」は，食生活が多様化し様々な食品が流通する今日，消費者が安心して食生活の状況に応じた食品の選択ができるよう適切な情報提供をすることを目的として制度化され，「保健機能食品」は「栄養機能食品」と「特定保健用食品」の2つに分類される。表2に保険機能食品を含むわが国の食品における表示制度を記載した。

表1　栄養機能食品の表示対象成分

ミネラル類	カルシウム，亜鉛，銅，マグネシウム，鉄
ビタミン類	ナイアシン，パントテン酸，ビオチン，ビタミンA，ビタミンB_1，ビタミンB_2，ビタミンB_6，ビタミンB_{12}，ビタミンC，ビタミンD，ビタミンE，葉酸

表2　わが国の食品における表示制度

	食品			
	特別用途食品	保健機能食品		一般食品（いわゆる健康食品を含む）
		特定保健用食品	栄養機能食品	
定義している法律	健康増進法・食品衛生法			食品衛生法
効能効果の表示	国の認可により表示可能		定められた栄養機能のみ可能	不可能

*1　Hiroyuki Umino　㈱明治　健康栄養ユニット　栄養事業本部　メディカル栄養事業部　開発グループ

*2　Yoshio Toyama　㈱明治　研究本部　食品開発研究所　栄養食品開発研究部

第3章　介護食品の開発

9.2　わが国の健康や栄養に関わる表示制度の歴史的背景

　2001年にわが国で栄養機能表示制度が始まる以前，米国では1990年の栄養教育法に続いて，1994年の栄養補助食品健康教育法の施行により，サプリメントに対する強調表示が運用されていた。さらに，コーデックスにおいても1997年には栄養強調表示のガイドランが発表されていた。

　わが国では1996年より栄養表示基準制度が発足していたが，その時点では栄養素機能の強調に関する内容は盛り込まれておらず，2001年の保健機能食品制度の創設と同時に，特定の栄養素機能を強調表示できる規格基準型の「栄養機能表示制度」をスタートさせた。食品衛生法施行規則では，以下のように規定されている。

　「食生活において特定の栄養成分の補給を目的として摂取をする者に対し，当該栄養成分を含むものとして国が定める基準に従い当該栄養成分の機能の表示をするもの（健康増進法第26条第5項に規定する特別用途食品及び生鮮食品（鶏卵を除く）を除く」

9.3　栄養機能表示制度の概要[1,2]

9.3.1　必要表示

①栄養機能食品である旨及び栄養成分の名称

　　「栄養機能食品（亜鉛・銅）」のように，消費者に一目でわかるような場所に栄養機能食品である旨の表示に続けてかっこ書きで機能を表示する栄養成分の名称を表示する。なお，4つ以上の栄養成分について機能の表示をする場合は，そのうち任意の3つを表示すれば足りる。

②栄養成分の表示

　　一般食品と同様に，栄養表示基準に適合した表示を行う。栄養機能表示する栄養素は栄養表示をする必要がある。

③栄養機能表示及び摂取する上での注意事項

　　下記に示す通り，栄養素ごとに決められた，栄養機能表示から一つ以上の機能表示と全ての注意喚起表示を記載する。

④一日当たりの摂取目安量

　　各栄養素の含量が定められた下限値と上限値の範囲内となるように一日当たりの摂取目安量を設定し記載する。各栄養素の含量が定められた下限値と上限値の範囲内であれば，摂取目安量の設定は製造者が任意に決定することができる。

⑤一日当たりの摂取目安量に含まれる機能表示成分の量が栄養素等表示基準値に占める割合

　　平成17年7月1日付け食安発第0701006号厚生労働省医薬食品局食品安全部長通知）第1において示す栄養素等表示基準値に占める割合を，百分率又は割合で表示する。なお，商品の摂取対象が限定されている場合等には，「日本人の食事摂取基準（2005年版）」の対応する対象年齢の数値を用いても構わない。その際には，「日本人の食事摂取基準（2005年版）」のどの対象年齢と比較したのか明確に理解できるよう記載する。

⑥バランスの取れた食生活の普及啓発を図る文言

「食生活は，主食，主菜，副菜を基本に，食事のバランスを。」と表示する。

⑦厚生労働大臣による個別審査を受けたものではない旨

「本品は，特定保健用食品と異なり，消費者庁長官による個別審査を受けたものではありません。」などの表示を行う。

9.3.2 禁止事項

①厚生労働大臣が定める基準に係る栄養成分以外の成分の機能の表示

②特定の保健の目的が期待できる旨の表示

9.3.3 制度規格と表示内容

栄養機能食品表示に必要な栄養素の一日摂取量と可能な表示内容および必要な注意喚起表示を表3に記載する。

表3 栄養機能表示の規格と表示内容

栄養素の名称 一日摂取量	栄養機能表示	注意喚起表示
亜鉛 上限値 15 mg 下限値 2.10 mg	亜鉛は，味覚を正常に保つのに必要な栄養素です。 亜鉛は，皮膚や粘膜の健康維持を助ける栄養素です。 亜鉛は，たんぱく質・核酸の代謝に関与して，健康の維持に役立つ栄養素です。	本品は，多量摂取により疾病が治癒したり，より健康が増進するものではありません。亜鉛の摂りすぎは，銅の吸収を阻害するおそれがありますので，過剰摂取にならないよう注意してください。一日の摂取目安量を守ってください。 乳幼児・小児は本品の摂取を避けてください。
カルシウム 上限値 600 mg 下限値 210 mg	カルシウムは，骨や歯の形成に必要な栄養素です。	本品は，多量摂取により疾病が治癒したり，より健康が増進するものではありません。一日の摂取目安量を守ってください。
鉄 上限値 10 mg 下限値 2.25 mg	鉄は，赤血球を作るのに必要な栄養素です。	本品は，多量摂取により疾病が治癒したり，より健康が増進するものではありません。一日の摂取目安量を守ってください。
銅 上限値 6 mg 下限値 0.18 mg	銅は，赤血球の形成を助ける栄養素です。 銅は，多くの体内酵素の正常な働きと骨の形成を助ける栄養素です。	本品は，多量摂取により疾病が治癒したり，より健康が増進するものではありません。一日の摂取目安量を守ってください。乳幼児・小児は本品の摂取を避けてください。
マグネシウム 上限値 300 mg 下限値 75 mg	マグネシウムは，骨や歯の形成に必要な栄養素です。 マグネシウムは，多くの体内酵素の正常な働きとエネルギー産生を助けるとともに，血液循環を正常に保つのに必要な栄養素です。	本品は，多量摂取により疾病が治癒したり，より健康が増進するものではありません。多量に摂取すると軟便（下痢）になることがあります。一日の摂取目安量を守ってください。乳幼児・小児は本品の摂取を避けてください。
ナイアシン 上限値 60 mg 下限値 3.3 mg	ナイアシンは，皮膚や粘膜の健康維持を助ける栄養素です。	本品は，多量摂取により疾病が治癒したり，より健康が増進するものではありません。一日の摂取目安量を守ってください。

第3章　介護食品の開発

栄養素	機能表示	注意喚起表示
パントテン酸 上限値 30 mg 下限値 1.65 mg	パントテン酸は，皮膚や粘膜の健康維持を助ける栄養素です。	本品は，多量摂取により疾病が治癒したり，より健康が増進するものではありません。一日の摂取目安量を守ってください。
ビオチン 上限値 500 μg 下限値 14 μg	ビオチンは，皮膚や粘膜の健康維持を助ける栄養素です。	本品は，多量摂取により疾病が治癒したり，より健康が増進するものではありません。一日の摂取目安量を守ってください。
ビタミンA 上限値 600 μg（2000 IU） 下限値 135 μg（450 IU）	ビタミンAは，夜間の視力の維持を助ける栄養素です。 ビタミンAは，皮膚や粘膜の健康維持を助ける栄養素です。	本品は，多量摂取により疾病が治癒したり，より健康が増進するものではありません。一日の摂取目安量を守ってください。 妊娠3ヶ月以内又は妊娠を希望する女性は過剰摂取にならないよう注意してください。
ビタミンB_1 上限値 25 mg 下限値 0.30 mg	ビタミンB_1は，炭水化物からのエネルギー産生と皮膚や粘膜の健康維持を助ける栄養素です。	本品は，多量摂取により疾病が治癒したり，より健康が増進するものではありません。一日の摂取目安量を守ってください。
ビタミンB_2 上限値 12 mg 下限値 0.33 mg	ビタミンB_2は，皮膚や粘膜の健康維持を助ける栄養素です。	本品は，多量摂取により疾病が治癒したり，より健康が増進するものではありません。一日の摂取目安量を守ってください。
ビタミンB_6 上限値 10 mg 下限値 0.30 mg	ビタミンB_6は，たんぱく質からのエネルギー産生と皮膚や粘膜の健康維持を助ける栄養素です。	本品は，多量摂取により疾病が治癒したり，より健康が増進するものではありません。一日の摂取目安量を守ってください。
ビタミンB_{12} 上限値 60 μg 下限値 0.60 μg	ビタミンB_{12}は，赤血球の形成を助ける栄養素です。	本品は，多量摂取により疾病が治癒したり，より健康が増進するものではありません。一日の摂取目安量を守ってください。
ビタミンC 上限値 1000 mg 下限値 24 mg	ビタミンCは，皮膚や粘膜の健康維持を助けるとともに，抗酸化作用を持つ栄養素です。	本品は，多量摂取により疾病が治癒したり，より健康が増進するものではありません。一日の摂取目安量を守ってください。
ビタミンD 上限値 5 μg（200 IU） 下限値 1.50 μg（60 IU）	ビタミンDは，腸管でのカルシウムの吸収を促進し，骨の形成を助ける栄養素です。	本品は，多量摂取により疾病が治癒したり，より健康が増進するものではありません。一日の摂取目安量を守ってください。
ビタミンE 上限値 150 mg 下限値 2.4 mg	ビタミンEは，抗酸化作用により，体内の脂質を酸化から守り，細胞の健康維持を助ける栄養素です。	本品は，多量摂取により疾病が治癒したり，より健康が増進するものではありません。一日の摂取目安量を守ってください。
葉酸 上限値 200 μg 下限値 60 μg	葉酸は，赤血球の形成を助ける栄養素です。 葉酸は，胎児の正常な発育に寄与する栄養素です。	本品は，多量摂取により疾病が治癒したり，より健康が増進するものではありません。一日の摂取目安量を守ってください。 本品は，胎児の正常な発育に寄与する栄養素ですが，多量摂取により胎児の発育が良くなるものではありません。

注）ビタミンAの前駆体であるβ-カロテンについては，ビタミンAと同様の栄養機能表示を認める。この場合，「妊娠3ヶ月以内又は妊娠を希望する女性は過剰摂取にならないよう注意して下さい。」旨の注意喚起表示は不要とする。

9.4 介護食と栄養機能食品

　介護食を栄養機能食品とするメリットは二つ考えられる。第一に，特定の栄養素機能について表示による訴求が可能であること，第二に一般食品では使用できない原材料を使用できることである。

　特定栄養素機能の訴求については，特別な申請手続きを経ることなく，前述の通り規定量の栄養素含量を担保することで，比較的容易にその栄養素の機能表示が可能となる。そのため，介護食として魅力的な栄養素を強化し，その機能訴求を行うことができる。

　一般食品では使用できない原材料が使用できるメリットについては，次に亜鉛・銅の具体的な例を用いて解説する。

9.5 栄養機能食品化を進める亜鉛・銅の需要

　介護食を栄養機能食品とする理由の一つに，高齢要介護者における亜鉛や銅をはじめとした微量元素欠乏に対する危機感が高まり，介護関連の栄養士には微量元素欠乏のリスクが共通の認識となっていることが挙げられる。

　亜鉛は蛋白合成や皮膚粘膜・味覚維持に関わる栄養素であり，銅は造血や骨代謝に関わる栄養素である。いずれも食事の摂食量が少なくなると容易に不足する恐れのある微量栄養素であり，咀嚼，嚥下に障害のある高齢者や認知症により，その欠乏が問題となるケースが多い。

　かつて，一般の加工食品に亜鉛・銅などの栄養素を強化する手段は，亜鉛や銅を豊富に含む牡蠣やココアといった天然物を原材料として配合する方法しかなかった。その後，食用酵母に亜鉛や銅を取り込ませて培養した「ミネラル強化酵母」が利用できるようになり，亜鉛や銅を比較的容易に強化できるようになった。さらに2005年頃からは「ミネラル強化酵母」に比較してもミネラル含有率が高く，酵母特有の風味がないなどの特性がある「グルコン酸亜鉛」「グルコン酸

図1　亜鉛を強化した栄養機能食品の例
（ブリックパック入り栄養強化ゼリー）

銅」が使用可能となった。しかし，この「グルコン酸亜鉛」「グルコン酸銅」は食品添加物であり，その使用基準によって，これらを使用できるのは育児用調製粉乳（いわゆる粉ミルク）と栄養機能食品に限定されている。つまり，通常の食品に「グルコン酸亜鉛」「グルコン酸銅」を使用することはできず，粉ミルクか栄養機能食品でなければならないのである。このことが，介護食を栄養機能食品とする一つの要因となっている。図1に亜鉛を強化した介護食を例示する。

9.6 介護食における栄養機能食品の課題

　申請や許認可が不要で比較的制度対応しやすい栄養機能食品であるが，訴求しようとする栄養素が天然物原料からも供給される場合は，栄養表示に対する栄養素含量のコントロールが難しいケースが存在する。つまり，特定栄養素の添加量は明確であっても，その他の原料から持ち込まれる量を含めて，製品中の栄養素含量を担保しなければならないため，賞味期間中の含量変化，原料ロットによるバラつきの影響について詳細な検討が必要となる。

　また，個食では小容量であることが求められる介護食品にあって，栄養機能食品とすることで必要となる表示事項が一般食品に比べて非常に多くなる。そのうえ表示に用いる文字サイズが規定されているため，小さな商品包装に多くの表示内容を盛り込まなければならず，視覚的にも弱者と考えられる使用者に対して，いかに分かりやすい表示を行えるかが実際の製品開発では課題となっている。

　さらに，食品の物性を調整することによって，特別用途食品に分類されている嚥下困難者用食品の認可を受けようとした場合，現在の制度では同時に栄養機能食品を適用することはできないと考えられることから，グルコン酸亜鉛・銅を使用して亜鉛や銅を強化した嚥下困難者用食品を開発することができないという課題がある。

文　　献

1) 厚生省通知, 食新発第 17 号　平成 13 年 3 月 27 日
2) 厚生労働省通知, 食安新発第 0701002 号　平成 17 年 7 月 1 日

第4章 高齢者用食品開発のための新しい製造技術

1 凍結含浸法による高齢者・介護用食品製造技術

坂本宏司*

1.1 凍結含浸法とは
1.1.1 原理と処理工程

含浸技術は各種加工材料の表面改質や高機能化などを目的として、無機物から木材等の有機物に至るまで様々な製造分野で利用されている。一方、食品分野では、酵素や調味料などについての報告はあるが[1,2]、それらは食材表面の改質を主な目的としている。凍結含浸法は、酵素等を食材内部に急速導入する技術で、細胞間隙のみならず細胞内への導入も可能なため、食品加工分野での応用範囲は広く、また簡易かつ省エネルギー型の加工技術として技術導入しやすい面を持つ。

凍結含浸法は、凍結・解凍操作と減圧操作の2工程を基本工程としており[3]、予め食材組織に氷結晶生成による緩みを与えることで、減圧による含浸効率を劇的に高めている。含浸の原理は異なるが、食材によっては両工程の操作順を逆に行うこともある。細胞間接着物質や結合繊維を分解する酵素を含浸することで、食材の形状はそのままに硬さなどの物性のみを調整することが可能である。酵素液は食材内部に導入されるため、組織を構成する各細胞は酵素液の浸透圧の影響を受けにくく、細胞内栄養成分の溶出を抑えられるとともに、酵素反応条件を変えることで、軟化度合を自由に調節することも可能となる。そのため、本法は、高齢者や咀嚼・嚥下困難者用の食品製造技術として優れた特性を有している。硬さ制御を目的とする場合、分解酵素剤として植物系素材にはペクチナーゼ系、動物系素材にはプロテアーゼ系の市販酵素剤を用いる。

凍結含浸法は、Fitoらが真空含浸法で報告している食材の気液界面で起こる変形緩和現象を伴う流体力学メカニズム[4]の拡張技術で、減圧と常圧復帰処理による食材空隙内の空気圧と外液の圧力の変化にともなう空気の体積変化が、酵素液導入の駆動力となっている。真空含浸法が食材表層の空隙への酵素含浸であるのに対して、凍結含浸法は酵素液が食材中心部にまで含浸される点で異なる。凍結含浸法のメカニズムについては、Shibataら[5]が詳細な検討を行っている。凍結による氷結晶の生成は、食材を膨張させ、解凍時には氷結晶融解とともに組織が緩み、ドリップの溶出により体積減少が生じる。この状態で減圧処理を行うと空隙内空気は大きく膨張し、細胞間隙の水分を押し出しながら空気は食材外へと放出される。常圧復帰すると、食材は急速に収縮するが、この体積変化が大きく、外液を食材内部に導入する駆動力も大きいことが特徴である。

凍結含浸操作の基本手順は次のとおりである(図1)。まず、生または加熱した食材を−20℃程度で凍結後、酵素製剤を溶解させた水溶液または調味液に浸漬、解凍する。酵素液に浸漬した

---

* Koji Sakamoto 広島県立総合技術研究所 食品工業技術センター 次長、技術支援部長

第4章　高齢者用食品開発のための新しい製造技術

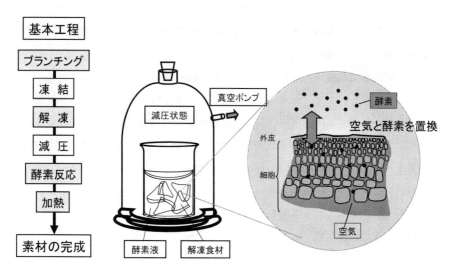

図1　凍結含浸法

状態で減圧にし，所定真空度で最大5分程度放置する。常圧復帰後，直ちに酵素液から取り出して，そのまま所定の温度条件下で，酵素反応を速やかに進行させる。この間，加熱処理はブランチングと酵素失活のみで，煮込み工程を省略することができるため，省エネルギー型食品加工技術としても有望である。加圧による含浸工程も利用できるが，コスト面及び品質面で減圧法が圧倒的に有利である。

1.1.2　凍結含浸法で得られた食材の品質

食材品質に及ぼす凍結含浸法の影響について，様々な角度から検討されている。例えば，生ジャガイモから調製した凍結含浸単細胞のアミログラフの測定結果では[3]，細胞壁からのデンプン溶出は起こりにくく，デンプンを多く含む食材の場合，細胞壁は比較的良好に維持されている。栄養成分の溶出や香気劣化の問題に対しても，凍結含浸法によって品質的に安定な単細胞を調製できることを明らかにしている[3]。また，調理工程における煮炊きは，熱による軟化と調味料の染み込みを目的としているが，加熱によりビタミンCなどの栄養成分の分解や煮炊きによる溶出，香りや色調の変化を伴う。一方，凍結含浸法は，酵素液に調味料を混合すれば，軟化と調味料の染み込みを含浸工程で一度に行え，加熱処理を最小限に抑えられるため，ビタミンなど栄養成分の分解や溶出を抑えることができる。そのため，通常の加熱調理に比べ，品質的に優れた調理食材を製造することができる。

1.2　凍結含浸法を利用した高齢者・介護用食品の開発

1.2.1　高齢者・介護用食品としての凍結含浸法の優位性

介護食は，安全に食べられる物性を有することは必須であるが，流動食や刻み食，ゼリー食などでは食材の視覚的な特徴が失われており，食事面でのQOL（Quality of Life）は未だ発展途

上にあるといえる。本来，食品は栄養的に優れていることはもちろんのこと，色，味，香りに加え，見た目も重要な要素である。また，介護食には，生体機能の維持のみでなく，食事の楽しみや親睦・交流の場を与える機能が求められる。

凍結含浸法で軟化させた食材例を写真1に示した。硬いニンジンやタケノコでもスプーンで簡単につぶすことができる。また，豚肉は包丁で切断したままの状態にあり，スプーンで食べることができるほど軟らかい。凍結含浸法で調理した介護食は，食卓を囲む人と同じ食事が楽しめる点で，食のバリアフリー化につながる技術といえる。凍結含浸介護食を提供している施設では，食欲増進効果とともに，食事時間が短縮したという事例が報告されている。また，導入する酵素の作用を利用して，水溶性食物繊維などの栄養成分や機能性成分の変換・付加，造影剤含浸による嚥下造影や消化器官造影検査食などの製造も可能である。

1.2.2 根菜類等の凍結含浸処理

凍結含浸法を用いて介護食を製造する場合，植物食材によって酵素剤の効き方が異なるため，市販酵素剤の選択は重要である。ゴボウ，レンコンなどの根菜類は凍結含浸法では軟化しやすい食材であるが，それでも酵素剤の種類により軟化速度は大きく異なる[6]。細胞壁にはキシログルカンを始め複雑な構造を持つ多糖が数多く存在するため，軟化には様々な酵素活性を有している市販酵素剤を単独または複数組み合わせて使用する。また，酵素剤の選択は製品の味，色調，物性，製造コストにも影響し，複数の酵素剤を組み合わせることで製品品質を高められる場合もある。

凍結含浸法で酵素剤を含浸した食材は，放置するだけで時間の経過とともに軟化し，食材ごとに一定の硬さに収束する（図2）。そのため，酵素濃度，反応温度及び時間を組み合わせることで，硬さ調節を行うことができる。$5.0 \times 10^4 \mathrm{N/m^2}$ 以下の硬さになるまでの酵素反応時間をみると，酵素濃度 0.05% の場合，ゴボウで30分間，タケノコでは15分間を要した。酵素濃度が高

写真1　凍結含浸法で製造した軟化食材例
左上：ニンジンまるごと，右上：豚肉，左下：タケノコ穂先まるごと，右下：煮しめ

第4章 高齢者用食品開発のための新しい製造技術

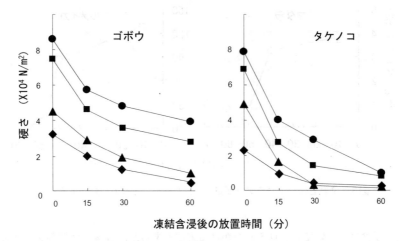

図2 硬さに及ぼす酵素濃度，反応時間の影響
酵素濃度：●, 0.05%, ■, 0.1%, ▲, 0.5%, ◆, 1.0%
酵素：ペクチナーゼ　反応温度：40℃

くなると酵素失活や殺菌工程において，形状が崩れやすくなる傾向があり，実用的には，微生物的な要因を考慮しながら酵素濃度，反応温度を調節して製造する必要がある。製造現場では，衛生面と作業性を考えて5℃以下で12時間程度酵素反応が行われている。また，凍結含浸法は，根菜類に限らず緑色野菜，果物，豆類[7]，穀類，キノコ類などほとんどの農産物に適用可能であるが，原料の状態に応じて使用酵素剤，酵素液組成，操作手順などそれぞれ適切な組み合わせが必要となる。

1.2.3 水産物，食肉への適用

魚介類や肉類の軟化についても，プロテアーゼ製剤を凍結含浸することで，形状を保持したまま，介護食レベルの硬さにまで軟化させることは可能である。その際，苦味やドリップを抑制し，品質を良好に保ったまま軟化することが必要で，食感，呈味性は使用するプロテアーゼのタンパク質分解様式と密接な関連がある。魚介類や肉類の凍結含浸は生または加熱して使用するが，微生物の増殖を抑えるため，各工程は5℃以下の条件下で行う。魚介類や肉類の凍結含浸では，酵素反応後60℃程度の穏やかな加熱によって初めて急激に軟化する（図3）。軟化により10 kDa以下のタンパク質が特異的に生成することから[8]，酵素分解後の加熱処理でタンパク質のさらなる低分子化が起こるものと考えられる。また，遊離アミノ酸量は処理前と比較して増加するが，タンパク質構成アミノ酸の増加が顕著で，呈味性の向上と消化吸収機能改善効果が期待される[9]。これまで，酵素注入法として，インジェクション法等が用いられているが，凍結含浸法は見た目に加え処理肉の均一性及び軟化度の面から介護食の製造には最適である。また，硬いモモ肉などを均一に軟化できるので，一般的な食肉の軟化にも適用可能である。

1.2.4 離水抑制及び栄養強化，機能性付加技術

嚥下食は良好な食塊形成を図り嚥下しやすくするため，トロミ剤で粘性を付加して製造されて

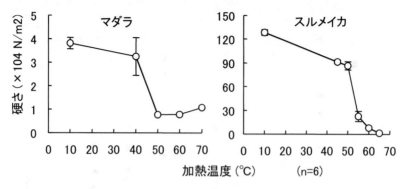

図3 凍結含浸でプロテアーゼ処理したマダラ，イカの加熱による軟化

いる。凍結含浸食材においてもトロミ液をかける方法もあるが，酵素と増粘剤を同時に食材内部に導入し粘性を付加することも可能である。凍結含浸処理では，増粘剤はその粘性のため酵素含浸の妨害物質になる。そのため，未水和状態の増粘剤（生デンプン等）を用いる方法を考案した。中津らは[10]，含浸時に酵素溶液中に分散する未糊化加工デンプン（デリカSE）量が，凍結含浸タケノコの硬さ及び離水率に及ぼす影響について検討しており，離水率は未糊化デリカSE濃度の増加とともに減少し，添加量10.0％以上になると離水は抑制される。本技術により付着性や凝集性の改善による食塊形成能の向上に加え，歩留まりも向上する。

凍結含浸法では，調味料やビタミン，ミネラルなどの水溶性成分の他，脂溶性成分を含浸することも可能である。これらの技術は，栄養強化食品やカロリー強化に利用できる。脂溶性成分を導入するには，エマルションの形にして導入する方法がある[11]。油脂の比率が30％のエマルションの場合，3g/100gの油脂を食材内部にほぼ均一に導入できる。また，エマルション中の油滴が小さいほど，導入油脂量は増加し，個体間のバラツキは小さくなる傾向がある。

さらに，酵素の働きを利用して，機能性成分の付加・増強技術として用いることができる。例えば，多糖類の低分子化により水溶性食物繊維を食材内部に生成させることができる[6]。水溶性食物繊維は，コレステロールなどの生体内吸収抑制作用や血糖値上昇抑制作用などに関与する成分である。また，ジャガイモにオリゴ糖生成酵素を凍結含浸すれば，食材内部に10％程度オリゴ糖を生成させることができる[12]。大豆内部に高血圧を抑制する働きのあるペプチド（イソロイシン－チロシン）を生成させるプロテアーゼを導入して，抗高血圧ペプチド含有大豆を調製する技術も開発している[13]。このような機能性付加・増強技術に関する報告例はなく，今後さらに発展するものと思われる。

1.2.5 凍結含浸食の消化性改善効果と摂食試験

凍結含浸法による軟化は，分解酵素による低分子化を伴うため，消化性の改善効果が期待される。特に，根菜類は食物繊維や無機質の主な供給源となり得る食品食材であるが，摂食機能が低下した者にとって，消化器官への負担も大きいとされる。凍結含浸したレンコンの人口消化試験とラットを使った胃内滞留時間に関する報告[10]によると，凍結含浸処理によって，消化時間が短

第4章　高齢者用食品開発のための新しい製造技術

縮され，可消化量は増加するというデータが得られている。図4に示すように，食材の硬さと消化酵素処理後の不溶性固形物量との間には高い相関が認められている。また，粒子径も低下することが報告されており，食材が軟らかいほど不溶性固形物量が少なく消化性の改善効果が期待される。

　介護施設入所者を対象とした摂食試験では，凍結含浸食はこれまで極キザミ食あるいはミキサー食を喫食していた高齢者に適しているというデータが得られている[14]。凍結含浸食は，食事時間の大幅な短縮効果が確認されており，健常者と同じ見た目の食事を楽しむことができるようになれば，高齢者の栄養面におけるリスクを軽減し，生活を豊かにするだけでなく，家族や介護者にとっても労務や精神負担の軽減につながることが期待できる。

1.3　真空包装機を利用した凍結含浸法

　病院や介護施設内の厨房で直接凍結含浸食を調理する方法として，真空包装機を利用した少量生産かつ複合調理可能な凍結含浸技術の開発を行なった[15]。工業生産で使われるタンク式減圧装置に比べ，酵素液量は制限されるが，調味も同時に行え，衛生的でもある。また，近年普及しつつある真空調理システムでそのまま調理することができる。凍結・解凍した食材と酵素剤を含む調味液をフィルムに入れ，真空包装機を用いて真空包装するという簡易な方法ではあるが，真空包装時の圧力（5.1～15.3 kPa）と減圧保持時間を適切に設定しておく必要がある。軟化後の加熱温度は酵素失活温度に設定する必要はあるが真空調理に準じた取扱が可能である。酵素失活後，冷却しておけば保蔵もでき，従来の刻みやミキサー処理が不必要になる。病院や介護施設におい

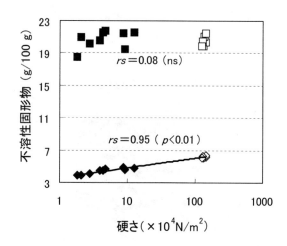

図4　食材（レンコン）の硬さと不溶性固形物量
◆，凍結含浸処理後人口消化，◇，無処理のまま人口消化
■，凍結含浸処理，□，無処理
人口消化試験；400 U/g　パンクレアチン，37℃，9 hr.
パンクレアチン酵素単位1 U；0.096%の可溶性デンプンから1分間に1 μ mol グルコースを生成するために必要な酵素量

て，凍結含浸食品を直接製造することが可能となったことで，調味や技術改良が現場で行えるようになったメリットも大きい。将来，家庭でも簡易に調理できるような専用の小型装置の開発に期待したい。

1.4 安全性評価のための臨床試験と新規嚥下造影検査食の開発

凍結含浸食材の安全性を確認するため，凍結含浸法で嚥下造影検査（Videofluorography：VF）食を製造する技術を開発している[16]。摂食・嚥下障害患者では，食物の種類や形態によって嚥下困難の程度は異なる。また，摂食・嚥下活動を外部から観察することは非常に困難で，誤嚥が疑われる場合，VF検査等が行われる。また，嚥下機能は食物の性状により影響を受けるため，VF検査にどのような検査食を用いるかは特に重要である。通常，VF検査には，液状の食品やゼリーなどに造影剤を混ぜ合わせた検査食が用いられている。しかし，これらの検査食は模擬的なものに過ぎず，本来の食物の摂食・嚥下状態を観察しているとはいえない。一方，凍結含浸法では，酵素と造影剤（イオパミドール等）を同時含浸させることで，形状はそのままに物性を調整した検査食を作製できる（写真2）。本検査食でVFを実施したところ，咀嚼期から嚥下期に至る通常の摂食過程のVF画像を取得することができた。根菜類に関する臨床評価の結果は，概ねヨーグルトと同等との結果が認められている[17]。また，外科領域にも応用展開でき，胃切除術後の造影結果において，凍結含浸食材がつかえることはなく，食道から残胃，さらに十二指腸への食材の移動の程度が観察されている。

1.5 おわりに

凍結含浸法は，摂食・嚥下障害を持つ患者や高齢者に希望を与え，QOLの向上に大きく寄与するものと確信している。食品工業面からみると，食材の形状を損なわずに配送あるいは盛り付

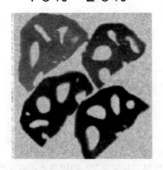

写真2　造影剤を凍結含浸したレンコンのX線写真
造影剤：イオパミドール

第4章 高齢者用食品開発のための新しい製造技術

けするには，冷凍食品としての流通が理想的であるが，硬質容器の利用や増粘剤を添加した形態で販売すれば，チルドやレトルト食品として流通させることも可能である。凍結含浸法は既に介護食製造技術として高く評価されており，今後普及が拡大していくものと思われる。また，病院や介護施設の厨房で介護食を調理できる凍結含浸専用調味料が開発され，本調味料を導入している施設も増加しつつある。多くの人々に凍結含浸法の恩恵が享受される日が来るのを願ってやまない。

文　献

1) Mcardle R. N. and Culver C. A., *Food Technol.*, **48**(Nov.), 85 (1994)
2) Nakamura T., Hours R. A. and Sakai T., *J. Food Sci.*, **60**, 468 (1995)
3) 坂本宏司，石原理子，柴田賢哉，井上敦彦，食科工，**51**, 395（2004）
4) Fito P., Andres A., Chiralt A. and Pardo P., *J. Food Eng.*, **27**, 229 (1996)
5) Shibata K., Sakamoto K., Nakatsu S., Kajihara R. and Shimoda M., *Food Sci. Technol. Res.*, **16**, 359 (2010)
6) Sakamoto K., Shibata K. and Ishihara M., *Biosci. Biotechnol. Biochem.*, **70**, 1564 (2006)
7) 柴田賢哉，石原理子，坂本宏司，食科工，**53**, 560（2006）
8) 永井崇裕，福馬敬紘，中津沙弥香，柴田賢哉，坂本宏司，日水誌，**77**, 402（2011）
9) 中津沙弥香，柴田賢哉，坂本宏司，食科工，**57**, 434（2010）
10) 中津沙弥香，柴田賢哉，石原理子，坂本宏司，日摂食嚥下リハ学会誌，**11**, 24（2007）
11) 渡邊弥生，石原理子，中津沙弥香，坂本宏司，食科工，**58**(2), 51（2011）
12) Shibata K., Sakamoto K., Ishihara M., Nakatsu S., Kajihara R. and Shimoda M, *Food Sci. Technol. Res.*, **16**, 273 (2010)
13) Kajihara R., Shibata K. and Sakamoto K., *Food Sci. Technol. Res.* **17**(6), 561 (2011)
14) 中津沙弥香，石原理子，前西政恵，柴田賢哉，坂本宏司，横山輝代子，日摂食嚥下リハ学会誌，**14**, 95（2010）
15) 中津沙弥香，柴田賢哉，石原理子，坂本宏司，日摂食嚥下リハ学会誌，**13**, 120（2009）
16) 坂本宏司，柴田賢哉，中津沙弥香，石原理子，特開第 2007-204413（2007）
17) 平位知久，福島典之，小野邦彦，羽嶋正明，片桐佳明，益田　慎，日本耳鼻咽喉科学会会報，**113**, 110（2010）

2 衝撃波を利用した食品製造技術

伊東　繁[*]

2.1 はじめに

ダイコンに代表される根菜，ならびにリンゴに代表される果実など，含水率が高い農産物に対して水中衝撃波を負荷すると，スポンジのように軟化する。ダイコンは生のまま茹でたように柔らかくなり，リンゴはそのまま直接ストローをさしてジュースを飲むことができる。これらの効果は細胞の内部あるいは細胞間隙に含まれる気泡が，衝撃波によって断熱圧縮を受け，農産物の細胞壁や細胞膜，あるいは組織を破壊することで得られると考えられる。農産物は，その形状を維持する細胞壁や組織が破壊されることで軟化し，搾汁性や抽出性が大幅に向上する。さらに，通常のプレスや破砕では破壊されにくい，細胞レベルでの破壊作用が生じるため，細胞内液の抽出が容易となる。その結果，衝撃波負荷による抽出液には，既存の加工技術により得られる果汁と比べて多くの栄養素が含まれている。また，穀物のように含水量が少ない乾燥した農産物の場合は，組織細胞内部の間隙に多くの気体を含有するため，より大きな破壊作用を引き起こす。その結果，軟化作用ではなく粉砕作用として衝撃波の効果があらわれる。

第二の特徴として，衝撃波処理の非加熱性があげられる。衝撃波は音速を超える速度で伝播するので，処理対象となる食品内部を通過する時間は一万分の一秒単位と，極めて短い。そのため，加熱によるタンパク質の変質がほとんど生じない。これらは従来にはない画期的な効果と言える。これらの特徴にくわえて，衝撃波処理は，加熱による食品加工と比べて消費エネルギーが少ないことも，利点としてあげられる。生の食品加工の他，調理の前処理としても有効な技術である。

食品を衝撃波処理することで得られる効果と，その効果に基づく食品加工の例，そして衝撃波による食品を実用化するための取り組みについて述べる。

2.2 衝撃波とは

食品加工において，衝撃波は「瞬間的高圧」と表現することもある。

衝撃波は，蓄積されたエネルギーの瞬間的な解放によって発生し，音速を超える速度，すなわち超音速で伝播する圧力の波である。音速は温度や密度などの要因で変化する。流体の音速は，下記の式で表される。

$$音速 (m/秒) = \sqrt{\frac{弾性率(Pa)}{密度(kg/m^3)}}$$

常温で，大気中の音速はおよそ 350 m/秒，水中での音速はおよそ 1500 m/秒と，非常に高速である。

このような超音速で，衝撃波は伝播媒体の内部を極めて短時間で通過する。伝播媒体に密度変

---

[*] Shigeru Itoh　沖縄工業高等専門学校　校長

第4章　高齢者用食品開発のための新しい製造技術

化が存在すると，衝撃波は（1）超音速を維持したまま衝撃波として低密度側を通過する透過波と，（2）音速を下回る速度になることで高密度側へ反射する膨張波との，2つにわかれる[1]。このとき膨張波の作用により負圧力すなわち引っ張り力が生じ，破壊現象が発生する。この高速破壊現象はスポーリング破壊と呼ばれる（図1）。

衝撃波を植物細胞に対して作用させると，細胞壁と細胞質との密度変化面や，細胞組織内部に含有される気体の存在などにより，前述のスポーリング破壊が生じる[2]。更に，気体が膨張波の作用によって，その体積を大幅に増加させることでも，スポーリング破壊とは異なった破壊作用を引き起こす。すなわち，衝撃波の作用によって植物細胞は内外からの破壊作用を受け，細胞壁が破壊される。

図2に，120 MPaの水中衝撃波処理により破壊されたダイコンの細胞壁の走査型電子顕微鏡（SEM）写真を示す。衝撃波非処理の細胞壁は細胞間を区切る役割を果たしているが，衝撃波処理により細胞壁上に無数のクラックが生じていることが確認される。

これらの衝撃波処理による破壊作用の結果，軟化や粉砕といった様々な加工効果が得られる。

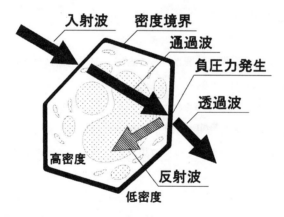

図1　衝撃波の伝播とスポーリング破壊の概要

図2　ダイコンの細胞壁のSEM写真
（a）衝撃波未処理　（b）衝撃波処理 120 MPa

また，衝撃波により生じる圧力は，数MPaから数GPaと非常に高い。植物細胞に対して衝撃波を与えることで，瞬間的とも言える極めて短時間に非常な高圧が負荷されることとなり，通常の加工とは異なる様々な加工効果を得ることができる。

2.3 農産物への衝撃波適用による加工
2.3.1 軟化作用

衝撃波による軟化作用は植物の細胞壁の破壊によると考えられ，長時間の加熱で得られる軟化と比較して極めて高い効果が得られる[3]。以下に，衝撃波処理によるリンゴの硬度変化について述べる。

硬度の測定には，デュロメータ（㈱テクロック製GS-754G，ASTM D 2240準拠）を用いた。試料は半分に切断したリンゴを用い，測定時は1試料毎にそれぞれ異なった位置を5回測定した平均値を求めた。測定位置は試料端より1cm以上内部である。衝撃波非処理のリンゴの硬度を100として，得られた硬度変化の百分率グラフを図3に示す。衝撃波圧力が35MPaのときおよそ約23％，185MPaのときおよそ5％と，リンゴが大幅に軟化し，衝撃波処理による軟化作用が極めて短時間で大幅な効果が得られることがよくわかる。

2.3.2 抽出性の向上

衝撃波によって細胞壁や細胞膜が破壊されることで，細胞内部に封入されていた成分を容易に抽出できるようになる。

図4に，衝撃波処理の後圧搾して得られたリンゴ果汁を，衝撃波非処理のすりおろし搾汁によるリンゴ果汁と比較した成分分析結果を示す。衝撃波処理により得られたリンゴ果汁に含まれる栄養成分は，衝撃波非処理のすりおろしリンゴ果汁に含まれる栄養成分と比べて，含有量が多いことがわかる。衝撃波処理によって，全ペクチンはおよそ3倍，ポリフェノールはおよそ5倍にまで含有量が増加している[3]。通常のすりおろしや絞りでは細胞は全体が破砕されることはなく，

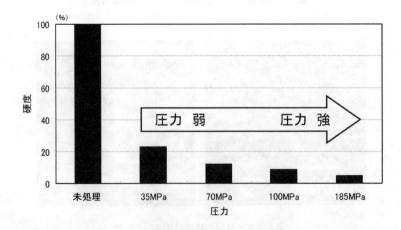

図3 衝撃波負荷によるリンゴの硬度変化

第4章 高齢者用食品開発のための新しい製造技術

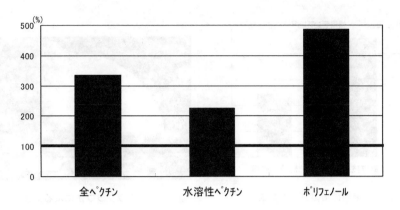

図4 衝撃波未処理を100%とした場合の衝撃波処理によるリンゴ果汁の栄養成分含有量

組織の一部だけが破砕される。一方で衝撃波処理の場合は，衝撃波の伝播が連続するため，リンゴ全体の個々の細胞が破壊され，細胞内部の栄養成分が果汁として抽出されると考えられる。つまり，従来技術では廃棄物として処理される残渣には多くの栄養素が残されており，衝撃波処理技術によりそれらの栄養素が容易に抽出されるということである。

2.3.3 粉砕作用

ダイコンやリンゴのように含水量が多い食品は，衝撃波処理によって細胞壁にスポーリング破壊によるクラックが生じることで，軟化する。一方で含水量が少ない乾燥した食品の場合，組織細胞内部の間隙に多くの気体を含有するため，より大きな破壊作用を引き起こす。このため乾燥した食品では軟化作用ではなく粉砕作用として衝撃波の効果が現れる。

図5に，衝撃波処理により粉砕した米粉の粒度分析結果を示す。原料米として平成21年度収穫あきまさりを用い，試料米粉を100%エタノール中に拡散させ，レーザー回析型粒度分析計を用いて粒度分布測定を行った。同じ原料米を用いて既存技術である乾式気流粉砕方式により得ら

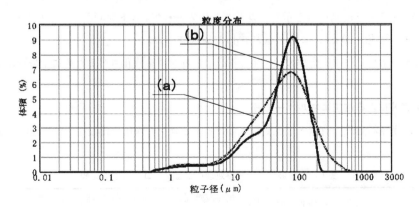

図5 米粉の粒度分布
(a) 既存技術による製粉　(b) 衝撃波処理による製粉

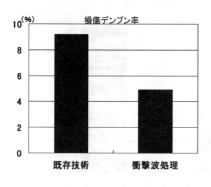 

図6　米粉の損傷デンプン率　　　　図7　シャドウグラフ法による衝撃波の光学観測

れた米粉と比べて，衝撃波処理により得られた米粉は粒径の均一性が高いことがわかる。また図6に示すように，衝撃波処理により得られた米粉は，既存技術による米粉と比較して損傷デンプン率が低く，品質が良いことがわかる。

2.4　衝撃波処理装置
2.4.1　衝撃波処理装置の開発

前述のように紹介した衝撃波による処理効果を，食品加工に適用するためには，簡便に扱うことができる衝撃波処理装置が必要である。衝撃波は蓄積されたエネルギーの瞬間的な解放によって発生する。そこで，コンデンサに蓄積された電気を水中に設置された電極間で放電することで衝撃波を発生させ，隔壁を介して対象となる食品に負荷させる装置の開発を行っている。

衝撃波処理容器は，内部の形状を曲面とすることで，第一焦点から発生した衝撃波エネルギーを容器の内部で反射させて，第二焦点に集中させることができる。第二焦点に処理対象となる食品を設置する。

図7に，47～59 Mpaの圧力が得られるコッククロフト・ウォルトン回路を用いた，シャドウグラフ法による光学観測結果を示す。コッククロフト・ウォルトン回路のエネルギーは4.9 kJ，瞬時のピーク電流が20 kA，ピーク電力が45 MWであった。

この装置により発生する衝撃波は，米を粉砕し，リンゴを軟化させるために十分なエネルギーが得られる。

2.4.2　衝撃波による加工エネルギーの差

表1に，衝撃波処理の有無と加熱処理におけるダイコンの軟化の比較を示す。硬度測定には前

表1　衝撃波処理と加熱処理によるダイコンの硬度比較

試料	衝撃波非処理	衝撃波処理 53 MPa	衝撃波処理 120 MPa	茹で加熱 300 W・1時間
硬度	82.73	34.67	24.15	61.42

第4章　高齢者用食品開発のための新しい製造技術

述のリンゴの場合と同じく，デュロメータを用いた。衝撃波非処理の生のダイコンと比べて，衝撃波処理を行ったダイコンは衝撃波圧力の増大に伴い軟化が増している。53 MPa の衝撃波処理による生のダイコンは，300 W の電熱により 1 時間茹でたダイコンよりも軟化している。このことから，衝撃波処理による軟化を前処理とすることで，茹で加熱時間は大幅に短縮され，調理のための消費エネルギーが削減されることがわかる。

2.5　まとめ

　衝撃波による食品加工は，軟化，高効率抽出，粉砕を，非加熱で極めて短時間の処理時間で実現するという，従来にない効果が得られる。今回紹介した加工例以外にも，調理の前処理や様々な食品加工技術としての利用が期待される。こうした利用価値の高い衝撃波を実用化するためには，食品加工に特化した衝撃波処理装置の開発が不可欠である。現在は沖縄工業高等専門学校を中心とした研究開発チームが，衝撃波処理による食品加工の実用化を目指して装置開発を行っている。

謝辞

粉砕作用を利用した米粉製造技術については，農林水産省「新たな農林水産政策を推進する実用技術開発事業」に基づき研究開発を行った。ここに深く感謝の意を表す。

文　　献

1) M. Otsuka, H. Maehara, M. Souli, S. Itoh, "Study on development of vessel for shock pressure treatment for food", *The International Journal of Multiphysics*, **1**(1), pp.69-84（2007）
2) A. Takemoto, K. Kuroda, H. Iyama, S. Itoh "On the destruction of the cell wall of plants and its mechanism by the shock wave", *The International Journal of Multiphysics*, **2**(2), pp.165-170（2008）
3) A. Oda, M. Moatamedi, S. Itoh, "Study and analysis of the fluid-structure interaction between apple and underwater shock wave", *American Society of Mechanical Engineers*, Pressure Vessels and Piping Division (Publication) PVP, **4**, pp.125-129（2008）

3 食品のナノ化技術

髙木和行[*]

3.1 はじめに

近年,食品は機能・効能を追及し,栄養面に関した特定保健食品や,高齢者向けに吸収性のコントロール,のど越しの改良等の物理的な機能を持った機能性食品など非常に多種類の製品が製造されている。特に,効能を追及した製品として,粒子のナノ化,リポソーム製品やナノカプセル等の開発・研究が行われている。これらは吸収性や吸収形態を重要視した製品化に利用されている。

3.2 ナノ化について

一般的に,粒子がナノ化されると物性が大きく変化することが多い。その理由は,粒子は固有の臨界粒子径を持ち,この粒子径を境に物性が大きく変化する。この変化した物性が従来にない性質を示し,その性質が有用であることが多いためである。

ナノ粒子の製造方法は二つに分けることができる。

① ブレイクダウン法:Break down

大きな粒子を機械的な力を使って粉砕し,ナノ粒子を得る方法で,有効な機械力として,粒子に対して直接的に働く圧縮力,圧搾力,その他に衝撃力(図1)やせん断力(図2)がある。ナノエマルションの調製等,食品,化粧品や医薬品等での一般的な乳化方法が含まれる。

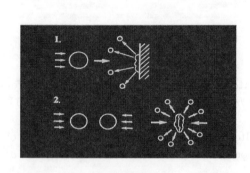

図1 衝撃力

図2 せん断力

② ビルドアップ法:Build up

溶液等を調製し,結晶を成長させてナノ粒子を製造する方法で,化学品の乳化重合等が含まれる。

一般に,ブレイクダウン法では約100 nmまでで,10 nm以下の粒子を得るにはビルドアップ法でないと難しいと言われている。

---

[*] Kazuyuki Takagi みづほ工業㈱ 常務取締役

第4章 高齢者食品開発のための新しい製造技術

3.2.1 乳化技術の利用[1,2]

乳化技術を利用してナノエマルションを調製する方法は，ブレイクダウン法になる。

食品における乳化製品として，O/Wエマルションでは乳飲料，アイスクリーム，クリーム類があり，W/Oエマルションではマーガリンやバターがある。

（1）処方的乳化と機械的乳化

乳化方法は大きく処方的乳化法と機械的乳化法に分けられる。

① 処方的乳化法

界面化学的な特性を利用して乳化を行う方法で，乳化剤の選定による界面張力や，比重差，電気的反発力による安定性等の制御がある。処方的乳化法には，反転乳化法，転相温度乳化法，等がある。

② 機械的乳化法

機械力を利用する乳化方法で，ナノ粒子を得るには超高速せん断ミキサーや高圧ホモジナイザーの使用が必要となる。

（2）食品のレオロジー

食品の中には多様なレオロジー特性があり，粘性やレオロジー特性によっては，高圧ホモジナイザーでの処理が難しい製品も多くある。特に，大きなチクソ性を持つもの②や，⑤のずりで硬化するものは難しい。その理由は，高圧ホモジナイザーは狭い部分を通過する流体の速度が大きくなければ効果が小さくなる。したがって，あまり高い粘度では効果が落ちてしまうためである。

① ニュートン流体：清澄なジュース，コンソメスープ，ミルク等の希薄エマルション
② チクソ性（ずりにより軟化）：濃厚果実ジュース，野菜ジュース，ペースト，でん粉，多くのエマルション製品
③ ビンガム流体：サラダドレッシング，トマトケチャップ，サスペンション系製品
④ 混合流体：マヨネーズ，ママレード，ジャム，肉ペースト，不規則粒子のサスペンション系製品
⑤ ずりで硬化するもの：ピーナツバター

3.3 ナノエマルションについて

100 nm以下の粒子径を持つ乳化物をナノエマルションと考えられている。現在，一般に使用されている乳化装置として，以下の2つがある。

① 回転式の高速高せん断ミキサー
　ホモミキサー（図3）ウルトラミキサー（図4）
② 高圧ホモジナナイザー

この2つの装置の違いは，構造上だけでなく，得られるエマルションの粒子径にも差がでる。①のホモミキサーでは，処方的なカバーがあっても，得られる最小粒子径は約300 nmであると言われている。②の高圧ホモジナイザーでは，100 nm以下のエマルションが容易に調製できる。

高齢者用食品の開発と展望

図3　ホモミキサー

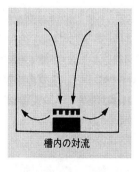  

図4　ウルトラミキサー

3.3.1　ナノエマルションの処方例と調製方法

① 処方

　水　　　　　　　　　　71％
　流動パラフィン　　　　25％
　乳化剤　　　　　　　　4％　（TWEEN/SPAN　HLB＝10）

② 処理条件

　プレ乳化：70℃　ホモミキサー；5000 rpm-30 min.

　高圧乳化：高圧ホモジナイザー；172 MPa-1 パス

　処理の結果を図5に示す。図中，右端のラインがホモミキサーでの処理結果で，左端が高圧ホモジナイザーの結果である。正規分布と考えると50％のラインが粒子径のピークを示すので，

第4章 高齢者食品開発のための新しい製造技術

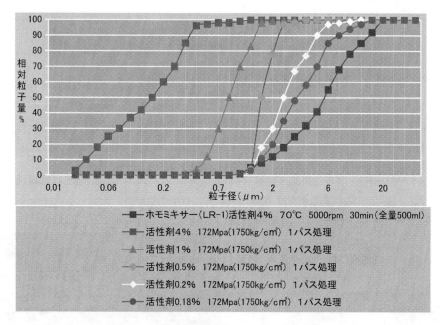

図5 粒子径に対する機械力と乳化剤（活性剤）量

ホモミキサーで5μmのものが，高圧ホモジナイザーを使用すると100 nm以下になることがわかる。

3.3.2 ナノエマルションの製造装置

ナノエマルションを得るには強力な機械力が必要で，一般的に高圧ホモジナイザーが多く使用されている。高圧ホモジナイザーにおける分散および粒子径の制御は，処理圧力に大きく依存する。撹拌式装置と比較して，強大な機械力を与えるため，高分子鎖を切断してしまうこともある。また，乳化粒子が小さくなるとブラウン運動によって衝突の機会が増えるので，組成をよく検討して安定なエマルションを調製しなければならない。

高圧ホモジナイザーは，以下の二つに分類される。

① バルブ式ホモジナイザー（図6）

バルブ式ホモジナイザーは高圧ポンプとホモバルブより構成されている。10〜100 MPaの圧力で細い間隙を製品が通過することによってせん断力を与える。次に，インパクトリングへ衝突することによって衝撃力を与え，ほぼ同時に，高圧で圧縮されていた状態から常圧に戻るときにキャビテーション力を与える。2段バルブ方式もあり，2段加圧が安定性および微粒子化に良い結果を与えるケースがある。2段目は低圧である。

② 流路固定式高圧ホモジナイザー（図7, 8）

チャンバー内で原料の流れを二手に分け275 MPaの超高圧で細管内を通過させ，その時に強力なせん断力を与える。その後，原料の流れを再び合流させ，衝突させて衝撃力を与える。超高圧下で処理するため，他の装置で分散しなかった原料にも効果を発揮する。化粧品では乳化剤フ

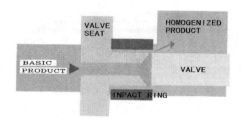

図6　バルブ式高圧ホモジナイザー

図7　流路固定式高圧ホモジナイザー

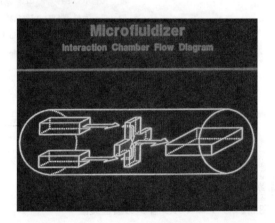

図8　チャンバーフロー

リーのクリーム製造や，細胞破砕にも使用されている。

3.3.3　乳化剤量と粒子径の関係

図5は，乳化剤の量と粒子径の関係についても示していて，乳化剤量を2％，1％，0.5％，0.18％と変化させたときの粒子径の違いを示している。乳化剤量が少なくなると，粒子径が大きくなることを示し，約3～5μmである粒子径のエマルションを得るには，ホモミキサーでは，4％の乳化剤が必要であるのに対し，高圧ホモジナイザーでは，0.18％で済むことを示している。

3.3.4　乳化剤の働き

乳化剤には2つの働きがある。
①　界面張力を下げて，微粒子化しやすくする。
②　微粒化されたエマルションを安定に保つ。

図5（3.3.3）の結果は，①の乳化剤が，機械力により減少させることができることを示している。

このことは，HLB法や有機概念法の影響が少ないことを示している。HLB法や有機概念法が，界面張力を低下させるポイントを探すことであることに起因するためであると予想される。

第4章　高齢者食品開発のための新しい製造技術

3.4　脂肪乳剤

　当初は，高カロリー輸剤で，栄養剤として静脈に注射する医薬品として開発されたが，主剤を含んだリポ化製剤も発売されている。

　通常は，大豆油：10，レシチン：1.2，濃グリセリン：2.5，残り蒸留水の処方で，レシチンを乳化剤として大豆油を乳化したO/Wエマルションで，粒子径が小さいことが特徴である。2年以上も安定性を有している製品もある。ただし，微細化は，界面エネルギーの増大を伴うため，微細になるほど凝集が起こりやすいので，処方的な対応が重要となる。ホスファジルコリンの純度が70%の方が，99%より静電気的な反発力が大きく，乳化安定性が良いとの報告もされている[3]。従来は，LMS（Lipid Micro Sphere）で，粒子径が0.2〜0.4μmであったが，最近のLNS（Lipid NanoSphere）では，製造方法は基本的に同じで，粒子径が100nm以下のナノエマルションになっている。

　レシチンは食品分野で多く使用されていて，応用が期待できる。

3.4.1　脂肪乳剤の処理例

処理例1：（1）処方：大豆油：10.0%　レシチン：1.2%　水：88.8%
　　　　（2）処理：① 70℃　ホモミキサー；3000 rpm　5 min.
　　　　　　　　　② 高圧ホモジナイザー；172 MPa
　　　　（3）結果：① 14.226 μm
　　　　　　　　　② 1パス　0.473 μm
　　　　　　　　　　2パス　0.416 μm
　　　　　　　　　　3パス　0.108 μm（108 nm）

処理例2：（1）処方：大豆油：20.0%　レシチン：1.2%　水：78.8%
　　　　（2）処理：① 70℃　ホモミキサー；3000 rpm　5 min.
　　　　　　　　　② 高圧ホモジナイザー；172 MPa
　　　　（3）結果：① 70.0 μm
　　　　　　　　　② 1パス　0.542 μm
　　　　　　　　　　2パス　0.432 μm
　　　　　　　　　　3パス　0.404 μm
　　　　　　　　　　5パス　0.384 μm
　　　　　　　　　　10パス　0.109 μm（109 nm）

3.4.2　脂肪乳剤の製造プロセス

1次乳化 ──→ 2次乳化 ──────→ PH調製 ──→ ろ過滅菌 ──→ アンプル充填
（粗乳化）　　　　　　　　　　PH調整剤
ホモミキサー　高圧ホモジナイザー　浸透圧調整剤

3.5 食品における高圧ホモジナイザーの利用

過去の製品ではそれほど高圧を必要とされていない。牛乳では，圧力25 MPaで4μmの脂肪球を0.8μmに微細化するのに使用されている。ヨーグルトでは，圧力20 MPaで脂肪球のクリーミング防止の目的で使用されている。アイスクリームでは，圧力20 MPaで脂肪成分の乳化ときめの向上に使用されている。

3.5.1 最近の高圧ホモジナイザーの使用例

従来より，高圧での使用になっている。

① 脱脂アイスクリームの特殊な製品

127 MPaで1パス処理により，420 nmピークで粒度分布幅が±47％であったものが，230 nm±27％と，粒子径も小さく揃ってくる。

② 豆乳

処理前に700 nmであったものが，27 MPaで1パス処理すると420 nmになり，100 MPaで1パス処理すると370 nmになる。

3.6 リポソーム（ナノカプセル）

ホスファジルコリンは両親媒性の性質を持ち，相転移温度以上で閉鎖小胞を形成する。この性質を利用してリポソームを調製する。

3.6.1 DDSに適したリポソームの粒子径

正常組織では血管壁がバリアーとなってリポソームは組織内に分布できないが，腫瘍組織や炎症組織では血管壁透過性が亢進していて，100 nmのリポソームは組織内に分布することが可能となる報告がされている[4]。

3.6.2 リポソームの血中での安定化

肝臓や脾臓等の細胞内皮系組織に異物として認識されると貪食されやすいため，肝臓や脾臓以外の臓器に送達するDDSの場合や血中での長期安定性が必要なものは，PEG誘導体で表面修飾することも検討されている[5]。

3.6.3 リポソーム製剤の有用性

以下の①，②，③が機能性食品として利用されており，特に①が注目されている。②，③，④が医薬品で，②から⑦が化粧品で利用されている。特に①が高齢者向けに検討されている。

①腸粘膜の透過，浸透性，吸収性の改善

　高分子の浸透性：高分子の構造が変化することなく，血中濃度が増加する

②抗酸化性機能

③徐放性のコントロール

④DDS機能

⑤皮膚親和性

⑥保湿効果

第4章 高齢者食品開発のための新しい製造技術

⑦皮膚バリア機能の向上(小じわへの有効性)

3.6.4 リポソームの製造方法[6]

① メカノケミカル法

　高圧ホモジナイザー等のせん断力を利用して,脂質粉末を薬物水溶液に分散させる。

② 凍結乾燥空リポソーム法

　バイアル中へ無菌充填後,凍結乾燥させて調製した空リポソームへ薬物水溶液を添加することにより,約 100 nm のリポソーム製剤を得る方法である。

③ 噴霧乾燥法

　脂質を溶解させた揮発性有機溶媒に,糖類を水溶性芯物質として分散させたものを噴霧乾燥後,薬物水溶液と混合撹拌する。

④ 脂質溶解法

　脂質を揮発性有機溶媒に分散し,窒素バブリング等により乾燥後,薬物水溶液と混合撹拌する。

⑤ 多価アルコール法

　脂質をプロピレングリコールやグリセリンの多価アルコールに溶解または膨潤後,薬物水溶液と混合撹拌する。

⑥ 加温法

　リン脂質の粉末としての相転移温度と油性荷電脂質の融点以上で,脂質粉末を薬物水溶液で瞬時に水和・膨潤させた後,撹拌して調製する。

3.7 高圧ホモジナイザーによるその他の例

3.7.1 高圧ホモジナイザー等を使用した透明なエマルションの調製について

　一般的に粒子径が 500 nm 以下になると透明なエマルションが得られる。

粒子径	色
>1 μm	ミルク状の白色エマルション
0.1～1 μm	青みがかった白色エマルション
0.05～0.1 μm	灰色の半透明エマルション
0.05 μm (500 nm)	透明なエマルション

3.7.2 乳化剤が少ない系での,高圧ホモジナイザーを使用したエマルションの調製における新しい乳化剤選定の考え方

　近年,ヨーロッパを中心に,乳化剤の選定および微小乳化粒子の調製方法の検討の中で,乳化剤の拡散速度について,足の速い乳化剤と足の遅い乳化剤という評価方法が検討されている。足の速い乳化剤とは,界面に吸着・配向するまでの時間が短い乳化剤で,足の遅い乳化剤とは時間が長い乳化剤と考えられている。

特に,スプレーノズルから噴霧される微小液滴の調製および安定性の研究において議論されている。スプレーノズルから噴霧される液滴は,急激に界面が膨張するため,気-液界面への乳化剤の配向が間に合わず,界面において乳化剤が不足した状態になることが考えられる。そのため,界面に吸着・配向する速度の速い乳化剤が必要となる。しかし,その微小液滴が調製された後の安定性を保つためには,足の遅い乳化剤が必要であると言われている。

この微小液滴の界面の状況を高圧ホモジナイザー処理で発生する液-液界面において適用できると考え,検討を行った結果が報告されている。

3.8 食品分野での高圧ホモジナイザーに期待される効果

以下の効果が期待されている。
①安定性向上による保存期間の延長
②吸収性の改善・向上:ナノ化,リポソーム化
③食感の向上:のど越しの良い製品,口当たりの良い製品,均一でざらつきのない製品
④香料や色素の安定性向上
⑤添加剤の減少
⑥臭いや風味のカバー

3.9 おわりに

食品は日常性の要求から,一般的に価格が低いことが要求されるため,機能性食品等の付加価値の高いものにのみ利用されている。その中で,ナノ化は老人向け食品における吸収性のコントロール,血中濃度のコントロール,嚥下性の改良等において重要な役割を果たすことが期待されている。

また,食品の特異性として,食品の加工は動・植物性の原料を物理・化学・生物的な処理を行い,安全性や嗜好を高め,栄養的な要求を満たすことが要求される。油脂や高分子でできていて,タンパク質や澱粉等が複雑に混合された系が多い。液相や固相だけでなく気相が複雑に絡み合った製品もある。乳化の安定性に影響する食塩やアルコール等を含む製品もあり,製品化が難しい。原料の一部である乳化剤も食品添加物に指定され,使用できる乳化剤に制限がある。また,味やコストの面から乳化剤の量も少なくしなければならず,製品の生産量も大きいことを考えると,安定性の良いエマルションを得るためには界面化学的な検討だけでは不十分であり,機械的なエネルギーの与え方も重要な要素となってくる。

第 4 章　高齢者食品開発のための新しい製造技術

文　　献

1） 髙木和行, ナノテクノロジーと製造装置, Fragrance Journal, **57**(68), 97（2003）
2） 髙木和行, 14 ナノ粒子製造装置と技術 382-391, 新しい分散・乳化の科学と応用技術の新展開, ㈱テクノシステム（2006）
3） T.Ymaguchi, *et al.*, *Pharm.Res*, **12**, 342（1995）
4） ナノ DDS としてのリポソーム医薬品, 菊池寛, ファルマシア, **42**(4), 337（2006）
5） 医薬品分野における界面活性剤, 山内仁史, 杉江修一, オレオサイエンス, **12**(11), 697（2002）
6） 菊池寛, ナノテクノロジーとしてのリポソーム製剤, PHARM TECH JAPAN, **19**(1), 99（2003）

4　低温スチーム加工技術

立石佳彰*

4.1　はじめに

　食材は加熱処理により旨みが増し，また食べやすくなる。その一方で加熱により本来食材が持つ栄養素を損なう可能性がある。そこで料理目的に合わせた，食材に最適な温度・湿度・時間で調理が可能な技術があれば有用である。ここでは低温スチーム加工技術による美味しく，かつ栄養素を損なわず，硬軟調整も可能な食材加工技術について記す[1]。

　低温スチームは日本古来より生活の技として，100℃以下の温度で蒸気を撹拌せず，食材の近接を蒸気の膜で覆い酸化させない凝縮熱伝導方式の調理加熱である[2]。古くて新しい加熱法であり，また伝統的な和食の食文化にも通じている[3]。この加熱法は温度・湿度・時間の多様な組み合わせで食材を硬軟自在な硬さに調整でき，しかも単品大量生産も可能な特徴を有する最適温度加熱法である。ここでは低温スチーム加熱で素材化（パーツ素材）した固形食の破断応力と破断歪み，また古来より行われている粉砕法で摩砕した低温スチーム済みペーストの成分物性値を測定した2種類の食材について説明する。真空調理はフランスで開発された低温調理であり，現在では新調理技術システムとして普及している[4]。また病院食の提供は施設ごとに独自な調理法で施されているが，ここでは最適調理法の選択に資するため，調理過程を図表化して特定給食施設加熱調理工程例集として示した。また従来からの調理法と真空調理法とのコラボ調理法を比較して工程の短縮によるコスト低減などを考察する。

　低温スチーム加工技術は，献立の工夫による食の旺盛化を計ることができ，かつ栄養摂取を高めることで食機能の復活ができる調理法である。また食障害者がかかえる諸問題（弊害）をも解決させ，食機能訓練食としても適応できる可能性をもっている。

4.2　低温スチーム加工技術の原理

　低温スチーム加工技術とは大気圧下で低温の微細な水蒸気（湿り飽和空気）を満たし，減酸素状態で食材を覆い穏やかに加熱する技術のことである。熱伝導加熱法のため，蒸気は伝熱特性に優れた湿り飽和空気を利用し，スチーム室内において一切の撹拌もせず，食材表面を湿り飽和空気で覆うことにより，空気撹拌による酸素での食材酸化を防いでいる。具体的には，湿り飽和空気の設定温度帯で食材を丸ごと覆い，熱は内部まで均等に通過させる必要がある[5]。また食材の細胞組織膜を通過し熱の境界層の発生と熱変動による食感差を防ぐために，スチーム室内の温度は上下差1.5℃範囲であることが望ましい。これらにより食材の表部と芯部は同一温度帯で加熱されるため，食材を丸ごと，食感も同じに加工できる。

　低温スチーム加工は，この温度と時間の組み合わせから料理目的に沿った素材加工もできる特徴を有する。食物は加熱する方法によっては，その素材本来の特徴も活かせず，素材が有する成

---

* Yoshiaki Tateishi　㈱T.M.Lとよはし　常務取締役

第4章　高齢者用食品開発のための新しい製造技術

分の破壊によって食目的のバランスの良い健康体維持を達成できない。ここでは加熱工程の正確な温度制御と時間管理の調整でどのように食材の物性値の変動があるか実験によって示す。

4.3　低温スチーム加熱処理素材のペースト化技術

　ここでのペーストは食材をすりつぶして調製した流動性と高い粘性のある食品をいう。食材を砕く道具は紀元前より世界各国にあり，日本にも縄文時代からすり鉢式で穀類などを挽いたり，木実を粉砕した実績記録がある。特に日本では臼方式が主流になり，乾米から蒸米まで幅広く粉砕した[6]。流動性食材の加工は金属製の高速カッター式と砥石の摩砕式とに大分類される。金属製は高速摩砕の能力がきわめて高く生産性が良くコスト低減が可能であるが，高速摩砕のため局所的に高温になり，食材の極微小部分が分解変質して品質を劣化させる欠点がある[7]。一方，石臼式は低速と石素材による摩砕で高温度化が防止され，品質劣化が減少されるが，生産性向上のため高速回転化すると天然石が多孔質構造のため割れやすく，食材が砥石内部に浸透して雑菌発生の要因になるなどの欠点が出ることがある。このため従来は衛生面で問題の無い金属性カッター式が多く用いられた。

　工業用砥石摩砕機と金属性カッター式では粉砕粒度に限界があり超微粒度は難しかったが，これらの点を解消した無気孔砥石（スーパーマスコローダー[8]）の登場により，融けるように感じるほどの微粒子化が可能になった。このため低温スチーム処理済み素材の加工には無気孔砥石を採用した。摩砕機の上部砥石は固定式で下部砥石のみが自在な設定値で回転する機械である。この回転により食品が剪断摩砕される。この摩砕機のさらなる特徴として上部砥石と下部砥石の隙間，間隔のクリアランス調整によって，素材が超微粒子から粗粒子までさまざまな状態で流動性ある形状にすることが可能である。すなわちアンダーミクロンペーストと極刻み食形態である。超微粒子化することでセルロース等の食物繊維はフィブリル化が促進し，結果として食感と風味と食味が増し，甘み・旨み成分を多く含む食品が得られた研究データもある[9]。このため多種類のペースト粒子食品の実現で高齢者向け流動食の多様なメニューに対応することが可能となった。

4.4　実験
4.4.1　低温スチーム処理食材の破断応力と歪み測定

　一般的に食材は加熱温度が高く時間が長ければ軟らかくなる。しかし野菜では温度帯によって軟化現象と硬化現象はペクチンの構造によって変化する[10]。食材別，調理別温度と時間は，すでに各料理分野などによりインターネット上で開示されている。しかし，ラボと実用機のスチーム室内の違い，物量の加減，食材の大きさ，食材の部位，食材の温度，食材の収穫期，産地，品種，熟度など様々な差異で微妙に食感が変化するため，加熱時間はそのつど微調整することが望ましい。温度と時間の設定基準は，食材の芯温達成後の所要時間が基本であるが，生産機では芯温も1℃単位でコントロールでき，最終的には諸条件に基づいて試作し，食味検査して決定する。現在では芯温達成後の所要時間を設定できる自動低温スチーム機械も開発されている。真空調理法

では真空袋充填後に本加熱調理，低温スチーム法では1次加熱が本加熱調理，2次加熱が真空袋充填後の加熱という点が異なる。低温スチームの1次加熱調理は食材の灰汁を除去することと，料理目的に最適化な下拵えにするためである。下記の実験で，加熱室内温度と所要時間を示し，実生産の指針とした。

図1，写真1に実験に使用した低温スチーム調理器の概要を示す。以下の実験では前処理として，低温スチーム法で1次加熱，真空袋充填後に2次加熱を行ったサンプル（低温スチーム処理した食材試料）を使用した。その際のサンプルの前処理条件と用語の説明を表1に示した。また破断応力，破断歪みの測定条件を表2－(1)に，硬さ，凝集性，付着性の測定条件を表2－(2)に示した。

表3aに破断応力と破断歪み，3bに，硬さ・凝集性・付着性測定の実験結果を示す。

表3aのじゃが芋と水入りじゃが芋の破断応力と破断歪みを測定した結果では，No,1～4まで，破断応力は次第に低くなっており，破断歪みはほぼ一定であることから，組織や形状は変化していないことが示唆される。また，素材のみと水入り（調味液の想定）の2試料を比較すると，同じ加熱条件の場合，水入りのほうが破断応力，破断歪み共に小さくなる傾向がみられた。

表3aの人参と水入り人参の破断応力と破断歪みを測定した結果では，1次加熱70℃条件（NO 1）と85℃以上（NO 2～4）の物性値の差は大きく，1次加熱70℃条件では破断応力が高かった。このようにNO 1は硬くフレッシュ用，NO 2～4は軟らかく煮物用とそれぞれ料理目的に応じた温度および時間で物性を調節可能である。

同じく表3aの丸物じゃが芋の破断応力と破断歪みの測定結果では，丸物じゃが芋，約（200g）の表部と芯部で破断応力と破断歪みの物性値の差は小さく食感の違いは感じられない程度であった。このように丸ごと食材素材加工は低温スチーム法の得意技であるが，今後は他のスチーム法との物性値比較する検証が求められる。

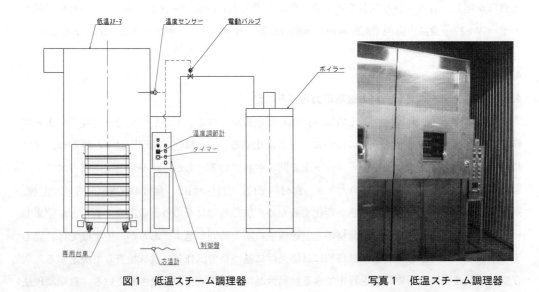

図1　低温スチーム調理器　　　　写真1　低温スチーム調理器

第4章 高齢者用食品開発のための新しい製造技術

表1 サンプルの低温スチーム処理条件と用語の説明

1次加熱	包装なし素材をそのまま低温スチーム加熱
2次加熱	真空包装後低温スチーム加熱
水入り	各サンプルに1:1の割合で水を混合
丸物	素材のまま1次加熱と2次加熱
ペースト	1次加熱後，ペースト状に加工し，2次加熱

人参	1次加熱		2次加熱	
	温度	時間	温度	時間
NO1	70℃	60分	75℃	30分
NO2	85℃	60分	85℃	30分
NO3	85℃	75分	85℃	30分
NO4	90℃	60分	95℃	45分

じゃが芋	1次加熱		2次加熱	
	温度	時間	温度	時間
NO1	85℃	30分	80℃	30分
NO2	85℃	30分	85℃	30分
NO3	85℃	30分	90℃	30分
NO4	85℃	30分	95℃	45分

丸物じゃが芋	1次加熱		2次加熱	
	温度	時間	温度	時間
A（表面）	90℃	50分	85℃	30分
B（芯）	90℃	50分	85℃	30分
C（上芯部）	90℃	50分	85℃	30分

玉ねぎ	1次加熱		2次加熱	
	温度	時間	温度	時間
NO1	75℃	30分	80℃	30分
NO2	75℃	30分	85℃	30分
NO3	75℃	30分	90℃	30分
NO4	75℃	30分	95℃	45分

ペースト	1次加熱		2次加熱	
	温度	時間	温度	時間
ほうれん草	85℃	10分	75℃	20分
さつま芋	90℃	45分	85℃	30分
人参	85℃	75分	85℃	30分

表2-(1) 破断応力，破断歪みの測定条件

*じゃが芋，人参，丸物1種（じゃが芋）
- 10mm角の立方体に成形し，プランジャーで1回圧縮したのち，破断点の応力（＝破断応力）とひずみ点（＝破断歪み）を算出
- 試料高さ10mm　圧縮8mm（クリアランス2mm）
- プランジャー直径20mm円柱型
- 圧縮速度1mm/s，10mm/s・測定温度20℃

表2-(2) 硬さ，凝集性，付着性の測定条件

*玉ねぎ（玉ねぎは形状がまばらなため，テクスチャー測定した）
- サンプルケースに試料を敷き詰め，
  プランジャーで2回圧縮→硬さのみ測定
- 試料高さ18mm　圧縮量13mm（クリアランス5mm）
- プランジャー直径20mm円柱型
- 圧縮速度10mm/s・測定温度20℃

*ペースト状サンプル
- サンプルケースに試料を敷き詰め，
  プランジャーで2回圧縮→硬さ，凝集性，付着性を算出
- 試料高さ15mm　圧縮量10mm（クリアランス5mm）
- プランジャー直径20mm円柱型
- 圧縮速度10mm/s・測定温度20℃

表3a 破断応力ならびに破断歪みの測定結果-1

*じゃが芋

圧縮速度	サンプル	破断応力 (×10⁵N/m²)		破断歪み (%)	
		平均	±標準偏差	平均	±標準偏差
10 mm/s	No1	1.883	0.779	24.99	5.01
	No2	1.513	0.451	24.13	2.76
	No3	1.226	0.517	22.66	4.38
	No4	0.905	0.355	23.27	3.1

*人参

圧縮速度	サンプル	破断応力 (×10⁵N/m²)		破断歪み (%)	
		平均	±標準偏差	平均	±標準偏差
10 mm/s	No1	7.512	0.779	30.67	7.47
	No2	1.584	0.575	22.56	2.16
	No3	1.022	0.285	21.24	3.89
	No4	0.593	0.355	21.65	3.34

*水入りじゃが芋

圧縮速度	サンプル	破断応力 (×10⁵N/m²)		破断歪み (%)	
		平均	±標準偏差	平均	±標準偏差
10 mm/s	No1	1.661	0.884	18.02	4.87
	No2	1.153	0.638	17.85	6.76
	No3	0.568	0.263	14.19	5.34
	No4	0.414	0.29	15.39	3.7

*水入り人参

圧縮速度	サンプル	破断応力 (×10⁵N/m²)		破断歪み (%)	
		平均	±標準偏差	平均	±標準偏差
10 mm/s	No1	8.762	2.384	36.04	4.37
	No2	1.092	0.396	17.08	5.44
	No3	0.865	0.347	15.86	3.75
	No4	0.508	0.171	13.51	2.98

*丸物じゃが芋

圧縮速度	サンプル	破断応力 (×10⁵N/m²)		破断歪み (%)	
		平均	±標準偏差	平均	±標準偏差
10 mm/s	A (表面)	3.271	0.759	25.92	6.48
	B (芯)	4.382	2.036	25.93	5.75
	C (上部芯)	4.287	2.793	29.28	11.38

第4章 高齢者用食品開発のための新しい製造技術

表3b 硬さならびに凝集性，付着性の測定結果-2

＊玉ねぎ

圧縮速度	サンプル	硬さ（×10⁵N/m²）	
		平均	±標準偏差
10mm/s	No1	4.07	1.43
	No2	3.73	1.35
	No3	3.07	0.7
	No4	2.21	0.81

＊ペースト

試料	硬さ（×10⁵N/m²）		凝集性		付着性（×10²N/m²）	
	平均	±標準偏差	平均	±標準偏差	平均	±標準偏差
ほうれん草	2.302	0.636	0.576	0.03	4.751	1.733
さつま芋	3.793	0.186	0.904	0.028	16.02	1.02
人参	1.818	0.311	0.748	0.045	5.99	1.49

　表3bの玉ねぎの硬さを測定した結果では，1次加熱は全て同一温度と時間で加熱し，2次加熱の温度と時間を変えた物性値を測定した。2次加熱の条件差が有りながらも，硬さは大幅な差がないことが判明した。これは初期熱作用で1次加熱時に料理目的を示して加熱条件を設定しなければならないことを示す。2次加熱を施しても軟らかくならない欠点があるが，何回加熱しても硬さ保持の利点もある。

　表3bのペースト硬さを測定した結果では，3種のペーストのテクスチャー特性を測定したところ，数値的にはいずれのペーストも硬さは歯を使わず飲み込める範囲にあった。しかしさつま芋は滑らかではあるが，人参，ほうれん草と比べ水分量が少ないためか最も硬かった。またほうれん草は凝集性が最も低いことから，形状を保ち口中でもまとまりやすいことが考えられる。さつま芋は付着性が高く口中でべたつき感があるが，ほうれん草，人参は適度な付着性があり，嚥下障害食に適していると考えられる。

4.4.2 成分の変化

　図2に低温スチーム処理したアスパラペーストの栄養分析・成分分析の結果を示す。ここで，試料アスパラガスの前処理（低温スチーム処理）は，1次加熱が70℃，30分，2次加熱が75℃，30分の条件で行った。アスパラガスの通常収穫期は2月〜10月で，出荷ピークは3月〜8月である。通常，生産者は，茎丈25cm以上に切って出荷し，選果場で25cmの規格に切断される。そのため切り下部分が大量に排出されるが，この部分は未使用状態となっている。アスパラペーストは，この結果から，Brixは5月度以外全て生茎より数値が高く低温スチーム効果があり，また生茎とペーストではビタミンC，カロテンの流出がみられたものの，天然素材の良さで学校給食でアスパラスープとして採用された。さらなる加熱と時間の調節から成分値の測定次第ではアスパラに含有する機能成分の抽出と効能効果が期待されるので，不要部位活用という面でも利

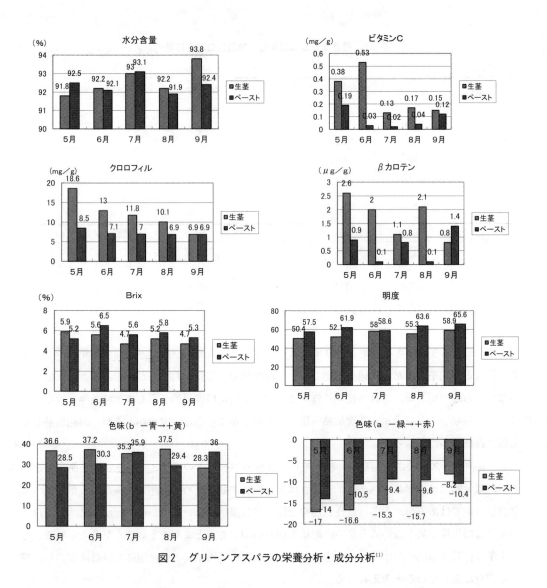

図2　グリーンアスパラの栄養分析・成分分析[11]

用を推進したい。今後はビタミンCとβカロテンの流出が少ない温度と時間の研究を重ね，さらなる付加価値向上と有効活用を図っていくことが重要である。

4.5　特定給食施設加熱冷却調理工程別例集

図3に各給食施設の加熱調理工程を示した。現在当社の⑦低温スチーム素材法と，⑨低温スチームペースト法の食材は，①クックサーブ，②クックサーブ学校給食センター，③クックチルホテルパン，⑥真空調理真空袋，⑧低温スチームパック調理法に納品実例がある。現行の真空調理システムでは，多品種の食材を大量に下加熱処理するためには，最終料理加熱処理するための設備拡大が必要となる。常時調理する基本食材と加熱を必要とする食材に低温スチーム済み素材を使用することで，設備機器の回転率を向上させ，より美味しく，より安全に，より早い調理が可能

第 4 章　高齢者用食品開発のための新しい製造技術

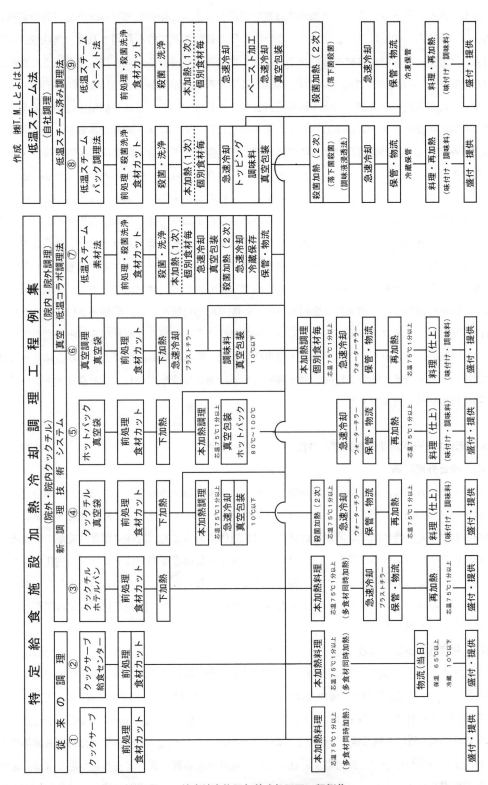

図 3　特定給食施設加熱冷却調理工程例集

となる。低温スチーム済みパック調理法は真空調理システムと類似しており，各種料理の素材と調味料の組みあわせ後に真空包装する。また次工程の殺菌加熱工程を利用すれば，調味液は真空包装の浸透圧と冷却時に素材の体積が小さくなる作用で味が浸みる効能と鍋釜で煮炊きしたのと同じ効果があり，調味液も少なくコスト低減が期待できる[12]。高齢者の食形態は多様な料理メニューに基づいた個人別・症状別・治癒・機能回復食などに対応するとともに，簡単・迅速・安全に少量でも対応可能なシステムが求められる。基本的にはトータルコスト評価であるが，部分的には加熱済み素材では原価率は高いが，各施設が抱える人件費・光熱費・設備機器・施設投資・土地価格次第ではコスト低減につながると推測される。各施設ではどの調理工程がネックか，改善可能かを診断するために図3を参照して説明する。食材の素材・加熱・調理法など各施設，担当者ごとの得意技で料理するが，事前に加熱済みの各種素材が調達可能ならば，各素材をトッピングして最終的な味付けの調味料だけの煮炊きなどができ，煮炊きの個人差はでない。施設ごと食数がバラバラでしかも遠距離で食形態が多様な場合には，個別真空パック対応が最適で，しかも各施設での食提供は加熱と配膳するだけで衛生的で厨房も狭く少人数対応できる。具体的には，朝食も早朝から出勤せず，再加熱と盛付だけの短時間で対応可能である。原価率と付帯コストの分析次第ではトータルコスト低減も考えられ，加熱素材の多様な組み合わせから無限な高齢者食メニューの開発につながり，地域・季節・祭事別など統一的な料理展開ができる。場合によっては全国統一メニューで，味つけは症状別・地域別・施設別の特徴を生かし，高齢者食メニュー関係の間接員の削減も可能である。

4.6 低温スチーム調理法の課題と今後
4.6.1 味と外観評価

低温スチーム法は，設定が温度と時間だけのシンプルな加熱法のため，素材化した場合は容易に食材の良否の判定ができる。すなわち，野菜の産地・圃場・収穫期・品種・熟度・部位ごとに食味の差がでる。特に南瓜は圃場も収穫期も同じ原体であっても，食味に顕著に差がでることがある。根菜類に含まれる成分の変性をコントロールする最適温度帯ではデンプンの糊化や繊維質の軟化などによって糖化酵素の作用で還元糖が増加して甘くなることがある[13]。また，この作用で収穫直後の無キュアリングのさつま芋も甘くなり販売に至った。反面素材が褐変と黒変になり外観不良となる場合もある。

4.6.2 生産性と歩留と菌数

低温スチーム法は加熱時間（生産性）と重量減少（歩留り）と細菌数の3点が課題である。これをどのように克服するかで今後の進化が決まる。古来は高温加熱が不可能であったこともあり，加熱時間の生産性と重量減少はコストに反映しなかった。現在では，いかに短時間に歩留良く加工するかで競争時代を勝ち抜くことができるかどうかが決まる。低温スチーム法は食材の最適加熱と食材同士の雑味移行を防ぐ食材別加熱法のため，加熱所要時間を要して生産性が悪くなる。また生野菜の場合は水分も含んだ重量のため，低温スチームすることで細胞が拡大して食材に含まれ

た不快な味の灰汁及び自由水が排出し重量が減少する[14]。この2点がコストアップに反映される[14]。また，野菜関係の細菌数管理は低温加熱処理のため，カット野菜衛生基準に準じ，食材は水性殺菌処理を施し，加熱殺菌も保健所が定める温度殺菌帯を順守しなければならない。

4.6.3 野菜以外の食材への応用

前記実験では，野菜を主に，温度と時間を変えて物性値測定したが，穀類・藻類・茸類・果実類・魚類・畜肉などを低温スチーム加熱して得た固形食とペースト食の実績もある。魚類の血合い臭，畜肉害獣臭，穀類臭などが低温スチームを長時間加熱することで減少し一部商品化された。また医科大学の要請により，酸化ストレスを自然の抗酸化果物のペーストによって軽減する研究に参加し，効能効果の傾向がみられ，正式発表待ちでもある。今後は日本国内で自生し古来より健康・治癒・予防に適した山野草及び薬草類を素材化し，簡単で便利に摂取量を増加させることで「食べて・治癒・予防」する処方とした展開も可能である。

4.6.4 低温スチームの今後

温度と時間という要因に基づくコストアップが課題ではあるが，単品大量生産型で素材化，他の加熱法では有しない素材の機能性発揮の付加価値化，規格外不要廃棄部位の有効活用，省エネと無人装置化などの実施で原料コスト及び生産コストを低減し，次工程の料理に要する設備機器のコンパクト化，少人数，利便性，再現性を高めて短時間にタイムリーに対応すれば，創造性豊かなメニューの開発が可能と思われる。

4.7 まとめ

低温スチーム法はコスト低減努力が必要な加工方法ではあるが，食の素材を生かし，美味しく栄養も損なわず，加熱温度と時間の単純な加工法故に素材の硬軟調整ができ，固形食と流動食の多様な組み合わせも可能である。ここでは咀嚼嚥下機能低下者に，食材を噛み粉砕し食道から胃に送りこむ一連の運動対応に対する素材の物性値データを示した。また食すだけでは無く，食機能向上と訓練も可能な分野別の食形態に自在に素早く料理でき，しかも料理に有する諸経費の課題克服につながる工程分析についても考察した。

謝辞

本研究を進めるにあたり，物性・成分測定と評価についてのご指導をいただきました日本女子大学家政学部食物学科調理科学研究室岩崎裕子助手，東三河農林水産事務所大谷雅子主任に感謝の意を表します。

文　献

1) 関根正裕, 常見崇史, 樋口誠一, 高橋学, 山川裕夫, 低温スチーム技術を利用したこ高品位食品加工技術, 埼玉県産業技術総合センター研究報告, 第6巻 (2008)
2) 常見崇史, 関根正裕, 小島登貴子, 山川裕夫, ソフト（低温）スチーム技術を利用したこ高品位食品加工技術（2）, 埼玉県産業技術総合センター研究報告, 第7巻 (2009)
3) 平山一成, 低温スチーミング調理技術の進展, 調理食品と技術, 118 (2000)
4) 新調理技術協議会, 真空調理レシピ, 10, ㈱柴田書店 (2009)
5) 関根正裕, 常見崇史, 樋口誠一, 高橋学, 山川裕夫, 低温スチーム技術を利用したこ高品位食品加工技術, 埼玉県産業技術総合センター研究報告, 第6巻 (2008)
6) 三輪茂雄, 臼, 18, 法政大学出版局 (1978)
7) 三輪茂雄, 臼, 43, 法政大学出版局 (1978)
8) 増田恒男, 融砕機の開発と食品工業の応用, 日本食品工業学会誌, 第37巻, 第8号 (1990)
9) 増幸産業㈱, マスコロイダーで野菜等を粉砕すると何故甘く感じるか社内資料, 2011年
10) 佐藤秀美, 熱の科学, 83, ㈱柴田書店 (2007)
11) 大谷雅子, グリーンアスパラガスのペースト加工と成分分析, 東三河農林水産事務所 (2010)
12) 佐藤秀美, 熱の科学, 144, ㈱柴田書店 (2007)
13) 関根正裕, ソフトスチーム技術を利用した高品位食品加工技術, 埼玉県産業技術総合センター研究報告 (2010)
14) 佐藤秀美, 熱の科学, 230, ㈱柴田書店 (2007)

5 高齢者向けパンの製造技術

庄林　愛*

5.1　はじめに

　健常な人は問題なく摂食できる食品にも，摂食機能の低下した人には摂食が難しい食品があり，パンもそのひとつである。老化による生理的な変化に加えて，疾病やその後遺症により摂食機能の低下した高齢者にとってパンは窒息の危険性が高く，食品安全委員会の調査では一口当たり窒息事故頻度の第4位に挙げられている[1]。高齢者は和食を好むという先入観から，パンを食べる機会は少ないと思われているが，近年の食生活の洋風化に伴い洋食を好む高齢者が増加しており，提供が簡便であることなどから高齢者がパンを食べる機会は少なくない。しかし，高齢者福祉施設においても摂食機能の低下した高齢者にはパンの提供を控えることが多く，このような高齢者の主食はおかゆやパン粥など変化のないものとなりがちである。

　高齢者の摂食機能に対応した物性のパンを開発・提供することで，毎日の食事を安全においしく，バリエーションに富んだものにすることで高齢者のQOLの向上に寄与することができると考えている。

5.2　高齢者の摂食機能低下とパンの物性

　高齢者は歯の欠失，義歯の不適合などによる咀嚼機能の低下，口腔周囲の筋力の低下，唾液分泌量の減少などの生理的な機能低下による摂食機能の低下に加えて，疾病やその後遺症による摂食機能の低下を伴うことも多い[2]。摂食機能が低下した高齢者にとって，パンは摂食が難しい食品とされている。

　食品を嚥下するためには咀嚼により食品を粉砕しつつ唾液を混合し，嚥下可能な食塊形成を行う必要がある。硬さや付着性が高い食品，あるいは水分が少ない食品は咀嚼時間が長くなることが報告されており，嚥下される食塊の硬さ，付着性，水分は食品の種類が異なってもある程度一定であると推察される[3,4]。高齢者施設で提供された和食・洋食の主食の咀嚼量を比較した研究において，硬いフランスパンだけでなく柔らかいロールパンでも米飯に比べて多くの咀嚼を必要とすることが報告されている[5]。これはロールパンのように柔らかいパンであっても，パンの水分は約40％と米飯の水分60％に比べて少ないことが咀嚼量を増大させる一因となっていると考えられる。

　またパンは少量の水分を加えると付着性が増加するため[1]，多量のパンを口腔内に詰め込んで食べた場合，咀嚼（圧縮）することで硬く締まった物性となり，咽頭への付着や気道の閉塞といった窒息の危険性も増加する。特に唾液の分泌量が減少している高齢者では，付着性の高い状態が長く継続し，より窒息の危険性が高くなると推察される。

---

*　Megumi Shobayashi　㈱タカキヘルスケアフーズ　取締役

5.3 高齢者のパンの摂取状況

山口県内の高齢者施設におけるパンの利用実態の調査報告では，60％以上の施設で週1回以上パンを提供しており，その理由としては施設利用者の楽しみであるという回答が最も多く寄せられている。また咀嚼機能の低下した利用者についても69％の施設でパン粥等の調理，適切なパンの選択，小さく切る・焼くなどの配慮，見守り・介助などとともにパンの提供がなされている[6]。高齢者施設で提供されている主食ではパンの残食率が米飯に比べて有意に低いという報告もあり[7]，高齢者がパン食を好ましく感じていることがうかがえる。

また高齢者ではパン食と乳・乳製品摂取量は正の相関関係があり，骨粗しょう症の防止やカルシウム摂取量を増やすことを目的とした食事指導においてパン食型の食物消費パターンが有効であることが示唆されており[8]，高齢者の健康の維持増進にパン食が有効であることも報告されている。このように高齢者にとってパン食は提供が簡便であるという利便性だけではなく，高齢者に不足しがちなカルシウムやたんぱく質の摂取量を増加させるメニューが提供しやすい，食事のバリエーションが増える，高齢者自身もパンを食べたいという欲求がある，などの要因もあり，日常的にパン食の提供が行われている施設も少なくない。

しかし，摂食機能の低下した高齢者にとってパンは食べたくても食べにくいものであり，提供する側にとっても調理時間の短縮などの利点はあるものの窒息の危険性を考慮すると提供を控えざるをえない。摂食機能の低下した高齢者に対して，パンの耳を取り除き一口大にカットして牛乳等の水分に浸漬して提供することがあるが，パンの組織を十分に破壊せずに水分を加えると物性が不均一で局所的に付着性の高い部分が残る一方で離水が多く，かえって誤嚥や窒息の危険性が高くなる可能性もある。しかしパン粥を作るためにはパンを牛乳などに浸漬した後，増粘剤を加えてミキサーにかけて均一な状態に調理する必要があり，パンの提供の簡便さが失われるばかりでなく，もはやパンとしての外観，風味が失われており，パンを食べているという実感は大きく損なわれているのが実情である。

5.4 高齢者向けパンの開発状況

高齢者の摂食機能に適したパンの開発の試みとして，通常のパンの製法で糖類・油脂類の配合量を調整し，比容積を大きく焼成することでパンの物性をソフトで歯切れのよいものとしている[9,10]。このパンは通常の食パンの外観を有しており，一般的なパンに比べて硬さは小さいが，高齢者による試食試験において食べやすさは同等と評価されている。その要因としてパンは水分量が約40％であり通常のパンと同等であるため，唾液分泌量の減少した高齢者にとって食塊形成のためには同等の咀嚼量が必要と推察され，単に物性がソフトで歯切れが良いだけでは，高齢者にとって咀嚼や嚥下が格段に容易にはならないことを示唆している。

また，再成形タイプの嚥下食の製法でのパン様食品の開発も試みられ，パン粉に牛乳・糖類を添加して加熱したのち増粘多糖類を加えて冷却し，所定形状のパン様食品を製造する方法が示されている[11]。この方法で製造されたパン様食品では水分は約70％以上と推定され，食塊形成や

第4章　高齢者食品開発のための新しい製造技術

均一性に優れたパン様食品であると考えられるが，パン粉に水分を添加し増粘多糖類で再成形しているため，パンの焼きたての香ばしさや視覚的にパンと認識するために重要な役割を果たすパンの耳がなく，パンを食べているという実感は小さいと思われる。これまで需要はあるにもかかわらず高齢者の摂食機能に適した物性とパンを食べているという楽しみを両立させるパンを提供するにはいたっていなかったのである。

5.5　高齢者向けパンの製造技術

　高齢者の摂食機能に適した物性のパンを製造するためには，咀嚼性と食塊形成性を向上する必要がある。

　咀嚼性を向上するためには，パン組織の結着性を調整する必要がある。小麦粉を主原料とするパン・菓子類では，小麦粉のたんぱく質量が組織の硬さに大きな影響を与えている[12,13]。低たんぱくに調整した「たんぱく調整食品」のクリームサンドビスケットが通常のクリームサンドビスケットに比べて咀嚼・嚥下が容易で，咀嚼後の食塊も付着性や凝集性が低く維持されており，物性面でも咀嚼時の安全性が高いことが報告されている[14,15]。この報告で小麦粉を主原料とする製品においてたんぱく質含量を低くすることで，食品の咀嚼性を向上させることができる可能性が示唆されているが，パンに使用される小麦粉は一般的にタンパク質含量が12%以上の強力粉であり，主なタンパク質であるグリアジンとグルテニンが混捏工程においてグルテン膜を形成し，酵母が生成する二酸化炭素を生地中に保持することでパン特有のソフトな気泡構造となる。そのためたんぱく質含量の少ない薄力粉でパンを作ると，ボリュームの小さいパンになるだけでなく，パンは硬く乾いた食感となり，パンらしいなめらかでソフトな食感は失われ[16]，品質を維持することができない。

　グルテンに代わり気泡構造を形成するため，増粘多糖類の利用も有効な手段である[17]。パン焼成時には，生地中で気泡構造を形成していたたんぱく質が熱変性し，でんぷんが硬化することで焼成後も安定した気泡構造とパンの形状を保持することができる[16]。そのため使用する増粘多糖類の製パン工程中の温度による物性変化等を考慮して，小麦粉に含まれる成分に近い挙動を示すものを選択する必要がある。

　また咀嚼性とパンらしいソフトな食感を両立させるための方法として，パンの副原料の活用がある。パンに使用されることの多い油脂や糖類，卵，牛乳などの副原料は，グルテンネットワークの形成を阻害し，耳を薄く柔らかくし，内相を柔らかく口どけを向上させる効果がある[16]。小麦粉と水，塩，酵母のみで作られたシンプルなフランスパンの食感と，砂糖，卵，油脂を多く配合した菓子パンやブリオッシュの食感を比較してもその違いは明白である。

　その他，パンの口どけを改良する材料として種々の酵素剤も利用可能である。α-アミラーゼやキシラナーゼの利用により，窯伸びの大きなソフトなパンとなり，特に耳の部分が柔らかく食べやすい食感となるため，比較的摂食機能が維持されている高齢者には適した物性のパンを製造できる可能性がある[18,19]。

食塊形成性の向上については，パンの水分含量と口腔内での付着性の抑制が重要なポイントとして挙げられる。パンの水分含量を増やすために水分を加えていくと通常のパンでは付着性が高くなり，かえって窒息の危険性が高くなるため，パンの水分含量が高くなっても付着性が高くならないような原材料として，油脂や加工でんぷんの利用が有効と思われる[20, 21]。

5.6 高齢者向けパンの安全性評価

摂食機能の低下した高齢者に提供する食品については，かたさ，付着性，凝集性などの物性評価に加えて，対象者による喫食調査やビデオ嚥下造影検査（VF），ビデオ嚥下内視鏡検査（VE）等を利用しての安全性評価を行う必要がある。一例としてユニバーサルデザインフードの区分3（舌でつぶせる）である「らくらく食パン」の物性評価，高齢者施設利用者による喫食調査，VFによる安全性評価の結果を紹介する。

らくらく食パンは通常のパンよりも口どけが良いだけではなく，水分含量が高く咀嚼時の食塊形成が容易なことが大きな特徴である。またパンの香ばしい香りと外観を維持するために重要な役割を果たす耳も焼成時のまま残している。

通常の食パン，高齢者施設等で提供時を想定した水分を加えたパンならびにらくらく食パンの物性を比較した（図1）。通常の食パンも内相部分は柔らかいが耳の部分は硬く，摂食機能の低下した高齢者には咀嚼が難しいと思われる。通常のパンに水分を加えると内相は柔らかくなるが耳の部分はそれほど柔らかくならず，やはり耳の部分を落としてから水分を加える必要がある。

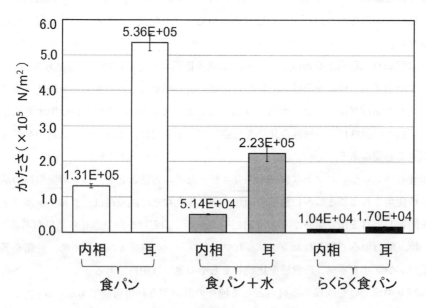

図1 高齢者向けパンのかたさ
20℃に2時間放置したのち，直径3mmのプランジャーで圧縮速度10mm/sで，クリアランス30％で2回圧縮し，物性を測定。

第4章 高齢者食品開発のための新しい製造技術

一方らくらく食パンは,耳の部分もユニバーサルデザインフードの区分3の基準に適合した物性であり,摂食機能の低下した高齢者でも耳も容易に咀嚼できる物性であることが推察される。

物性評価により,容易に咀嚼可能と推察されたため,認知機能に問題はないが加齢により咀嚼・嚥下機能が軽度から中等度に低下した高齢者に対してVF評価を実施した[22]。有歯顎高齢者に比べて上下総義歯を装着する無歯顎高齢者では通常の食パン,らくらく食パンともに咀嚼回数が多く,食塊形成に時間を要しているが,らくらく食パンの咀嚼回数は通常食パンに比べて少なく食塊としてまとまりやすい傾向が見られた(図2)。VFにおける定性的観察においても口腔内への付着や咽頭部への残留も少ないことが分かり(図3),らくらく食パンは咀嚼しやすく摂食機能の低下した高齢者にとって有用であることが示された。しかしどのような食品も,安全性評価を実施したとしても,すべての高齢者にとって安全に摂食できるわけではない。摂食機能の低下に適応した物性の食品であっても,高齢者の摂食機能の状態は個人によって異なっており,日によってまた同日内でも体調や摂食機能が変動することも考慮して食事の際には一口のサイズでの介助やムセや窒息が起こっていないかを常に見守る必要がある。

1:口腔準備期
パンは柔らかいため、ほぼ舌運動のみでつぶれる

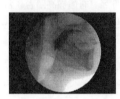
2:口腔期
パンは口の中でまとまりやすく、口蓋や義歯などへの付着もわずか

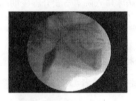
3:口腔・咽頭期
パンは一塊まりとして 安全に咽頭・食道へ送り込まれる

4:咽頭・食道期
パンは喉頭蓋や梨状陥凹などに付着することもほとんどなく、スムーズに食道入口部を通過できる

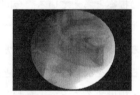
5:嚥下終了後
口腔内や咽頭内への 食物残留もごく少量である

図2 高齢者向けパンのVFによる安全性評価

認知機能に問題はないが加齢により咀嚼・嚥下機能が軽度から中等度に低下した高齢者に試料(2.5×2.5×1.5 cm)を習慣性座位にて食べさせ,その咀嚼・嚥下動態を側方よりビデオ嚥下造影装置にてDVテープに記録。嚥下動態の分析では,咀嚼回数,喉頭流入の有無,嚥下後の咽頭部への残留等の定性的観察に加え,摂食嚥下所要時間等を計測。

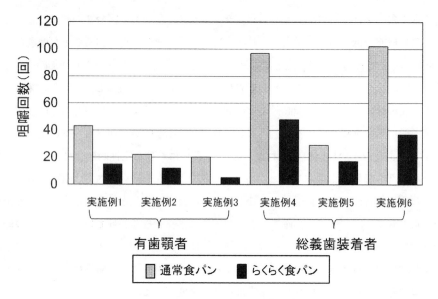

図3　高齢者向けパンの咀嚼回数

療養型病床に入院する要介護後期高齢者6名（有歯顎高齢者3名と無歯顎高齢者3名）を対象とし，（試料 2.5×2.5×1.5 cm）を習慣性座位にて食べさせ，咀嚼回数を計測。

5.7　おわりに

　これまで高齢者の主食は，和食嗜好が強い，食べやすいパンが少ないなどの理由から米飯やおかゆと考えられがちであった。しかし洋風の食事になじんだ高齢者にとって，より安全でおいしく食べることのできるパンを提供することは，主食の選択肢を増やし，より豊かな食生活を送って頂くためのひとつの提案と考えている。今回紹介した咀嚼しやすい「らくらく食パン」は，当初食事用としてロールパンと同程度の甘さのプレーンな商品として発売したが，おやつとして提供できるもの，甘さのないものについてのご要望も多く，高齢者がさまざまなシチュエーションでパンを利用していることを改めて感じることができた。今後，さらに多くの安全でおいしく摂食できるパンを開発・提供することで，高齢者だけでなく外傷や疾病により摂食機能の低下した方にもパンを食べる楽しみをお届けできると考えている。

謝辞

「らくらく食パン」の開発にあたり安全性評価を実施して下さった広島大学大学院医歯薬保健学研究院先端歯科補綴学研究室　教授　赤川安正先生，准教授　津賀一弘先生，准教授　吉川峰加先生，同　歯科放射線学研究室　助教　長崎信一先生，広島市総合リハビリテーションセンター　吉田光由先生，医療法人 PIA ナカムラ病院（現九州歯科大学　助教）金久弥生先生，医療法人 PIA ナカムラ病院ならびに医療法人　微風会　ビハーラ花の里病院の皆様に深く感謝申し上げます。

第4章 高齢者食品開発のための新しい製造技術

文　　献

1) 食品安全員会　食品による窒息事故に関するワーキンググループ,「食品による窒息事故」評価書（2010）
2) 硲哲崇, 食感創造ハンドブック, p111-118（2005）
3) 塩沢光一ほか, 日本咀嚼学会誌, **15**(1), 37-41（2005）
4) 渡部茂, 高齢者の口腔乾燥改善と食機能支援に関する研究, 厚生労働科学研究費補助金 疾病・障害対策研究分野 長寿科学総合研究　報告書（2006）
5) 神山かおるほか, 日本咀嚼学会誌, **12**(2), 75-80（2003）
6) 人見英里ほか, 山口県立大学看護栄養学部紀要, 3, 19-24（2010）
7) 小城明子ほか, 栄養学雑誌, **62**(3), 153-160（2004）
8) 城田知子ほか, 中村学園研究紀要, 26, 117-123（1994）
9) 石川朋宏ほか, 特開 2006-304692
10) 石川朋宏ほか, 特開 2006-304693
11) 吉尾恵子, 特開 2009-219364
12) 和田淑子, 調理科学, **27**(3), 204-213（1994）
13) 和田淑子, 日本家政学会誌, **50**(9), 903-914（1999）
14) 南利子ほか, 日摂食嚥下リハ会誌, **9**(2), 221-227（2005）
15) 宅見央子ほか, 日本咀嚼学会誌, **18**(2), 112-121（2008）
16) 竹谷光司, 新しい製パン基礎知識（改訂版）（1981）
17) 唐川敦ほか, 月刊フードケミカル, **27**(11), 19-67（2011）
18) 土屋大輔, 食品工業, **50**(10), 63-68（2007）
19) 中嶋康之, 月刊フードケミカル **26**(9), 35-38（2010）
20) 岡崎智一, 月刊フードケミカル **26**(2), 19-23（2010）
21) 高口均, 月刊フードケミカル **26**(2), 24-28（2010）
22) 吉川峰加ほか, 日本咀嚼学会雑誌, **19**(2), 91-92（2009）

6　畜肉加工技術

別府　茂[*1]，金　娟廷[*2]

6.1　はじめに

　食肉は良質なたんぱく質，鉄，ビタミンB群を含む健康維持に大切な食品である。また，肉の硬さはおいしさの一つの指標であり，日本では軟らかい肉ほど良質と位置付ける傾向があるが，牛肉，豚肉，鶏肉と畜種で硬さが違い，調理方法によっても水分や脂肪の流出，筋線維の収縮により硬さも変わる。

　高齢者は，硬いものが噛みにくくなるとステーキやとんかつなどの「塊」の肉料理を避けはじめる。さらに，咀嚼機能障害をもつ高齢者にとっては食肉は魚肉と比較すると硬く，口腔内に残る残留感が大きいため，残存している咀嚼機能でも美味しく食べることができる肉料理が求められてきた。これまで高齢者施設では，肉に隠し包丁をいれるなどの調理の工夫のほかに，薄切り肉，ひき肉など形状を調製した肉を利用することで対応をしてきている。また，食肉加工品では「うらごし」をした介護用の肉加工品が開発されてきた。

　高齢化社会を迎えて，咀嚼機能障害をもつ高齢者だけでなく，軟らかい肉料理を好む若者も高齢者も日常的に食べることができる食肉加工品の開発をめざして，ここでは肉の硬さに関わる基本的な情報を整理する。

6.2　肉の構造

　食肉は動物の筋肉であり，肉の硬さには筋肉の構造が大きく関わる。筋肉は構造と機能から骨格筋，平滑筋（胃腸などの内臓の筋肉），心筋（心臓の筋肉）の3種類に分類されるが，ここでは骨格筋を対象とする。骨格筋は，直径10〜100μm，最長30cmに及ぶ筋線維が束ねられて筋束を構成し，体を動かす運動を担っており，体の運動に応じて様々な形態に発達している。筋肉は，筋線維，結合線維，脂肪組織，血管，運動神経からなるが，筋線維が最も多く，次に結合組織が多い。その構造では結合組織の筋内膜が個々の筋線維を包み，その束を筋周膜が包み，さらにその束を筋上膜が覆っている[1]。これらの筋膜はコラーゲンを主成分とし，非常に強いひっぱり強度をもったたんぱく質で，筋肉内結合組織のほか，皮膚，骨，腱，軟骨，血管，歯などの成分となっている。動物が加齢するにともない食肉は硬さを増していくが，これは筋肉内のコラーゲン熟成によるものである。また，コラーゲンは熱または化学薬品処理により変性するとゼラチンになり，たんぱく質分解酵素コラゲナーゼで分解できる[2]。

---

　*1　Shigeru Beppu　ホリカフーズ㈱　取締役執行役員
　*2　Kim Yun-Jung　㈶にいがた産業創造機構　高圧プロジェクトチーム　研究員，
　　　　　　　　　　新潟大学　農学部　外国人客員研究員

第4章　高齢者用食品開発のための新しい製造技術

6.3　畜肉と肉の硬さ

　家畜には，牛，豚，羊，山羊，馬などがあり，家禽では鶏が代表的である。動物固有の特性により肉の硬さは同じではなく，肥育期間の長さと運動量も関係している。また，部位によっても肉の硬さは同じではない。牛は畜肉の中でも最も肥育期間が長く肉質もしっかりしているが，子牛は軟らかい肉として欧米では高い評価を受けている。また，現在の牛は畜産業者によって肥育されて，すでに役牛などの極めて硬い肉を食べる機会は無くなっているが，放牧で運動させた牛は家屋内で肥育されていた牛よりも硬く，同じ一頭の肉の部位ではヒレが軟らかいことは知られている。これは肉の硬さが，その筋肉固有の条件である脂肪交雑の多少，結合組織の量と状態，及び筋肉の短縮度によって影響を受けているためである。脂肪交雑の例では，和牛のサシは多いほど軟らかい。結合組織ではコラーゲンの状態と部位（たとえば，畜肉の年齢や部位ではスネ肉など）によって硬さが異なる。筋肉（赤身肉）では，とさつ直後の肉は弾力性があり軟らかいが，死後硬直が始まると筋肉の収縮により硬くなる。その後，筋肉は解硬して肉の硬さが緩んで軟らかくなり，低温で保存すると熟成へと進み肉のうまみが増してくる。この硬直から解硬へいたる硬さの変化は筋原線維による筋肉の硬さの変化であり，コラーゲンなどが関与する結合組織の硬さではない。

6.4　軟化加工

6.4.1　肉の調理

　牛も豚も人間が家畜として飼いならすまでは，原野を走り回る動物であり，家畜としてからも牛は役牛として活用してきたため，人間は使役をして硬くなっている肉も食べざるを得なかった。このような肉には脂肪交雑する部位は少なく，コラーゲンの少ない部位を火であぶる・焼く調理法として世界各地で「ステーキ」「焼肉」として食べてきた。しかし，硬い部位の肉は焼くだけでは食べにくいため，軟らかく食べる調理方法を工夫してきた。肉を軟らかく食べる調理法には，まず牛肉や馬肉を生でたべるドイツの「タルタルステーキ」或いは韓国の「ユッケ」がある。これらの料理は結合組織を取り除き，赤身肉だけを細かく包丁で細切りし軟らかくして肉を生で食べる。また，加熱調理の場合では，ひき肉にする，薄切りにする，たたくなどの物理的な処理をしたのち，食べるときに硬さを感じないようにする工夫も行われてきた。ひき肉から作る軟らかい肉料理にはフランス料理の「ミートローフ」，「テリーヌ」などがあり，中国では竹筒にいれて蒸すスープ料理がある。ひき肉をさらにすり潰し，「パテ」，「ペースト（レバー，ハム）」なども一般的な肉料理である。薄切りの料理では日本の「しゃぶしゃぶ」が代表的であり，肉をたたく調理は「とんかつ」で行われることがある。

　次に加熱して軟らかくする方法として，世界各地で煮込み料理が発達してきた。煮込み料理は，水やワインを使い，とろ火で数時間，軟らかくなるまで煮込む方法が一般的である。ドイツ，フランス，カナダなどの牧畜民族の煮込み料理であるシチューではバラ肉のほかに肩肉やもも肉を使用する[3]。煮込み料理では，さらに硬い部位であるすね肉を使ったドイツの「アイスバイン」，

沖縄の「足てぃびち」，硬い皮つきのバラ肉からつくる沖縄の「らふてぃ」中国の「東坡肉」などもある[4]。煮込みには2時間から6時間程度の時間をかけ，筋線維の水分をできるだけ保持しながら，筋線維を包んでいる筋膜のコラーゲンを溶解させることで肉を軟らかくする。煮込み後のスープには，ゼラチンが出て冷えるとゼリーとなる。

肉を煮込む時間を延長するだけでなく，煮込む温度も肉の軟らかさに影響している。Daveyらによれば，牛肉を加熱した場合，20～100℃まで温度を変えて加熱すると肉の剪断力（押し切る力）は直線的に増加せず，50～65℃でほぼ一定となり，その後75～80℃で最も硬くなり，80～100℃では低下する[5]。

肉を軟らかくするため，たんぱく質分解酵素（プロテアーゼ処理）が行われてきた。肉の重量に対して生のパイナップル（ブロメライン）やキウイフルーツ（アクチニジン）を5～10%漬け込むと軟化する。また，中国料理では重曹を肉の軟化に使用している。さらに近年，重曹・高圧併用処理の軟化技術を用いた食肉の加工方法が研究され，重曹処理後に高圧処理することで軟らかく，ジューシーでおいしい食肉加工品が開発されている[6]。

6.4.2　畜肉加工品

ハム，ベーコン，ソーセージは豚肉を原料とした加工品であり，ヨーロッパで保存食として生まれた。保存性を高めるためには塩分と薫煙，加熱，乾燥の加工が必要であり，軟らかさが特徴の加工品ではない。しかし，現在の日本では製造目的が長期保存性よりも，おいしさを求める方向に変わり，ハム，ベーコンを薄切りで食べる機会が多くなっている。

ソーセージは，ひき肉に塩を加えて細切りし練り合わせることにより，筋原線維を構成する塩可溶たんぱく質を利用して肉同士を結着させ，ケーシングにつめて加熱する製法である。このためソーセージは弾力がある肉質を作ることができ，さらに乾燥させて水分を少なくしたドライソーセージやサラミソーセージも知られている。一方，ソーセージを軟らかく作るには，脂肪を加えて乳化させる方法と肉の保水性を活用し加水する方法がある。この加水方法は，中国料理の肉団子でも利用される調理技術であり，肉の特性を利用して軟らかく感じる肉料理を作ることができる。

缶詰に加工すると肉が軟らかくなることはよく知られている。畜肉缶詰には，牛肉大和煮とコンビーフ，ランチョンミートという製品があるが，肉の軟化にとっては異なる特徴がある。牛肉大和煮は，牛の肩肉などを原料とし，棒状にカットしてボイルし，厚さ3～5mm程度にスライスしたのち缶容器に醤油と調味料とともに密封し，加圧加熱殺菌して製品とする。肉は，120℃に近い温度で加圧加熱されるため膜肉のコラーゲンが水分を含みゼラチン状となって軟らかくなる。一方，コンビーフは，こぶし大の肉に塩などを加えて塩漬したのち，110℃以上の温度で加圧加熱して膜肉を溶解させる。そののち，機械的に肉線維をバラバラにほぐし，脂肪と調味料を加えて練り合わせて缶容器に詰め密封し，加圧加熱殺菌を行う。

ランチョンミートでは，ソーセージの製法と同様に肉を細切し塩を加えて粘りを出した後，水を加える。さらに脂肪を加えて細切りを続けて乳化させる。これを缶容器につめて加熱加圧殺菌

第 4 章　高齢者用食品開発のための新しい製造技術

と加熱調理を同時に行い製品とする[7]。

　牛肉大和煮の製法では，肉を茹でたのち圧力鍋で加熱しており，コラーゲンはゼラチンとなっている。一方，コンビーフは加熱処理を 2 回繰り返すほか筋線維をほぐすことで軟らかな食感となっており，多くのコラーゲンは取り除かれている。コンビーフ缶詰の製法は南米タイプ（ひき肉状）とドイツタイプ（角切り状）もあるが，筋線維をほぐす製法は日本独自のものである。ランチョンミートは細切りすることで，コラーゲンは機械的に細かく刻まれ，さらに加えた脂肪と水によって軟らかな肉加工品となる。これらの缶詰，レトルト食品で行われている肉調理技術と加圧加熱殺菌技術は，肉を軟化させる効果を組み合わせることができ，適度な軟らかさを生み出す技術である。

6.5　介護食としての肉加工
6.5.1　高齢者施設での取り組み

　摂食嚥下機能障害により噛むことや飲み込むことがしにくくなっても，口から食べることは生きていることを実感でき，楽しみでもある。硬いものが食べにくくなっても，肉料理はご馳走感があり，良質なたんぱく源でもあるため，食べたい，あるいは提供したい食材である。しかし，高齢者にとっては咀嚼しにくく，さらには飲み込みにくい食材でもある。食べやすく，おいしい食肉加工品を開発は，高齢者の食生活において QOL（Quolity of Life：生活の質）の向上にも寄与することができるといえる[8]。

　高齢者施設では，食べることができない段階に合わせて食形態・性状を調整している施設が多い。その形態は，「普通に調理する」「素材の形を残しながら軟らかく調理する」「一口大にカットする」「粒が残る状態にきざむ」「粒がなく滑らかな状態にする」「卵やゼラチン，寒天などを加えて成形する」に大きく分類され，施設によっては更に細分化することがある[9]。いったん料理した肉を「粒が残る状態にきざむ」と見た目が悪く，硬くなった肉料理はきざんでも個々の砕片は軟らかくならない。また「粒がなく滑らかな状態にする」ことは二次調理にかかるまでの時間と手間がかかりマンパワーが限られている施設および在宅では大変である。「卵やゼラチン，寒天などを加えて成形する」では，食べやすく見た目を改善できるものの，毎日調理することは難しい。このため，ひき肉を使用し細切した野菜などを加えて，ふっくらと調理するほか，薄切り肉を重ねて調理するなどの工夫が行われている[10]。

6.5.2　介護用加工食品

　病院・高齢者施設などの厨房で調理される介護食（食形態・性状を調整した食事）は，摂食嚥下機能障害の内容に対応した食事が提供されている。材料並びに調理の方法の種類も多くなるが，限られたマンパワーの中では献立の種類を増やすことは難しかった。そのため，厨房で調理しにくい食材や料理の一部を加工品とする開発が進んだ。粒がなく滑らかな状態に調整した肉加工品として，調理用素材では「鶏肉うらごし」が缶詰で 1985 年に開発され，2000 年には肉料理をミキサー処理した「照焼チキン」「豚肉のやわらか煮」がレトルトパウチで開発され，その後在宅

用介護食として肉と野菜を組み合わせ，軟らかく調理した加工品が発売された。さらにカップ容器でにこごりやムースとして冷凍食品の開発も進み，種類も豊富になってきている。これらの製品の多くは，肉の形状を小さくする，粒がないように擦り潰す，あるいは粒がなく滑らかな状態に加工したのち再成型する製法となっている。

一方，肉の形を残しながら軟らかく調理した肉製品は見た目が良いが，通常の調理方法では咀嚼障害者には硬くて使用できないことが多い。介護用食品の硬さは，日本介護食品協議会が自主基準としてユニバーサルデザイン基準（表1）を設けており[11]，硬さの上限値は5×10^5 N/m^2（区分1）となっており，この基準内に安定的に入る肉加工品とするには，たんぱく分解酵素などの処理が必要であり，均一に浸透させる技術が開発されている。また，酵素の使用，加熱，加圧などの複数の軟化技術を組み合わせることも必要である。

ひき肉で作るハンバーグのような硬さもこの区分1になるが，ひき肉の場合，軟らかいがパサパサしていると嚥下機能が低下した高齢者は誤嚥しやすい。高齢者は口中の残留物が多いという報告もあることから，高齢者向けの食肉加工品には，誤嚥性肺炎の誘因となる食物破砕物の残留が少ない製品開発の必要性がある[12]。

また，若年者および高齢者に豚ひき肉を嚥下直前まで咀嚼してもらったところ，いずれの試料も若年者に比べ，高齢者の方が，有意に咀嚼回数が多かったが（図1），さらに一噛みごとの平均筋電位の筋活動量と咀嚼中の唾液分泌率が有意に低く（図2），高齢者は咀嚼機能と唾液分泌力が低下していることから，軟らかく，ジューシーな食形態の工夫が必要である[13]。

表1 ユニバーサルデザインフードの区分及び物性並びにとろみ調整食品の性状等

区分数値		1	2	3	4	とろみ調整食品
区分形状		容易にかめる	歯ぐきでつぶせる	舌でつぶせる	かまなくてよい	とろみ調整
かむ力の目安		かたいものや大きいものはやや食べつらい	かたいものや大きいものは食べづらい	水やお茶が飲み込みづらいことがある	水やお茶が飲み込みづらい	
飲み込む力の目安		普通に飲み込める	ものによっては飲み込みづらいことがある	水やお茶が飲み込みづらいことがある	水やお茶が飲み込みづらい	
物性規格	かたさ上限値 N/m^3	5×10^5	5×10^4	ゾル：1×10^4 ゲル：2×10^4	ゾル：3×10^3 ゲル：5×10^3	
	粘度下限値 mPa·s			ゾル：1500	ゾル：1500	
性状等				ゲルについては著しい離水がないこと。固形物を含む場合は，その固形物は舌でつぶせる程度にやわらかいこと。	ゲルについては著しい離水がないこと。固形物を含まない均質な状態であること。	食物に添加することにより，あるいは溶解水量によって，区分1～4に該当する物性に調整することができること。

第 4 章　高齢者用食品開発のための新しい製造技術

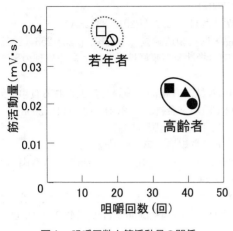
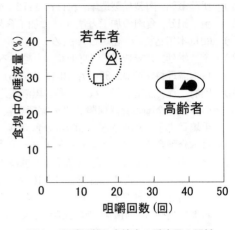

図1　咀嚼回数と筋活動量の関係　　　　図2　咀嚼回数と食塊中の唾液量の関係

6.6　展望

　肉の硬さは，脂肪交雑の多少，結合組織の量と状態，及び筋肉の状態によって影響を受けるため，調理・加工にあってもこの条件から検討することが望ましい。具体的には，脂肪の交雑ではソーセージの乳化技術の利用，あるいは機械的に脂肪を肉中に注入する方法がある。結合組織の軟化方法では，適温で長時間茹でて，コラーゲンを溶解させる製法のほか，たんぱく質分解酵素の使用があり，筋肉の収縮抑制と保水力を維持する加熱方法の検討が必要であると考えられる。また，軟らかく加工された製品が素材または惣菜加工品として製品化される場合は，流通途中の崩れを防止するため缶詰または冷凍品とすることが必要であり，包装容器と流通温度の検討も必要である。

　介護用肉加工品の種類は，形状から「粒がなく滑らかな状態に加工したもの」「これを再成型したもの」「ひき肉，薄切り肉」「角切りなど塊り肉」の4種類であるが，いずれも食べやすさとともに，肉料理として食欲を引き出すことが求められている。今後は，料理として食欲を引き出す形状を保ちながら，UDF基準にある摂食嚥下機能障害の程度に対応する段階的な軟らかさに調整する技術が必要であり，調理の負担を軽減する役割が期待されている。

文　　献

1)　伊藤肇躬, 肉製品製造学, p.20-21, 光琳（2007）
2)　細野明義, 鈴木敦士, 畜産加工, p.48, 62, 111, 朝倉書店（2004）
3)　朝日新聞社, 週刊朝日百科世界の食べ物, 2-6-7, 2-38-41, 朝日新聞社（1983）
4)　柴田書店編, 豚料理, p.60, 68-69, 柴田書店（2008）

5) 伊藤肇躬, 肉製品製造学, p.1170-1172, 光琳（2007）
6) 金　娟廷, 食肉の加工方法並びに加工食品, 特開 2011-83228（P2011-83228A）
7) ㈳日本缶詰協会, 缶・びん詰め・レトルト食品・飲料製造講義　各論編, p.235-253（2002）
8) 金　娟廷, 高橋智子, 川野亜紀, 大越ひろ, 豚肉の物性及び嗜好性に及ぼす高圧処理の影響, 日本調理科学会誌, **39**(1), 10-15（2006）
9) 別府　茂, 江川広子, 八木　稔, 黒瀬雅之, 山田好秋. 介護保険施設で提供される食事形態の分類－全国の介護保険施設の実態調査－, 日本咀嚼学会雑誌, **18**(2), 101-111（2008）
10) 手嶋登志子, 大越ひろ, 高齢者の食介護, p.46-47, 医歯薬出版（2007）
11) 日本介護食協議会, ユニバーサルデザインフード自主規格　第一版, p2（2003）
12) 金　娟廷, 高橋智子, 品川弘子, 大越ひろ, ポテトフレークを利用した高齢者向き豚肉加工品の性状, 日本官能評価学会誌, **10**(2), 94-99（2006）
13) 金　娟廷, 高橋智子, 大越ひろ, 食肉加工品のテクスチャーの視点から見た咀嚼性－若年者および高齢者の咀嚼機能の比較－, 第56回レオロジー討論会講演要旨集, 148-149（2008）

7　魚肉加工技術

庵原啓司*

7.1　はじめに

日本の65歳以上の高齢者人口は，2010年10月1日現在で過去最高の2,958万人であり，総人口1億2,806万人に占める高齢者人口の割合（高齢化率）は23.1%である[1)]。今後，日本の高齢化率は上昇を続け，2035年には33.7%，2055年には40.5%に達し，国民の2.5人に1人が65歳以上の高齢者になると推計されており，諸外国と比較しても，世界のどの国もこれまで経験したことのない高齢社会を迎えている[1)]。要介護者，要支援者認定者数も，2010年7月現在で494万人[2)]であり，今後も増加することが予想されている。

このような中，当社では，日本介護食品協議会が定めるユニバーサルデザインフード[3)]区分3（舌でつぶせる；図1）のムースタイプの介護食，“やさしい素材”シリーズを2005年より上市し，主に病院や施設などで好評を頂いていた。病院や介護施設などでは，刻んだ食事，一般的には“キザミ食”と呼ばれる食事を提供されていることが多く，特に「魚」のキザミ食は見た目だけではなく，パサパサしていて食べ難いという声が非常に多く聞かれた。これまでの介護食は，キザミ食や流動食などが一般的であり，特に見た目の“おいしさ”が欠落しているものであった。このような背景から，当社では，素材の形状を維持し，見た目もおいしく，やわらかい魚肉素材（ユニバーサルデザインフード区分2）の開発を行った。

区分		区分1 容易にかめる	区分2 歯ぐきでつぶせる	区分3 舌でつぶせる	区分4 かまなくてよい
かむ力の目安		かたいものや大きいものはやや食べづらい	かたいものや大きいものは食べづらい	細かくてやわらかければ食べられる	固形物は小さくても食べづらい
飲み込む力の目安		普通に飲み込める	ものによっては飲み込みづらいことがある	水やお茶が飲み込みづらいことがある	水やお茶が飲み込みづらい
かたさの目安	ごはん	ごはん～やわらかごはん	やわらかごはん～全がゆ	全がゆ	ペーストがゆ
	さかな	焼き魚	煮魚	魚のほぐし煮（とろみあんかけ）	白身魚のうらごし
	たまご	厚焼き卵	だし巻き卵	スクランブルエッグ	やわらかい茶わん蒸し（具なし）
※食品のメニュー例で商品名ではありません。	調理例（ごはん）	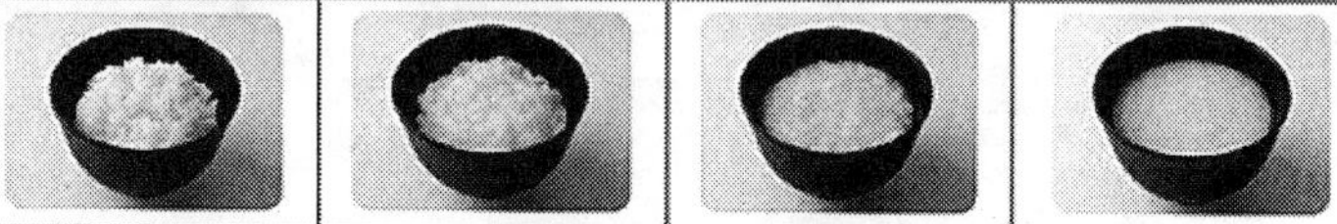			
物性規格	かたさ上限値 N/m²	5×10^5	5×10^4	ゾル：1×10^4 ゲル：2×10^4	ゾル：3×10^3 ゲル：5×10^3
	粘度下限値 mPa・s			ゾル：1500	ゾル：1500

※「ゾル」とは、液体、もしくは固形物が液体中に分散しており、流動性を有する状態をいう。「ゲル」とは、ゾルが流動性を失いゼリー状に固まった状態をいう。

図1　ユニバーサルデザインフード区分表
日本介護食品協議会 HP（http://www.udf.jp/）より

* Keishi Iohara　㈱マルハニチロホールディングス　中央研究所　第一研究グループ　副主管研究員

魚肉の軟化方法としてはこれまでに，テンダライズ法（加工対象素材に針状の刃を刺し通し，原形を保ったまま硬い筋や繊維を短く切断する処理）や高圧処理法（レトルト処理）など，物理的な処理を加えて肉を軟化させる方法が知られている。しかし，このような一般的な物理的処理の方法では，ある程度は軟化するものの，ユニバーサルデザインフード区分2（物性規格：硬さ上限値が$5 \times 10^4 \mathrm{N/m^2}$）を満たすやわらかさを達成できるものではなかった。また，酵素を用いて魚肉を軟化させる方法が検討されており，酵素液に浸漬する方法[4]，加圧処理して酵素を浸透させる方法[5]，酵素液をインジェクションする方法（酵素液を魚肉内に注入する方法）[6,7]，酵素液をインジェクションしてタンブリング（酵素液を機械的に浸透する処理）する方法[8]等が既に提案されているが，何れも表面の過度の軟化やインジェクションによる身割れなど，見た目のおいしさが損なわれるものであった。これに対し，当社では見た目もおいしい新しい軟化魚肉を開発した。本節では，その新しい加工方法について解説する。

7.2　新しい軟化魚肉の加工方法[9]

新しい軟化魚肉の加工方法として，魚肉をテンダライズ処理する工程（1）と，減圧処理あるいはタンブリング処理により，テンダライズ処理された魚肉素材の内部全体に均一にタンパク質分解酵素を含む酵素液を浸透させる工程（2），更には酵素反応を行う工程（3）の組合せにより魚肉を軟化させる技術（図2）を確立した。それぞれの工程について以下に概説する。

7.2.1　テンダライズ処理

テンダライズとは，一般的に肉に細かい針状のものを刺して硬い筋や繊維を切る処理のことである。このテンダライズ処理における穿孔密度は高いほど効果的な軟化処理が可能となり，穿孔密度としては，7.5 mm×7.5 mmの単位面積あたり1個以上の穿孔が魚肉に形成されることが好ましいことがわかった。このような穿孔密度を得るためには，一般的なテンダライザーのような，先の尖った細い針状の器具を用いて行うことができるが，その針と針の間は7.5 mm以下のものを用いる必要がある。当社では，このテンダライズ処理を連続的に実施できる装置を用いて製造を行っている。

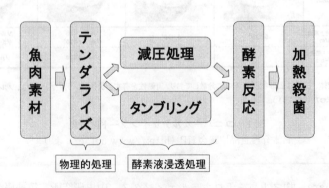

図2　新しい軟化魚肉の加工方法

第4章　高齢者用食品開発のための新しい製造技術

7.2.2　酵素液浸透処理

テンダライズ処理された加工素材に対してタンパク質分解酵素（プロテアーゼ）を含有する酵素液（1）を浸透させるが，この浸透方法としては，減圧処理（2）あるいはタンブリング処理（3）を行う。

（1）酵素液

酵素製剤としては食品加工用の市販のプロテアーゼ製剤を用いる。一般的に，魚肉タンパク質をプロテアーゼで処理すると，疎水性アミノ酸残基を含むペプチドの遊離により苦味を生じることが知られている。そこで，市販のプロテアーゼ30種を用いて，各酵素で処理した際の軟化と苦味を官能評価（10段階評価）によりポイントをつけ，苦味が少なくかつ軟化が進行する酵素製剤をスクリーニングした（図3，〇で囲んだ酵素）。その結果，プロテックス7L（ジェネンコア社製）やブロメラインF（天野エンザイム社製）などが候補として選択された。各酵素製剤の濃度は対象の魚種により異なるが，0.1～0.5％程度の添加が必要である。なお，この段階で酵素製剤とともに調味液等を添加しておくことも可能である。

（2）減圧処理

減圧下で酵素液と魚肉を接触させることにより，酵素液を魚肉内部全体に，均一に酵素液を浸透させることができる。このとき，先に述べたテンダライズ処理を行っておくことで，より効率的に酵素液の浸透が可能となる。容器の中に魚肉および魚肉が浸る程度の酵素液を入れておき，720 mmHg以上（容器内気圧40 mmHg以下）で5分間以上，減圧処理を行う。対象の魚種により異なるが，この減圧処理により魚肉重量の1～20％程度の酵素液が魚体に含まれる。

（3）タンブリング処理

タンブリングとは，回転する等により肉に物理的衝撃を加え，これにより酵素液を魚肉組織内に一様に浸透させる処理であり，減圧処理の代わりに行う処理である。タンブリング処理の場合，

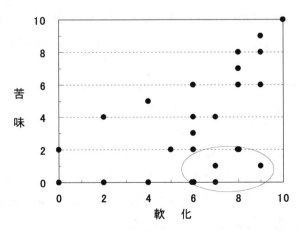

図3　苦味抑制酵素の選択（魚肉はホキを使用）
※官能評価により10段階で評価。数値が高いほど，苦味があり，軟らかい食感を示す。

長時間行うとより軟化が進行するが，処理時間が長すぎると身割れが起きる場合がある．対象の魚種に応じてタンブリング処理時間を設定する必要があるが，10～15分間程度行う．この処理は，特にイカやエビなど，身質がしっかりした肉でより顕著な軟化効果を発揮する．

　タンブリング処理は，畜肉加工用等で一般的に使用されている回転ドラム（タンブリングマッサージ機）を使用し，減圧下でなくても可能である．対象の魚種により異なるが，このタンブリング処理により魚肉重量の0.1～35％程度の酵素液が魚体に含まれる．

7.2.3　酵素反応

　魚肉中に浸透した酵素液に含まれるプロテアーゼによりタンパク質の分解反応を行う．この反応条件（温度・時間）は，ユニバーサルデザインフード区分2を満たす物性（硬さ上限値が $5 \times 10^4 \, N/m^2$）まで軟化できるよう調整する必要がある．しかし，過度の軟化により品質（見た目）の劣化が起きないよう，注意が必要である．

7.3　軟化魚肉の加工事例

　サワラ（切り身）を対象とした加工事例を紹介する．以下に示す①～⑥の処理により原料魚肉を加工処理した．

①原料解凍：室温で解凍する．

②テンダライズ処理：針密度1本／7.5 mm×7.5 mm．テンダライズ後，調味料入りの酵素液に15分間浸漬する．※酵素液：プロテックス7L（ジェネンコア社製）：0.5％，砂糖：3.75％，並塩：1.5％，濃口醤油：0.75％，グルタミン酸ナトリウム：0.3％

③減圧処理：真空ポンプを用いて，720 mmHg下で20分間，減圧処理する．

④酵素反応：60℃，3時間反応する．

⑤加熱殺菌：95℃，8.5分間，スチームコンベクションオーブンを用いて加熱処理する．

⑥急速凍結

　加工処理（上記①～⑥）後の切り身をスチームコンベクションオーブンで加熱調理した後，硬さをテクスチャーアナライザー TA-XTplus（Satable Micro Systems社製）により評価した．測定は直径20 mmの円柱型プランジャーを用い，圧縮速度10 mm/sec，クリアランスを試料の厚さの30％として測定した[10]．その結果，上記処理工程で加工した切り身は，ユニバーサルデザインフード区分2を満たす物性値を示した（図4）．

7.4　軟化魚肉"素材 de ソフト"の特徴

　上記技術で開発した当社製品"素材 de ソフト"は，通常の魚肉切り身と比較しても，同等の形状や色調を維持しながら（図5），歯ぐきでつぶせるほどやわらかい（硬さ上限値が $5 \times 10^4 \, N/m^2$）という特徴を持っている．

　本製品は，プロテアーゼで魚肉のタンパク質を均一に分解して軟化させたものである．電気泳動（SDS-PAGE解析）で魚肉タンパク質の分子量分布を測定したところ，酵素反応後（"素材

第4章 高齢者用食品開発のための新しい製造技術

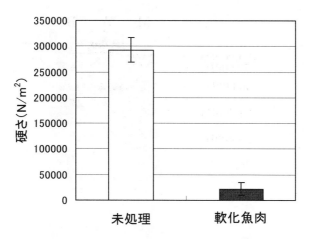

図4 軟化魚肉（サワラ）の硬さ測定（平均値±標準偏差，n＝10）
※50,000 N/m^{2}以下がユニバーサルデザインフード区分2に相当する。

さばの竜田揚げ　　さわらの照り焼き　　すけとうだらの野菜あんかけ

図5 "素材deソフト"（ユニバーサルデザインフード区分2）

deソフト"）では全体的にタンパク質が低分子化され，筋原繊維タンパク質であるミオシン重鎖と思われるバンドが消失し（図6上部の実線枠），低分子領域のバンドが増加していることが確認された（図6下部の点線枠）。また，電子顕微鏡により魚肉繊維の状態を観察したところ，"素材deソフト"では，反応処理前に観察されるぎっしり詰まった繊維質が認められなかった（図7）。以上のことから，酵素により筋原繊維タンパク質が分解されることで，肉質が軟化していることが示唆された。

また，タンパク質のアミノ酸構成比（データ示さず）やミネラル成分（図8）においては，処理前後で差がないことから，酵素処理による栄養成分の流出はなく，見た目だけでなく，栄養素としても素材そのままの商品であると言える。

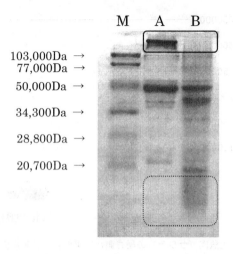

図6 軟化魚肉（サワラ）の SDS-PAGE 解析
M；分子量マーカー，A；未処理，B；素材 de ソフト
※魚肉を2％SDS-8M尿素-2％メルカプトエタノール溶液で処理して可溶化したもの。

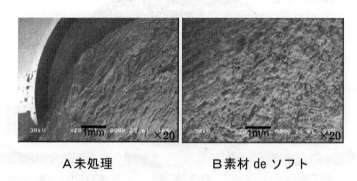

A 未処理　　　　　　　　　B 素材 de ソフト

図7 軟化魚肉（サワラ）の電子顕微鏡画像
走査型電子顕微鏡 JSM-LV6380；日本電子製

7.5 おわりに

今回紹介した新しい技術により，表面の過度の軟化や身割れなどによる形状崩壊を抑制して，通常の魚肉切り身と比較しても同等の形状や色調を維持しながら，やわらかい軟化魚肉の製造が可能となった。そのやわらかさは，日本介護食品協議会が定めるユニバーサルデザインフード区分2を満たす，歯ぐきでつぶせるやわらかさであり，当社ではこの技術を用いて製造した"素材 de ソフト"を2008年より上市した。

高年齢化に伴い，摂食機能が衰えた場合には，十分な食品を食べられず，低栄養状態に陥ってしまう危険性がある。このような摂食機能の衰えに対応した食品として，これまではキザミ食や流動食が一般的に用いられてきたが，これらは見た目のおいしさが欠如しており，高齢者の方のQOL（Quality of life）の視点では発展途上であった。また，キザミ食や流動食は，水分含量や糖質などを増やして栄養素密度を低下させるため，一度に多量の食事ができない高齢者では，

第4章　高齢者用食品開発のための新しい製造技術

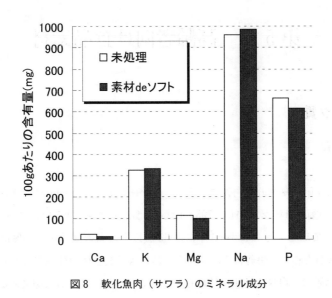

図8　軟化魚肉（サワラ）のミネラル成分

低栄養を誘発させる原因になっていることが指摘されている[11]。

　これに対して，"素材deソフト"は「見た目のおいしさ」だけではなく，通常の魚肉切り身と変わらない栄養素を持っており，栄養面でも優れている。また，酵素で消化された魚肉製品であることから，消化吸収の面でも有利な可能性が考えられる。以上の点から，今回紹介した新しい技術で開発した"素材deソフト"は，咀嚼が困難な高齢者の方などに心身ともに満足感をもって，また安心して食べて頂け，ひいては高齢者の方の健康維持，QOLの向上に寄与できるものと期待される。

文　　献

1) 内閣府，平成23年度版高齢社会白書（2011）
2) 独立行政法人福祉医療機構（HP），要介護（要支援）認定者数
3) 藤崎享，食品と容器，**53**(1), 30-36（2012）
4) 特開平7-31421号公報，「マグロ又はカツオを原料とする珍味食品」
5) 特開2004-89181号公報，「食品素材の改質方法」
6) 特開平11-346718号公報，「酵素を利用した食肉加工品」
7) 特開2008-125437号公報，「咀嚼困難者用固形状魚肉・畜肉食品の製造方法」
8) 特表2005-503172号公報，「生の牛肉を柔らかくするための方法」
9) 特開2011-092216号公報，「軟化魚肉・畜肉の製造方法」
10) 日本介護食品協議会，缶詰時報，**90**(1), 71-73（2011）
11) 藤田美明，高齢者の食と栄養管理，151-190，建帛社（2001）

第5章　高齢者向け食品素材

1　タンパク質

1.1　乳タンパク質

佐藤　薫[*]

　2011年（平成23年）厚生労働白書によると，我が国において平均寿命の上昇により総人口に占める65歳以上の割合は年々増加し，1950年代の5％程度から2005年には20％にまで上昇し，超高齢社会となっている。さらに2055年には65歳以上の者の割合が40.5％になると推定されている[1]。高齢者が安心して快適に生活を送るためには社会全体の環境整備が必要であるが，ひとりでも多くの高齢者が自身の健康維持に心がけることがなによりも大切である。高齢に伴う身体的変化の詳細は他章を参照していただきたいが，わが国の疾病構造の変化が感染症から生活習慣病へと変化していることを考えると，要介護や寝たきりのような身体機能や生活の質（QOL）の低下を改善していく必要がある。

　高齢者が心掛けるべき食生活は，バランスのとれた食事，とりわけ牛乳や乳製品を毎日継続的に摂取することが基本といえる。牛乳，ヨーグルト，チーズは高齢者では不足傾向にあり，それ故に摂取が必要とされている良質なタンパク質やカルシウムを補うことができる。しかしながら，牛乳や乳製品の継続的摂取が困難な場合には，高齢者のQOL改善につながる食品成分を強化した食品を摂取していくことを考えなければならない。ここでは乳タンパク質を中心に高齢者食品として期待される効果について紹介したい。

1.1.1　骨の代謝機能維持に関わる乳塩基性タンパク質（MBP[®]）

　高齢者に顕著に表れる身体的変化の一つに骨の老化がある。骨の成長は思春期までにほぼ完成するとされており，骨芽細胞（骨形成）と破骨細胞（骨吸収）の働きによる骨のリモデリングといわれる骨代謝によって骨の健康が維持されている。しかし，老化，運動負荷の減少，あるいは栄養摂取バランスの変化により骨代謝バランスが変化し，破骨細胞の作用が骨芽細胞よりも相対的に優位になると骨密度の低下，さらには骨粗鬆症を起こす原因となる。

　乳は哺乳類が生まれて最初に口にする食べ物であり，生きていくためのエネルギー源だけでなく成長に関わる栄養素と様々な生理活性成分が含まれている。骨の材料となるタンパク質，カルシウムといった栄養素を多く含むだけでなく，骨の形成を促す生理活性成分である乳塩基性タンパク質（MBP[®]；Milk Basic Protein）が含まれており，乳は骨に関わる栄養成分と生理機能成分を同時に摂取できる食品といえる。

---

　[*] Kaoru Sato　雪印メグミルク㈱　ミルクサイエンス研究所　主幹

第5章　高齢者向け食品素材

　MBP®は塩基性アミノ酸を多く含んだタンパク質であり，カチオン交換樹脂に吸着するタンパク質群である。牛乳1本分にあたる200 mlに約10 mg程度含まれている。MBP®の骨に対する効果は，骨芽細胞および破骨細胞の両方に作用することを細胞試験で明らかにしている。図1は株化骨芽細胞培養系にMBP®を添加した場合，濃度依存的に増殖を促進し，Ⅰ型コラーゲン産生も促進することを示している。また，破骨細胞と象牙片の培養系にMBP®を添加すると，骨吸収窩といわれる破骨細胞の作用で形成される穴の数と大きさが抑制された。（図2）骨粗鬆症モデルである卵巣摘出加齢ラットを用いた動物試験においてもMBP®を摂取することで大腿骨の骨密度低下が有意に抑制されることが示された[2]。

　ヒトに対するMBP®の効果については，あらゆる年齢層で骨代謝改善作用が確認されている[3]。成人男性30名（年齢36.2±8.5歳；平均±標準偏差）に対して300 mg/日の経口摂取試験では，摂取16日後に骨形成マーカーである血清オステオカルシン濃度の増加と骨吸収マーカーであるⅠ型コラーゲン架橋N末端テロペプチド（NTx）の尿中排泄量が有意に減少することが示され

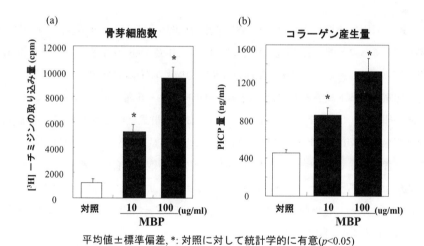

平均値±標準偏差，*: 対照に対して統計学的に有意($p<0.05$)

文献2より作図

図1　骨芽細胞に対するMBP®の効果[2]

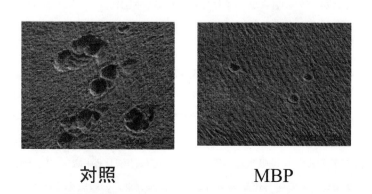

図2　破骨細胞に対するMBP®の効果[2]

高齢者用食品の開発と展望

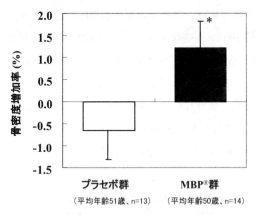
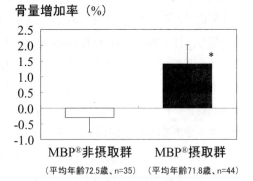

図3　更年期女性におけるMBP®の効果（腰椎）[5]　　図4　高齢者におけるMBP®の骨量増加効果[6]

た。これらは，MBP®摂取後の16日目において正の相関を示したことから骨のリモデリングを維持・改善しているものと考えられる。成人女性33名（年齢28.8±8.7歳）に対する40 mg/日のMBP®摂取試験では，摂取6ヶ月後に左踵の骨密度増加率が有意に高いことが明らかになった[4]。

高齢者を想定したヒト試験としては，32名の更年期女性（年齢50.5±3.0歳）に対する6ヶ月間のMBP®摂取試験（MBP®摂取量40 mg/日），および群馬県中之条町の65～86歳（平均72歳）の健常高齢女性79名による1年間のMBP®市販飲料試験（MBP®摂取量40 mg/日）の報告がある。前者の試験では腰椎の骨密度増加率はMBP®摂取群で有意に高くなること[5]（図3），後者の試験では骨吸収マーカーのNTxおよびデオキシピリジノリンにおいてMBP®摂取群で有意に低い値，すなわち骨吸収抑制を示し，踵骨の骨密度と相関のある音響的骨評価値（OSI）の改善を明らかにした[6]（図4）。

このようにMBP®は，骨代謝に有効に作用する乳タンパク質素材であるが，様々な機能性タンパク質から構成されており，個々の成分について骨芽細胞，破骨細胞の増殖，分化，機能制御に関わっていることが徐々に明らかにされてきている。MBP®に含まれる複数の有効成分が協奏的に作用することで様々な要因で起きる骨密度低下，骨粗鬆症に有効に作用すると考えられ，特定保健用食品はじめ乳飲料などの様々な食品に使用されている。

1.1.2　カルシウムの吸収を促すカゼインホスホペプチド（CPP）

カゼインホスホペプチド（CPP）はリン酸を多く含むペプチドであり，牛乳中のカゼインが消化酵素で分解された際のオリゴペプチド中に存在している。CPP中のセリン残基がリン酸化されていることが特徴であり，リン酸基の陰イオンによってカルシウムとイオン結合することが可能である。CPPのカルシウム吸収促進効果については，消化過程でのリン酸カルシウム沈殿生成を抑制し，カルシウムの可溶化を高めることでカルシウムの吸収を促進すると考えられている[7]。このCPPによるカルシウム吸収効果は，飼料中のカルシウム含量が0.35％と低い場合は

第 5 章　高齢者向け食品素材

顕著であるが,十分な量のカルシウム含量（0.6%）がある場合認められない[8]。一方,大谷らは[9]性ホルモン分泌障害を誘発させたマウスの実験においてマウス大腿骨における海綿骨および皮質骨密度が増加することを報告している。

CPP は食品素材として市販されているが,牛乳を摂取すれば消化酵素の作用でカゼインから生成することも知られている。また,長期間熟成させたチーズにも CPP が存在している[10]。高齢者が牛乳・乳製品を摂取し,乳中のカルシウムを CPP により,効率的に吸収することから,牛乳,乳製品は高齢者の食生活にとって不可欠の存在といえる。

1.1.3　筋肉代謝・合成に関わるホエイタンパク質・ホエイペプチド

筋肉の量,強度,機能の損失を伴う筋肉減少症（サルコペニア,Sarcopenia）は高齢者にとって一般的な疾患であり,高齢期の転倒・骨折・寝たきりなどの原因になっていると考えられている。高齢者が健康で自立した生活を送るためにも骨だけでなく筋肉の量と質を維持しておく必要がある。

その予防として一般的に筋力トレーニングによる運動と筋肉形成に必要な栄養素,すなわちタンパク質の摂取が重要と考えられている。

筋肉中のタンパク質を構成するアミノ酸のうち 1/3 以上が分岐鎖アミノ酸（BCAA,Branched Chain Amino Acid）といわれるバリン,ロイシン,イソロイシンからなっている。これらは運動時のエネルギー源となるだけでなく,筋肉タンパク質の合成促進に関わることが知られている[11～14]。

食品タンパク質の中でホエイタンパク質は 20% 以上の BCAA を含むことから天然の最適な BCAA 供給源と考えられる。ホエイタンパク質は,牛乳から主にチーズ製造時の酸処理やレンネット処理によってチーズカードを生成させた際の上澄みに含まれるタンパク質である。近年の膜や樹脂の分離分画技術の進歩により,タンパク質含有量を高めたホエイタンパク質素材が供給されている。ホエイをそのまま濃縮したホエイパウダー,膜濃縮によってタンパク質含量を 34～90% に高めたホエイタンパク質濃縮物（WPC）やイオン交換樹脂によりさらにホエイタンパク質を精製したホエイタンパク質分離物（WPI）がある。それらの一般組成を表 1 に示す[15]。ホエイタンパク質素材はその高い栄養価値から幅広く利用されているが,熱に対してゲル化するなどの物理化学的特性も有することから飲料などに応用する場合,タンパク質分解酵素で分解したホエイペプチド素材も有用である。表 2 にホエイペプチドのアミノ酸組成を示す。BCAA を 20%

表 1　ホエイタンパク質素材の種類と組成[15]

成　分	WPC35	WPC80	WPI
タンパク質（%；乾燥重量）	35.3	78.7	90.9
水分（%）	3.7	4.3	4.8
乳糖（%）	52.3	4.9	1.5
脂質（%）	3.3	6.4	0.9
灰分（%）	5.8	4.0	2.7

表2 ホエイペプチド素材の成分組成*

成　分	ホエイペプチド
タンパク質（％；乾燥重量）	80.1
水分（％）	3.8
乳糖（％）	10.5
脂質（％）	0.1
灰分（％）	5.5
［構成アミノ酸］（％；アミノ酸組成比）	
アスパラギン酸	10.8
トレオニン	4.9
セリン	4.5
グルタミン酸	17.8
プロリン	5.2
グリシン	1.8
アラニン	4.8
バリン	5.3
シスチン	2.7
メチオニン	1.7
イソロイシン	5.5
ロイシン	11.5
チロシン	3.4
フェニルアラニン	3.6
リジン	10.0
ヒスチジン	2.2
トリプトファン	1.4
アルギニン	2.9
BCAA含量（％）	22.3

*当社ホエイペプチド分析値

以上含み，膜分離処理により吸収性にすぐれたジペプチド，トリペプチドを豊富に含んだ素材も市販されている。

　ホエイタンパク質やホエイペプチド摂取による筋肉タンパク質合成に及ぼす影響については多くの報告がある。Tangら[16]によるとホエイタンパク質分解物は，大豆タンパク質やカゼインタンパク質よりも血中アミノ酸を増加させ，筋肉合成を高める。ヒトを対象としたタンパク質やペプチド摂取による筋肉合成に関する研究の多くは，レジスタントあるいは持久力トレーニングを伴った報告が多い。Hartmanら[17]の研究では56名の健常男性を対象にレジスタントトレーニング後に脱脂乳あるいは豆乳摂取した場合の筋肉合成の効果を調べている。マルトデキストリンを摂取したコントロール群と比較して脱脂乳摂取群において筋肉繊維の増加が認められ，体脂肪率が低下した。牛乳摂取の効果は女性においても同様であった[18]。レジスタントトレーニング後にカゼインタンパク質とホエイタンパク質を摂取した場合，ホエイタンパク質摂取群のほうが筋肉

第 5 章　高齢者向け食品素材

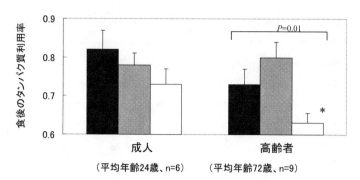

■：ロイシン量をカゼインに合わせたホエイタンパク質摂取群
▨：窒素含量をカゼインに合わせたホエイタンパク質摂取群
□：カゼイン摂取群

高齢者においてカゼイン摂取群に対してホエイタンパク質摂取群が
統計学的に有意(p=0.01)
＊：カゼイン摂取において成人と高齢者で統計学的に有意 (p<0.05)
文献21より作図

図5　成人および高齢者における食後のタンパク質利用率[21]

の増加，脂肪の減少，筋力の増加が顕著であることが Cribb ら[19]の研究で報告されている。

　高齢者を対象とした研究としては，Mojtahedi ら[20]の報告がある。65.2±4.6 歳の肥満女性 31 名に，カロリー制限下で 1 日 50 g のホエイタンパク質及びマルトデキストリンを 6 ヶ月摂取させたところ，ホエイタンパク質摂取群で筋肉を維持しながら体重減少が可能であることを示した。また，Dangin[21]らは，カゼインタンパク質とホエイタンパク質摂取の違いがタンパク質代謝に及ぼす影響を報告している。9 名の健康な高齢者（72±1 歳）において，カゼインタンパク質よりもホエイタンパク質のほうが高いタンパク質合成活性を示すことが述べられている。(図5)

　以上の知見からホエイタンパク質やその分解物であるホエイペプチドは体内へのアミノ酸の吸収，筋肉への利用の面で食品タンパク質の中で最も優れた素材であるといえる。

1.1.4　体内水分保持に有効な乳タンパク質

　近年の地球温暖化の影響とも思われる夏場の猛暑と東日本大震災に起因する夏期電力需給対策における節電の取り組みにより，年々熱中症による救急搬送患者の増加がクローズアップされている。熱中症は，最悪の場合死に至ることから厚生労働省では毎年注意を呼びかけている。2010 年は，熱中症の死亡者数が 1718 名となり，53,843 名が救急搬送されている。全死亡者数の約 8 割（79.3％）が 65 歳以上となっており，年齢が上昇すると死亡率が上昇する傾向にある[22,23]。

　熱中症の対策として厚生労働省では継続的な水分補給と塩分の摂取を推奨している。スポーツドリンクも推奨しているが，必ずしも十分ではないことを示唆する報告がある。

　Shirreffs らの研究[24]では気温 35±0.5℃，湿度 56±7％の環境下で自転車によるトレーニングを実施し，その後低脂肪乳を摂取した場合の体内水分保持効果をスポーツドリンク摂取と比較している。24±4 歳の健常者 11 名による知見ではあるが，興味深いことに低脂肪乳を摂取した

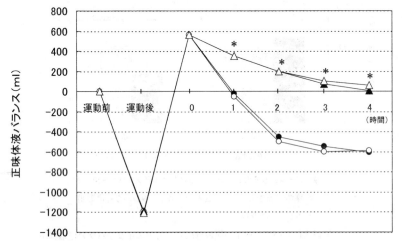

●:水摂取群；○:スポーツドリンク摂取群；▲:低脂肪乳摂取群；△:低脂肪乳+20mMNaCl
摂取群 （飲料は運動終了20分後に摂取）

ボランティア数：11名（平均年齢24±4歳）

摂取量：運動による損失量の150%を摂取

＊：低脂肪乳摂取群および低脂肪乳+Na摂取群は、水摂取群、スポーツドリンク摂取群に対
して統計学的に有意($p<0.05$)

文献24より作図

図6　運動前後の正味体液バランスの経時変化[24]

ほうが尿や汗で失われる水分が抑えられ，最終的な体液バランスはポジティブとなった。一方，スポーツドリンク摂取の場合，尿や汗としての排泄量が多く，逆に体液バランスはマイナスとなることが分かった（図6）。

また，Okazakiら[25]は，68±2歳の健康高齢者8名に自転車による高負荷のインターバル運動を実施し，その後ホエイタンパク質10gと砂糖31gを摂取させたところ，血漿中のアルブミン量と血漿量が増加することを報告している。血漿中のアルブミン増加は，血液を正常に循環させるための浸透圧維持として働き，その結果血漿量が増加し運動時の体温調節を改善することを意味している。

このように高齢者が運動や炎天下での失われた水分や塩分を効率的に補給・保持するためには，低脂肪乳あるいはホエイタンパク質を含む乳タンパク質を積極的に摂ることが重要であるといえる。

第5章　高齢者向け食品素材

文　　献

1) 平成23年版　厚生労働白書　社会保障の検証と展望, p.1, 厚生労働省（2011）
2) Y. Toba *et al*, *Bone*, **27**, 403（2000）
3) Y. Toba *et al*, *Biosci. Biotechnol. Biochem.*, **65**(6), 1353（2001）
4) S., Aoe *et al*, *Biosci. Biotechnol. Biochem.*, **65**(4), 913（2001）
5) S., Aoe *et al*, *Osteoporos. Int.* **16**(12), 2123（2005）
6) Y., Aoyagi *et al*, *Int. Dairy J.*, **20**, 724（2010）
7) 内藤博, 日本栄養・食糧学会誌, **39**, 433（1986）
8) 李連淑, 日本栄養・食糧学会誌, **45**, 333（1992）
9) J., Ohtani *et al*, *Functional Food*, **4**(3), 267（2011）
10) T.K., Singh *et al*, *J. Dairy Res.*, **64**, 433（1997）
11) A.E., Harper *et al*, *Ann. Rev. Nutr.*, **4**, 409（1984）
12) R., Koopman *et al*, *Am. J. Physiol. Endocrinol. Metab.*, **288**, E645（2005）
13) E.S., Blomstrand *et al*, *J. Nutr.*, **136**, 269S（2006）
14) L.E., Norton *et al*, *J. Nutr.*, **136**, 533S（2006）
15) J.W. Fuquay *et al*, "Encyclopedia of Dairy Science" SECOND EDITION, p.873, Elsevier（2011）
16) J.E., Tang *et al*, *J. Appl. Physiol.*, **107**, 987（2009）
17) J.W., Hartman *et al*, *Am. J. Clin. Nutr.*, **86**, 373（2007）
18) A.R., Josse *et al*, *Med. Sci. Sports Exerc.*, **42**(6), 1122（2010）
19) P.J., Cribb *et al*, *Int. J. Sport Nutr. Exerc. Metab.*, **16**, 494（2006）
20) M.C., Mojtahedi *et al*, *J. Gerontol. A. Biol. Sci. Med. Sci.*, **66**(11), 1218（2011）
21) M. Dangin *et al*, *J. Physiol.*, **549**(2), 635（2003）
22) 厚生労働省HP; http://www.mhlw.go.jp/stf/houdou/2r9852000001g7ag.html　平成22年の熱中症による死亡者数について
23) 消防庁HP; http://www.fdma.go.jp/neuter/topics/houdou/2310/231021_1houdou/01_01.pdf　平成23年夏期（7月～9月）の熱中症による救急搬送状況
24) S.M., Shirreffs *et al*, *Br. J. Nutr.*, **98**, 173（2007）
25) K. Okazaki *et al*, *J. Appl. Physiol.*, **107**, 770（2009）

1.2 大豆タンパク質

河野光登*

1.2.1 はじめに

　日本が今や「超高齢化社会」に突入し，今後さらに加速度的に超々高齢化社会，超々々高齢化社会へ突き進んでいくことは，国立社会保障・人口問題研究所による「日本の将来推計人口」（平成24年1月30日公表資料）に詳しく示されている。

　超高齢化社会を構成する高齢者の多くは，何かしらの疾患を抱えている。高齢者の抱える慢性的な疾患は栄養と深く関わっていると言われている。従って高齢者の慢性的な疾患の予防や進行の抑制には，いかに適切に栄養管理するかが重要な課題である。栄養管理には，栄養過多による肥満や生活習慣病に対する管理と，栄養不良による低栄養に対する管理の両面がある。このうち後者は後期高齢者，特に虚弱高齢者に対して大切な管理と言われている。

　本稿では，三大栄養素のひとつであるタンパク質の中でも「畑のお肉」と言われる大豆タンパク質について，大豆タンパク質の高齢者栄養における意義を述べることとする。

1.2.2 大豆タンパク質の栄養価

　タンパク質の構成単位はアミノ酸であり，これがペプチド結合によってつながったものがペプチドと呼ばれ，さらにそれが長く連なり，一般にはアミノ酸が数十個以上つながったものがタンパク質と呼ばれる。

　タンパク質の栄養価を表す指標はいくつか知られているが，その中のひとつにアミノ酸スコアがある。アミノ酸の中には，人間の体内で生合成できず食事からの栄養分として摂取しなければならないものがある。そのようなアミノ酸は「必須アミノ酸」と呼ばれ，BCAA (Blanched chain amino acids；分岐鎖アミノ酸／リジン，ロイシン，イソロイシン）をはじめ9種類あり，これらをバランスよく摂取しなければならないとされている。この必須アミノ酸については人間の身体活動において必要な量が定められ，そのアミノ酸量に対して対象となるタンパク質の必須アミノ酸の含有量とから算出されたものがアミノ酸スコアである。必須アミノ酸をバランスよく含有し，その量が身体活動に必要とされる量をすべて満たしていれば，そのタンパク質のアミノ酸スコアは満点＝100である。タンパク質中にひとつでも量的に不足している必須アミノ酸があれば，そのアミノ酸の必要量に対する含有量の百分率値がそのタンパク質のアミノ酸スコアとなる。

　1973年にFAO/WHOは主に動物試験の結果から演繹したヒトの身体活動に必要と考えられる必須アミノ酸の数値を基に，様々なタンパク質のアミノ酸スコアを発表した。当時大豆タンパク質は，この必要量からの算出法では含硫アミノ酸が不足しているとされ，アミノ酸スコアは86とされた。その後動物試験の結果からの必要量設定は正確なヒトでの必要量が反映できていないとの考えより，実際にヒトによる試験が行われ，その結果に基づき各必須アミノ酸の必要量が再計算された。その成果を受けて1985年にFAO/WHOはアミノ酸スコアを改定し，大豆タ

---

*　Mitsutaka Kohno　不二製油㈱　つくば研究開発センター　フードサイエンス研究所
　　主席研究員

第5章 高齢者向け食品素材

ンパク質は含硫アミノ酸もヒトにおいては十分量との判断からアミノ酸スコアは100と訂正された。含硫アミノ酸は体毛生成の際に必要とされるアミノ酸で、ラットのようなげっ歯類ではヒトに比べて必要量がかなり多いためにこのような訂正が必要になったものと考えられている。1989年には再度検討会が開かれ、1985年の大豆タンパク質のアミノ酸スコア＝100の妥当性が再確認された。その後も改定が加えられ、2007年の最新のアミノ酸必要量の報告をもとに計算しても大豆タンパク質のアミノ酸スコアは100である（図1）。

この評価方法はタンパク質を構成するアミノ酸から計算だけで算出するのであり、タンパク質は口に入れてから消化管内で消化酵素によって分解されてから栄養素としての効果を発揮するものであり、消化を受けやすいか受けにくいかで栄養価は大きく変わってしまう。そこで新しいタンパク質栄養評価方法として、タンパク質の消化吸収性を加味した「タンパク質消化吸収率補正アミノ酸スコア（PDCAAS）」が提案された。この評価法においても大豆タンパク質は、牛乳（カゼイン）や卵（卵白）のタンパク質と同様、スコア1.00の満点であると報告された（図2）。

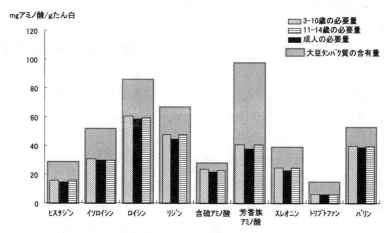

図1 世代別に必要とされる必須アミノ酸量と大豆タンパク質の必須アミノ酸含有量

Protein and Amino Acid Requirements in Human Nutrition, WHO Technical Report Series 935, 2007 および 五訂食品成分表 2001 女子栄養大学出版部

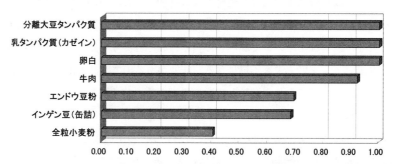

図2 各種タンパク質のタンパク質消化吸収率補正アミノ酸スコア（PDCAAS）

Protein Quality Evaluation. Report of the Joint FAO/WHO Expert Consultation. FAO/WHO, 1989.

このほかのタンパク質の評価法の結果なども含め，一般的に動物性タンパク質は高栄養，植物性タンパク質は低栄養と認識されており，植物性タンパク質は栄養価が劣っていると考えられている。実際図2に示されるように大豆タンパク質以外の豆類や小麦のタンパク質のアミノ酸スコアは低い。しかし植物性タンパク質のひとつである大豆タンパク質は，構成するアミノ酸単位で見た栄養価が消化吸収性を加味したとしても動物性のものと同じ高栄養のタンパク質であると言える。大豆タンパク質が「畑のお肉」と称される所以とも考えられる。

身体におけるタンパク質栄養の過不足を示す指標が血清アルブミンとされている[1]。高齢者における低栄養状態の見極めとその改善のためには，この血清アルブミン値をいかに高値で維持させるかが大切とされている。そのためにはアミノ酸バランスのよいタンパク質の摂取が必要である。その意味で高齢者においては摂取量が低下しがちな肉や卵の摂取をより積極的に勧められる。ただ高齢になると，脂っこい肉を毎日食べるのは栄養状態が改善できても精神的に負担になるのではと考えられる。そこで植物性ではあるがアミノ酸バランスのよい「畑のお肉＝大豆タンパク質」を食生活に積極的に取り入れることで精神的な負担なく，高栄養状態を維持できるものと考えられる。

1.2.3 大豆タンパク質の生理機能（その1）－メタボ，脂質異常，高血糖の改善効果－

日本人のメタボリックシンドローム，脂質異常症，糖尿病といった病態の状況は，毎年厚生労働省より「国民健康・栄養調査報告」として発表されている。平成23年10月に発表された「平成21年度国民健康・栄養調査報告」によると，65歳-74歳男性の60％にメタボあるいはその疑いがあり，40％に糖尿病あるいはその疑い，30％に脂質異常症の疑いがあるとされている。女性についてもそれぞれその疑いのある者も含めると，メタボが26％，糖尿病が37％，脂質異常症が30％と報告されている。75歳以上の高齢者においても，男性のメタボが40％，糖尿病が45％，脂質異常症が27％，女性でも順に28％，37％，33％と高い数値で報告されている。メタボさらにはメタボに起因する生活習慣病は，中年に限られるものではないのである。これら病態に対しては中年のうちに十分な対策を施しておくことは言うまでもないが，高齢者においてもこの病態を改善することは大変重要な課題である。

これら病態の予防改善の基本は適度な運動と栄養管理である。いかに無駄な脂肪を減らし，除脂肪量＝骨格および筋肉をつけるかにある。そのためには中年においては，過剰な食事量の制限がスタートとなるが，それをそのまま高齢者に当てはめてしまうと，いわゆる「粗食」という間違った考え方に陥ってしまい，栄養不足になる可能性があるので注意が必要である。その意味でも前項で述べたように，バランスの取れた良質の食事をしっかり摂る栄養管理が大切である。

大豆タンパク質は，メタボや生活習慣病の予防改善に有効な生理機能を有したタンパク質である。大豆タンパク質にはこれら病態に対する予防改善効果が多く報告されている。そのひとつが，血中のコレステロールや中性脂肪といった脂質異常改善効果である（図3）[2]。これら研究成果を受けて米国FDA（アメリカ食品医薬品局）は，一日25ｇの大豆タンパク質摂取が心臓病のリスクを低減する旨のヘルスクレームの表示を認めている[3]。さらにわが国でも一日6-9ｇの大

第5章　高齢者向け食品素材

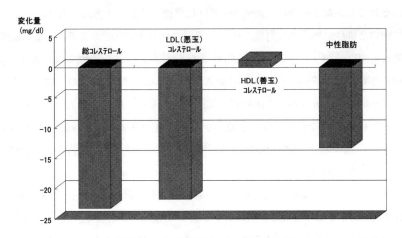

図3　大豆タンパク質の脂質異常改善効果
Anderson JW *et al. New Engl. J. Med.*, **333**, 276（1995）
　　・38件の臨床試験のメタ解析
　　・対象総数：730人
　　・摂取量（平均）：47 g/日

豆タンパク質の摂取で，軽度の高コレステロール血症のコレステロール値が低下正常化するとの研究成果より，「コレステロールの気になる方に」とのヘルスクレームを謳った特定保健用食品が数多く許可されている。

　大豆タンパク質の約20％を占める主要構成成分にβ-コングリシニンと呼ばれるタンパク質がある[4]。大豆タンパク質の各構成タンパク質の生理機能について，乳タンパク質であるカゼインを比較対照とした研究の結果，大豆タンパク質において乳タンパク質に対して脂質異常改善効果が認められ，さらにこのβ-コングリシニンと呼ばれるタンパク質には脂質異常改善効果の中でも中性脂肪低下効果が特化していることが明らかになった[5]。この成果により一日2.3-4.6gのβ-コングリシニンの摂取により特定保健用食品として「中性脂肪の気になる方に」との表示が許可されている。このβ-コングリシニンには内臓脂肪の低下効果も認められ[5]，これら効果がメタボ発現の根本原因とされるインスリン抵抗性惹起に対する改善効果，すなわちインスリン感受性向上にあると報告されている[6]。このように大豆タンパク質は内臓脂肪の蓄積を抑えインスリン感受性を維持することで，メタボの発症を押さえる働きがある優れたタンパク質である。

1.2.4　大豆タンパク質の生理機能（その2）－腎機能低下予防効果－

　メタボ，糖尿病，脂質異常症と並んで深刻な問題が慢性腎臓病（CKD）である。日本腎臓学会から報告されている「CKD診断ガイドライン2009」によると，腎臓糸球体からの老廃物ろ過能力（GFR）が低下した病期ステージ3-5のCKDとされる者は約1,098万人いるとされている。このGFRに基づく診断基準によると，高齢者におけるCKDの頻度は65-74歳男性で15％，女性で12％，75歳以上になると男女ともに30％を超える（平成21年度国民健康・栄養調査報告）。このGFRは加齢とともに低下するので，この診断基準で高齢者を評価するには問題

があるが,それでもかなりの数の高齢者がCKDに罹患していると考えられる。

また糖尿病の合併症に糖尿病性腎症と呼ばれる腎機能低下の病態がある。これは透析治療が必要な腎症患者の40%近くの原因とされる病態である(図4)。透析治療では患者は一日数時間もベッドに拘束され,それを週に何度も繰り返さなければならず,QOLの大幅な低下を強いる治療であり,さらにこの透析にかかる医療費は年間1兆円を超え国民の多大な経済負担を強いるものである。糖尿病性腎症については,血糖値が高値なⅡ型糖尿病の半数近い42%が罹患しているとの報告がある[7]。つまり透析治療に至る可能性をもった潜在的な腎機能低下者が,かなりの数に上るということである。

腎機能が低下した場合の食事では,タンパク質の摂取量には留意する必要があるとされている。日本腎臓病学会が設定した「慢性腎臓病に対する食事療法基準2007年版」では,CKDの各ステージに応じたタンパク質摂取量が定められている。さらにCKDのステージが進行した患者向けには,低タンパク質食品(通常の同種食品のタンパク質含量の30%以下のタンパク質含量に制限した食品)と呼ばれる病者用食品が,特別用途食品として定められている。このように腎機能低下におけるタンパク質の量的管理は,病態の進行抑制においては重要な課題とされている。ただ一方で,厳格なタンパク質量制限が腎機能低下抑制,あるいは改善に対して効果が認められないとの報告もある[8,9]。このように腎機能低下時のタンパク質摂取の量的な管理については議論が進んでいるが,考えなければならないのは摂取するタンパク質の質的管理である。腎機能に対して少しでも有用な腎臓に優しいタンパク質の選択が必要である。

腎機能に対する大豆タンパク質の効果であるが,動物試験としては肥満ラット(Zucker fatty)を用い,乳タンパク質であるカゼインを比較対照とした尿タンパクの上昇抑制効果や[10],Ⅱ型糖尿病患者を対象とし,食事中の動物性タンパク質の半量を大豆タンパク質に置き換えた4

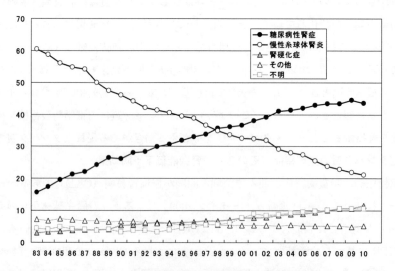

図4 年別透析導入患者の主要原疾患の推移
わが国の慢性透析療法の現況 2010年12月31日現在 社)日本透析医学会 統計調査委員会

第 5 章　高齢者向け食品素材

年間にわたる継続摂取試験での空腹時血糖値や尿タンパクの低下効果が報告されている[11]。このように大豆タンパク質は，慢性腎臓病や糖尿病性腎症の発症に伴う腎機能の低下抑制，さらには腎機能改善効果が期待できる腎臓に優しいタンパク質と言える。量的管理に充分留意した上で，大豆タンパク質の腎症患者への積極的な利用が考えられる。

1.2.5　おわりに

　高齢者の抱える慢性的な疾患に対しては栄養管理が大切であり，その栄養管理には栄養不良による低栄養に対する管理と，栄養過多による肥満や生活習慣病に対する管理がある。大豆タンパク質が，栄養不良による低栄養に対しては「畑のお肉」と称されるほどの栄養価の高いタンパク質であり，肥満や生活習慣病に対してその予防や進行の抑制に効果があることをまとめた。

　厚生労働省が平成 21 年 5 月に発表した「日本人の食事摂取基準（2010 年版）」によると，議論の余地は多いとの前提はあるが，高齢者のタンパク質の推定平均必要量は 0.85 g/kg 体重/日と報告された。高齢者のタンパク質摂取量は平均すると 1.1 〜 1.2 g/kg 体重/日と十分満ち足りている。高齢者の良好な栄養状態の指標である血清アルブミン値を高値で維持するためには，さらにもう少し多量のタンパク質摂取が必要との意見もある。

　今後の高齢者栄養におけるタンパク質に関しては，栄養状態維持のための量の議論と，健康状態維持のための質の議論が必要で，その議論における大豆タンパク質の意義は大きいと考える。

文　献

1) 熊谷修ほか, 日本公衆衛生雑誌, **49** (suppl), 776 (2002)
2) J.W.Anderson *et al*, *N. Eng. J. Med.*, **333**, 276 (1995)
3) Food and Drug Administration, *Fed. Regist*, **64**, 57699 (1999)
4) M.Samoto *et al*, *Food Chemistry*, **102**, 317 (2007)
5) M.Kohno *et al*, *J. Atheroscler Thromb*, **13**, 247 (2006)
6) N.Tachibana *et al*, *Biosci Biotechnol Biochem*, **74** (6), 1250 (2010)
7) H.Yokoyama *et al*, *Diabetes Care*, **30** (4), 989 (2007)
8) 古家大祐ほか, 日本病態栄養学会誌, **9** (4), 412 (2006)
9) Y.Pan *et al*, *Am. J. Clin. Nutr.*, **88** (3), 660 (2008)
10) M.Asanoma *et al*, *J. Agric. Food Chem.*, in press (2012)
11) L.Azadbakht *et al*, *Diabetes Care*, **31** (4), 648 (2008)

1.3 コラーゲンペプチド

小泉聖子[*1]，土屋大輔[*2]，井上直樹[*3]，杉原富人[*4]

1.3.1 はじめに

今日の超高齢社会では，高齢者が病気や怪我などにより長期入院もしくは自宅での長期療養を強いられる事例が増えている。寝たきりになると自力での体位変換が困難となり，加えて低栄養状態になると褥瘡を発症しやすくなる。

褥瘡発症後の処置としては創傷部の洗浄・保護，湿潤環境の維持など慢性化を防ぐことを目的としたものが多い。また，褥瘡の治癒促進のための対策としては栄養管理の徹底や一部サプリメントによる栄養素の補給が主流である。例えば，タンパク質の補給では構成される必須アミノ酸量が議論となり，栄養学的視点で論じられている。

本稿で紹介するコラーゲンペプチド（以下，CP）は，アミノ酸補給が目的ではなく機能性素材として褥瘡改善に寄与することを期待し開発された。機能性素材のCPに関して1.3.2～1.3.4では，経口摂取後の吸収動態と褥瘡への効果，さらにそのメカニズムについて現段階での到達点を紹介する。1.3.5では，理想的なアミノ酸スコアに基づいた経腸栄養剤への応用を紹介する。

1.3.2 コラーゲンペプチドの吸収について

CPを経口摂取すると，ヒト血中でヒドロキシプロリン（Hyp）を含むCP由来のジペプチドやトリペプチドが検出されることが既に報告されている[1,2]。本稿で紹介するCP（コラペプPU，新田ゼラチン社製）は豚皮由来，平均分子量1300，かつプロリルヒドロキシプロリン（Pro-Hyp）およびヒドロキシプロリルグリシン（Hyp-Gly）などのジペプチドを多く含有していることを特徴としている。CP摂取後の血中へ移行するペプチドの動態を解明することを目的として，社内ボランティア男性5名を被験者とし，吸収試験を実施した。本CPを8g摂取後，0，0.5，1，2，4時間と経時的に静脈血を採取し，コラーゲン配列に多いペプチド態であるPro-Hyp，Hyp-Gly，およびトリペプチドであるプロリルヒドロキシプロリルグリシン（Pro-Hyp-Gly），グリシルプロリルヒドロキシプロリン（Gly-Pro-Hyp）を測定した。その結果，主としてPro-Hyp，次にHyp-Glyがヒト血中に多く移行していることを確認した[3]。Pro-Hypの吸収挙動では摂取後，約1時間で最高血中濃度に到達し，その後，緩やかに減少した（図1）。さらに，ラットを用いた実験では，Pro-Hypは血流に乗り摂取後30分程度で皮膚真皮に到達することも報告されている[4]。

一方，Pro-Hypの細胞への生理的機能としては，線維芽細胞を呼び集める走化性[5]や細胞増殖促進能[6]があること，およびヒアルロン酸産生を促す[7]ことなどが報告されている。さらにHyp-Glyは，コラーゲンゲル上で初代培養した線維芽細胞の増殖をPro-Hypよりも有意に亢

[*1] Seiko Koizumi 新田ゼラチン㈱ ペプチド開発部
[*2] Daisuke Tsuchiya 新田ゼラチン㈱ 開発部 アプリケーション・ラボ
[*3] Naoki Inoue 新田ゼラチン㈱ ペプチド開発部
[*4] Fumihito Sugihara 新田ゼラチン㈱ ペプチド開発部 マネージャー

第5章　高齢者食品向け食品素材

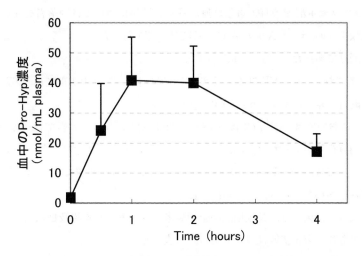

図1　Pro-Hyp のヒト静脈血中への吸収挙動

進すると報告された[8]。このように，CP 摂取後に吸収された Pro-Hyp や Hyp-Gly が損傷を受けた皮膚組織で組織修復，すなわちリモデリングを促進することが期待される。

次に述べる褥瘡治癒への CP 経口摂取の効果に対しても，上述したような吸収・移行過程を経て威力を発揮するものと考える。

1.3.3　コラペプ PU 摂取による褥瘡への効果

以下ではコラペプ PU による褥瘡患者を対象とした臨床試験の結果について解説する。CP とアミノ酸混合物を併用することで褥瘡治癒が促進されたという報告があり[9]，褥瘡患者への CP 摂取の有用性が示唆された。しかし，CP 素材そのものについて検討した報告はなく，ここでは CP 単独での効果を検証した[10]。

試験食品としてコラペプ PU，プラセボとしてマルトデキストリン（TK-16，松谷化学社製）を用いた。被験者は，Stage 2 および 3 のインド人男女の褥瘡患者 81 人に対して，コラペプ PU 摂取群（以下，CP 群）とプラセボ摂取群（以下，プラセボ群）に無作為に割付し，CP 群 40 人，プラセボ群 41 人で二重盲検試験を行った。患者は 18 歳から 70 歳であり，BMI は 18.5 以上 35.0 未満であった。また，糖尿病患者，妊婦・授乳者などは除外した。

各食品を朝，夕 5 g ずつ（10 g/日），16 週間連続摂取した。評価項目は国際評価項目である
① 　PUSH（Pressure Ulcer Scale for Healing）スコア（0〜17点；症状が悪いほど点が高い）
② 　PSST（Pressure Score Status Tool）スコア（13〜65点；症状が悪いほど点が高い）
③ 　写真撮影による創の面積（cm^2）
の 3 項目とし，摂取前の値と摂取後 16 週間後の値との差で評価した。患者は標準治療を受けながら，追加処置として試験食品を摂取することとし，栄養状態の確認は経時的な血清アルブミン量と総タンパクを指標に用いた。本試験はヘルシンキ宣言の主旨に従い，試験実施に際して被験者の文書による同意を得た。

CP群およびプラセボ群での有害事象は無かった。結果については脱落者を除いた被験者数に関して群間比較をTwo way ANOVAによる統計処理で行った。
　結果は次の通りであった。
①PUSHスコアにおいては，CP群では-5.89±1.97に対し，プラセボ群では-2.67±1.26であり，両群間で統計的有意差があった（p＜0.0001）（表1）。
②PSSTスコアにおいては，CP群では-10.49±3.79に対し，プラセボ群では-6.41±3.63であり，両群間で統計的有意差があった（p＜0.0001）。
③創の面積においては，CP群では-10.04±8.64に対し，プラセボ群では-7.85±7.63であり，両群間で統計的有意差があった（p＜0.0001）（表2）。
　また，血清成分の結果より，試験期間中全被験者の血中タンパク量及び血清アルブミン量は正常値の範囲内であり，栄養状態は良好であった（表3）。
　さらに，BMI，男女，年齢については両群間での統計的有意差はなかった。このように，前記3項目の全スコアにおいて，プラセボ群と比較してCP群では有意な改善を示した。このことは，標準治療に加えてコラペプPUを摂取することによって褥瘡治癒が促進したことを示している。

表1　PUSHスコアの推移

	摂取前	摂取後	改善度	
CP群	12.34±1.92	6.46±0.98	-5.89±1.97	P＜0.0001
プラセボ群	11.92±1.90	9.26±2.09	-2.67±1.26	

P-value；Two way ANOVA（コラペプPU改善度 VS. プラセボ改善度）
改善度；摂取後スコア-摂取前スコア

表2　創面積の推移

	摂取前	摂取後	改善度	
CP群	13.23±9.56	3.19±2.88	-10.04±8.64	P＜0.0001
プラセボ群	12.85±10.29	5.00±3.88	-7.85±7.63	

P-value；Two way ANOVA（コラペプPU改善度 VS. プラセボ改善度）
改善度；摂取後面積－摂取前面積（cm^2）

表3　血中アルブミン量および総タンパク量推移

アルブミン値（g/dL）	摂取前	摂取後
CP群	4.205±0.595	4.506±0.746[**]
プラセボ群	4.187±0.644	4.297±0.551

総タンパク量（g/dL）	摂取前	摂取後
CP群	7.236±0.556	7.448±0.886
プラセボ群	7.200±0.425	7.358±0.659

Paired t test　**$P<0.01$（摂取前 VS. 摂取後）

1.3.4　コラペプ PU の創傷治癒促進メカニズム

(1)　コラペプ PU の経口投与による創傷治癒促進メカニズム

　経口投与 CP の褥瘡治癒への効果は広義には創傷治癒に対する影響を意味している。以下ではコラペプ PU を用いたラット皮膚創傷モデルに与える影響について解説する。

　堀内らは，ラット皮膚創傷モデルを用いて，コラペプ PU あるいはミルクカゼイン（対照食）をそれぞれ 1 日 1 g 経口投与して，創傷治癒促進効果を比較した[11]。創傷治癒の初期過程においては，損傷を受けた不要な基質を分解する MMP（マトリックスプロテアーゼ）の産生が亢進するが，ミルクカゼイン群と比較してコラペプ PU 群では回復 0 日目の MMP-9 の産生量が有意に増加した。さらに，コラペプ PU 群での MMP-9 の皮膚組織における局在を確認すると，創傷部の表皮と真皮の境界部分に位置する基底膜付近で局所的に発現していた。一方，カゼイン群では MMP-9 の産生は皮膚全体に散在していた。また，回復 4 日目では両群とも，MMP-9 の産生は消失していた。

　次に，回復過程にある皮膚組織中の新生コラーゲン（NaCl 可溶性コラーゲン）の比率を測定した。その結果，回復 1 日後にカゼイン群と比較してコラペプ PU 群では新生コラーゲンの有意な上昇が見られた[12]。

　以上の結果は，経口投与したコラペプ PU が MMP-9 の産生を創傷近接で局所的に促すことで不要な基質の効率的な分解を進め，それに続いて新生コラーゲンを産生することを示している。結果的にコラペプ PU の経口投与は，皮膚組織のリモデリングと再上皮化を促進していると推察された。

(2)　Pro-Hyp の褥瘡治癒作用メカニズム

　では，Pro-Hyp を主とした CP 由来の特定ペプチドは線維芽細胞にどのようなシグナルを与え，どのようなメカニズムで創傷治癒の促進に関与しているのであろうか？

　私たちは，コラペプ PU に含有される Pro-Hyp に注目し，細胞の遺伝子発現に与える影響を in vitro 試験で検証した。正常ヒト由来線維芽細胞 NHDF（NB）（クラボウ社製）を用いて，浮遊コラーゲンゲル包埋 3 次元培養を用いて評価を行った[13]。細胞を 5×10^5 cells/mL×500 μl の濃度でゲル内に包埋し，培地には Pro-Hyp を終濃度 5 mM になるように添加した。24 時間培養後，コラゲナーゼにてゲルを分解し，細胞を採取した。細胞より total RNA を採取し，リアルタイム PCR 法により遺伝子発現量を定量した。

　その結果，Pro-Hyp は *HAS2*（ヒアルロン酸合成酵素），*STAT3*（細胞の増殖，分化，生存に関与する転写因子），*CD44*（ヒアルロン酸レセプター），*MMP-9*（マトリックスプロテアーゼ 9：ゼラチナーゼ B）および *MMP-1*（マトリックスプロテアーゼ 1：間質コラゲナーゼ）の mRNA 発現を上昇させ，他方 *RHAMM*（ヒアルロン酸レセプター）および *col1a1*（I 型コラーゲン）の mRNA 発現を抑制していることが確認された。このことは，Pro-Hyp が上流遺伝子である *STAT3* を介して *HAS2* の mRNA 発現量を亢進させると考察できた（図 2）。また，ヒアルロン酸レセプターである *CD44* の mRNA 発現量も増加しており，線維芽細胞にとってより

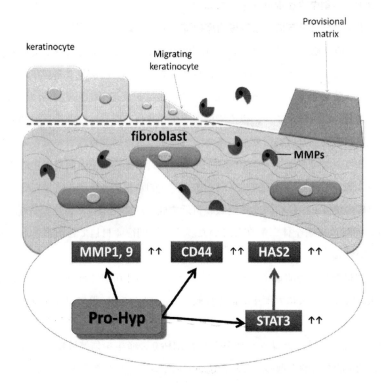

図2　創傷治癒メカニズム図

最適化された微環境を作り上げていると推察された。さらに，*MMP-9,-1* の mRNA 発現亢進は，前節で述べた創傷治癒初期過程のタンパク質レベルでの一過的 MMP-9 の産生亢進と一致した。

これらは創傷治癒の各過程において，Pro-Hyp がシグナルとして細胞に働き，ダメージを受けた皮膚組織のリモデリングに関与する遺伝子発現を調節する役割をもつことを示唆している。

1.3.5　コラペプ PU の経腸栄養剤への応用

経腸栄養剤に含まれるタンパク質は高い栄養価が求められる。しかし，コラペプ PU には必須アミノ酸が少なく，特にトリプトファンは含まれない。そのため，コラペプ PU を使用して経腸栄養剤を調製・設計する場合，栄養価の高いタンパク質と併用して摂取することが理想とされる。経腸栄養剤によく用いられるタンパク質であるカゼインナトリウムとの併用についてアミノ酸スコアの観点から述べる。

各タンパク質のアミノ酸組成は表4の通りである。コラペプ PU とカゼインナトリウムを併用する場合，コラーゲンとカゼインではタンパク質としての窒素換算係数が異なるため，窒素1gあたりに換算した。アミノ酸パターンは成人における理想的な必須アミノ酸量を示し，この値を確保できればアミノ酸スコアは100となる。トリプトファンの70mg を保つためにはコラペプ PU：カゼインナトリウムをおよそ1：4の比率で併用するとアミノ酸スコアは100を保つこと

第 5 章　高齢者食品向け食品素材

表 4　アミノ酸組成表

	アミノ酸評点パターン（mg/g・N）	アミノ酸組成		
		コラペプ PU	カゼインナトリウム	併用区
ヒスチジン	120	39	200	168
イソロイシン	180	67	363	304
ロイシン	410	161	631	538
リジン	360	239	519	463
メチオニン＋シスチン	160	50	213	180
フェニルアラニン＋チロシン	390	161	700	593
スレオニン	210	94	288	249
トリプトファン	70	0	88	70
バリン	220	144	463	181
アミノ酸スコア		0	100	100

注）学童期前（2～5 歳），FAO/WHO/UNU，1985 年の値より算定

ができる計算になる。すなわち，日本人の食事摂取基準における，70 歳以上男性のタンパク質推奨量の 60 g/日はカゼインのような栄養価の高いタンパク質を前提としているが，このうち 12 g をコラペプ PU に置き換えて摂取してもアミノ酸スコア 100 は維持できることになる。12 g/日の摂取であれば，1.3.3 で紹介したコラペプ PU の生理機能が期待される必要量 10 g/日を充分に摂取することができ，褥瘡治癒促進とアミノ酸供給の両目的を満たした経腸栄養剤の設計が可能である。

1.3.6　おわりに

CP 由来で生理機能を持つ Pro-Hyp などのペプチド分子が皮膚の細胞に直接作用し，創傷治癒の過程において損傷を受けた皮膚組織のリモデリングを遺伝子レベルで調節することが示唆された。特に褥瘡患者のように，本来の治癒が滞ってしまう環境においても，これら分子を含有するコラペプ PU の摂取が治癒促進効果を発揮することを示した。

また，経腸栄養剤としての用途については，カゼインなどの栄養価の高い素材と併用することで，本来の目的である栄養素の補給を担保した上で十分に応用できることを示した。今後，CP の褥瘡治癒促進に関わる更なるメカニズムの解明と，それを利用した様々な高齢者向け食品へ応用した商品開発が期待される。

文　　献

1) Iwai K., *et al.*, *J. Agric. Food Chem.*, **53**, 6531-6536（2005）
2) Ohara H., *et al.*, *J. Agric. Food Chem.*, **55**, 1532-1535（2007）

3) Sugihara F., *et al.*, *J. Biosci. Bioeng.*, **113**, 202-203 (2012)
4) Kawaguchi T., *et al.*, *Biol. Pharm. Bull.* (in press)
5) Postlethwaite A E., *et al.*, *Proc. Natl. Acad. Sci.* USA., **75**, 871-875 (1978)
6) Shigemura Y., *et al.*, *J. Agric. Food Chem.*, Jan 28 ; **57**(2), 444-9 (2009)
7) Ohara H., *et al.*, *J. Dermatol.*, **37**, 330-338 (2010)
8) Shigemura Y., *et al.*, *Food Chem.*, **129**, 1019-1024 (2011)
9) Lee. SK., *et al.*, *Adv. Skin Wound Care.*, **19**(2), 92-96 (2006)
10) 杉原富人ら, 日本褥瘡学会誌., **13**(3), 414 (2011)
11) 堀内恵美子ら, アミノ酸研究., **4**(2), 197 (2010)
12) 堀内恵美子ら, *Bull. College Agr. Utsunomiya Univ.*, **22**(1) (2011)
13) 小泉聖子ら, アミノ酸研究., **5**(2), 123 (2011)

2 脂肪（長鎖脂肪酸，中鎖脂肪酸）

野坂直久[*1]，関根誠史[*2]

2.1 はじめに

　脂肪は，タンパク質や炭水化物に比べて，単位重量あたりで二倍以上のエネルギーを持つ三大栄養素の一つである。一日に必要なエネルギーを摂取した上で，総エネルギーの内の20％以上25％未満を脂肪で摂取することは，高齢者の健康の維持に重要である。

　脂肪の主要な構成成分である脂肪酸は，炭素原子の数と飽和度によって分類される。炭素数による分類では，一般に短鎖脂肪酸，中鎖脂肪酸，長鎖脂肪酸の三つに分類され，炭素数が6以下の脂肪酸は短鎖脂肪酸，8〜10は中鎖脂肪酸，12以上は長鎖脂肪酸とされている。飽和度による分類では，栄養学では一般に，炭素同士の二重結合のない飽和脂肪酸と二重結合のある不飽和脂肪酸とに分けられ，不飽和脂肪酸は二重結合が一つの一価不飽和脂肪酸と二つ以上の多価不飽和脂肪酸とに，さらに多価不飽和脂肪酸は末端メチル基からの二重結合の位置によって，n-3系脂肪酸とn-6系脂肪酸とに分けられる。

　これらの各種脂肪酸は，それぞれ異なる物理化学的性質を持つ。また，脂肪の分子であるトリアシルグリセロールには，三つの脂肪酸が結合するため，それぞれの脂肪酸の結合位置によっては，同じ脂肪酸組成の脂肪でも異なる物理化学的性質を示すことがある。さらに，個々の脂肪酸は栄養学的性質も異なり，日常的に摂取量の多い長鎖脂肪酸については，その飽和度の違いによって，高齢者がそれぞれどの程度摂取することが望ましいかが定められている。

　ここでは，高齢者の咀嚼に対する食品中の油脂の役割とゲル状油脂について触れ，また，低栄養状態の高齢者に中鎖脂肪酸を摂取させたときの栄養効果を解説する。

2.2 食品中の油脂の役割とゲル状油脂による物性変化

　食べる機能が低下し，飲み込みが難しくなった高齢者の食事の調理加工として，細かく刻む，ペースト状にする，やわらかくする，トロミ調整食品を使用して食べやすくするなど，様々な方法が活用されている。これらの方法には，調理加工前と同じ量を食べた場合でも摂取エネルギーが不足する，水分や嵩の増加などの課題がある。

　一方，茹でて裏ごししたジャガイモにマヨネーズを加えるなどの方法では，主に油脂が添加されることから，摂取エネルギーの不足する懸念が少ない。また，マッシュポテトを用いた検討では，スキムミルクと油脂の添加が多いほど，硬さは低下し，飲み込みやすさは向上するなど，油脂の添加量とその効果に正の相関のある報告もある[1]。

　近年開発・市販されたゲル状油脂は，脂肪分の少ない肉や魚などの食材へ10〜20％を添加し，フードプロセッサーにより粉砕すると，食材の硬さが低下してやわらかくなるとともに，食材の

---

　*1　Naohisa Nosaka　日清オイリオグループ㈱　食用油技術部　主管
　*2　Seiji Sekine　日清オイリオグループ㈱　中央研究所

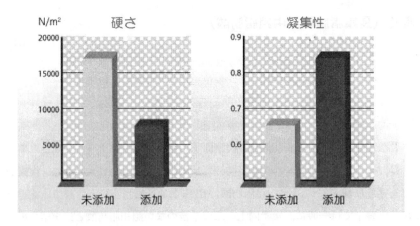

図1　卵焼きにゲル状油脂を10％添加したときの硬さ（左）と凝集性（右）の変化

凝集性が上昇してまとまりやすくなる（図1）。このゲル状油脂は，マーガリンやマヨネーズといった食品にみられる温度に依存した硬さの変化が少ないという特徴があり，概ね0〜40℃の温度範囲では硬さに大きく変化が起きないため，たとえば高齢者施設等で利用されている温冷配膳車に保管されても，その物性の変化は少ない。また，日本で日常的に摂取される植物油の一つであるキャノーラ油を主な原材料としており，不飽和脂肪酸が八割（n-3系多価不飽和脂肪酸は一割近く）含まれ，飽和脂肪酸の量は二割以下である。

2.3　中鎖脂肪酸の長期摂取による低栄養改善効果

　食品素材としての中鎖脂肪酸は，中鎖脂肪酸だけからなる中鎖脂肪酸トリアシルグリセロール（MCT）がよく知られており，油脂そのものや賦形剤を添加した粉末油脂が市販されている。

　中鎖脂肪酸は，長鎖脂肪酸に比べ，酸素消費量及び二酸化炭素排泄量から算出される食事誘発性体熱産生（DIT）が高い。健常成人男女を対象としてMCT 5 g，10 g，あるいは中鎖脂肪酸1.6 gを含む中・長鎖脂肪酸トリアシルグリセロール（MLCT）14 gを濃厚流動食の形態で単回摂取させた試験において，食後6時間までのDITの曲線下面積で長鎖脂肪酸トリアシルグリセロール（LCT）よりも有意な増大を示すことが確認されている[1,2]。

　また，熱傷など，短期的な代謝亢進状態での中鎖脂肪酸摂取によるタンパク質栄養状態の悪化抑制作用は従来から報告されてきた[4,5]。消化吸収後，肝臓に到達し素早くエネルギー源となる中鎖脂肪酸を長期摂取すると，一般的な食用油に比べて，タンパク質・エネルギー低栄養（PEM）の改善効果が誘導できると推測されるものの，長期的な低栄養状態を改善させる効果はほとんど報告されてこなかった。

　近年，ラットに低タンパク食を摂取させ，徐々に体タンパクが減少する状態にした研究報告では，MCT摂取はLCT摂取に比べ，比較的長期の栄養状態を反映する血清アルブミンの低下が抑制され，短期間の栄養状態を反映する指標である血清トランスフェリンも低下が抑制されるこ

第5章 高齢者食品向け食品素材

とが明らかとなった[6]。

また,中村ら[7]のグループは,長期療養型病院に入院しPEMのリスクを保有する比較的軽度の低栄養状態の高齢者に対し,中鎖脂肪酸を摂取させる検討を行ったところ(図2),長鎖脂肪酸に比べ,体重や血清アルブミン,他の内臓タンパクの血中濃度が改善されるなど,栄養状態の改善効果があることを明らかにした。

この研究の対象者22名(男性5名,女性17名)は,平均年齢79.4歳,平均BMI 17.5 kg/m^2,平均血清アルブミン値3.4 g/dL,平均総コレステロール157 mg/dLであった。試験開始前の1日あたり栄養摂取量は,エネルギー1,112 kcal,タンパク質48.5 g,脂質28.0 g,炭水化物164.6 gであった。11名ずつ2群に割付け,二重盲検並行群間比較試験を行った。

中鎖脂肪酸もしくは長鎖脂肪酸を6 g配合した栄養補助食品を摂取させた結果,12週間後の中鎖脂肪酸摂取群(MCFA群)の血清アルブミンの変化値は,試験開始時に比べ有意に増加し,また長鎖脂肪酸摂取群(LCFA群)に比べ有意に高値を示した(LCFA群;0.0 ± 0.2,MCFA群;0.3 ± 0.3,単位;g/dL,平均値± SD,$p < 0.05$)。血清総コレステロールについても,同様にMCFA群では試験開始時に比べ有意に増加し,LCFA群に比べ有意に高値を示した。さらに,体重はLCFA群との間に有意差はなかったものの,MCFA群のみが試験開始時に比べ有意に増加した(図3)。

MCT摂取によるアルブミン値改善メカニズムの解明については,低タンパク食を通常の六割のエネルギー量で与えて作成したPEMのラットを用いた検討がある。アルブミンは肝臓で合成されるが,その合成を促進する因子として,細胞内のシグナル伝達物質であるmTORが挙げられる。また,mTORは同じく細胞内シグナル物質であるAktによって活性化され,Aktはインスリン刺激によって活性化されると考えられている。作成したPEMのラットにMCTを摂取させると,リン酸化(活性化)したAkt,リン酸化したmTORレベルが増加するとともに,血中のインスリンの増加も確認された。つまり,MCTの摂取がインスリン分泌を促し,シグナル伝達物質である肝臓のリン酸化Akt,リン酸化mTORを増加させ,肝臓でアルブミン合成を促進

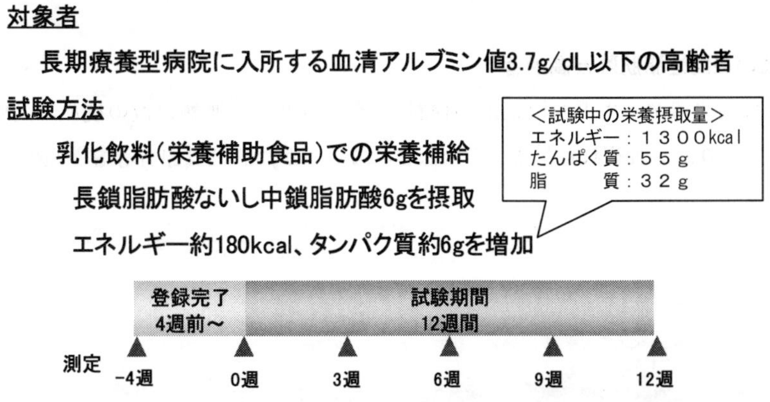

対象者
長期療養型病院に入所する血清アルブミン値3.7 g/dL以下の高齢者

試験方法
乳化飲料(栄養補助食品)での栄養補給
長鎖脂肪酸ないし中鎖脂肪酸6gを摂取
エネルギー約180 kcal、タンパク質約6gを増加

<試験中の栄養摂取量>
エネルギー:1300 kcal
たんぱく質:55 g
脂質:32 g

登録完了 4週前〜
試験期間 12週間
測定 -4週 0週 3週 6週 9週 12週

図2 高齢者へ中鎖脂肪酸を含む栄養補助食品を摂取させた検討の概要

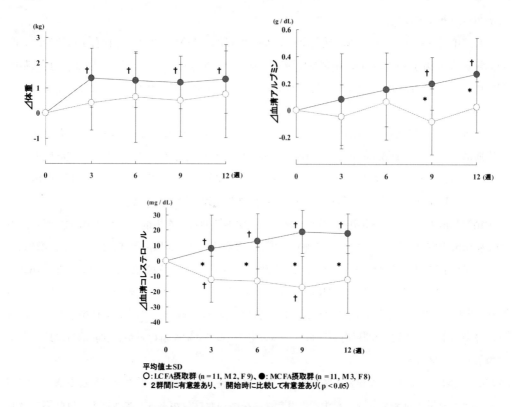

図3　中鎖脂肪酸を含む栄養補助食品を摂取させた高齢者の指標の変化
上左：体重，上右：血清アルブミン，下：総コレステロール

するという一連の経路の活性化が，MCT摂取により血中のアルブミン値を改善するメカニズムである可能性が示された[8]。

培養筋芽細胞への中鎖脂肪酸添加によるタンパク質分解経路の抑制も報告されており[9]，比較的少量の中鎖脂肪酸の摂取は単なるエネルギー補給ではなく，体内のタンパク質代謝に直接的に関与する可能性も考えられる。

2.4　その他の機能性脂肪酸と高齢者

認知機能に対するアラキドン酸摂取の検討[10,11]や共役リノール酸摂取の抗加齢効果の検討[12,13]が報告されており，それぞれ食品素材が市販されているが，詳細は原著等を参照願いたい。

第5章 高齢者食品向け食品素材

文　　献

1) 石原三妃ほか, マッシュポテトの硬さと飲み込み特性の関係, 日本家政学会誌, **51**, 481 (2000)
2) M. Kasai *et al.*, Comparison of diet-induced thermogenesis of foods containing medium- versus long- chain triacylglycerols, *J. Nutr. Sci. Vitaminol.*, **48**, 536 (2002)
3) A. Ogawa *et al.*, Dietary medium- and long-chain triacylglycerols accelerate diet-induced thermogenesis in humans, *J. Oleo Sci.*, **56**, 283 (2007)
4) A. Maiz *et al.*, Protein metabolism during total parenteral nutrition (TPN) in injured rats using medium-chain triglycerides, *Metabolism*, **33**, 901 (1984)
5) K.T. Mok *et al.*, Structured medium-chain and long-chain triglyceride emulsions are superior to physical mixtures in sparing body protein in the burned rat, *Metabolism*, **33**, 910 (1984)
6) K. Kojima *et al.*, Effect of dietary medium-chain triacylglycerol on serum albumin and nitrogen balance in malnourished rats, *J. Clin. Biochem. Nutr.*, **42**, 45 (2008)
7) 野坂直久ほか, タンパク・エネルギー低栄養 (PEM) のリスクを保有する高齢者における中鎖脂肪酸摂取が血清アルブミン値に及ぼす影響, 日本臨床栄養学会雑誌, **32**, 52 (2010)
8) 関根誠史ほか, 中鎖脂肪酸油の摂取がタンパク質-エネルギー低栄養状態 (PEM) の血中アルブミン値を改善するメカニズム, 第65回日本栄養・食糧学会大会講演要旨集, p250 (2011)
9) 関根誠史ほか, 中鎖脂肪酸がラット筋細胞のタンパク質分解因子に与える影響, 第64回日本栄養・食糧学会大会講演要旨集, p197 (2010)
10) S. Kotani *et al.*, Dietary supplementation of arachidonic and docosahexaenoic acids improves cognitive dysfunction, *Neurosci. Res.*, **56**, 159 (2006)
11) Y. Okaichi *et al.*, Effect of arachidonic acid on the spatial cognition of aged rats, *Jpn. Psychol. Res.*, **48**, 115 (2006)
12) M. Rahman *et al.*, Conjugated linoleic acid (CLA) prevents age-associated skeletal muscle loss, *Biochem. Biophys. Res. Commun.*, **383**, 513 (2009)
13) M. A. Tarnopolsky *et al.*, The potential benefits of creatine and conjugated linoleic acid as adjuncts to resistance training in older adults, *Appl. Physiol. Nutr. Metab.*, **33**, 213 (2008)

3 炭水化物

岡崎智一*

3.1 はじめに

炭水化物は，消化性の糖質と非消化性の食物繊維とに分けられる。消化性の糖質は，澱粉，デキストリン，水あめ，単糖類，二糖類などがあり，食品のエネルギー源としての利用（栄養機能），色・香・味・テクスチャーの調整（嗜好機能）の目的で使用されている。中でも澱粉に機能を付与した加工澱粉は，加工特性や流通（保存）特性も有しており，一般の加工食品のみならず，高齢者食品を設計する場合も，必要不可欠な食品素材である。また食物繊維も整腸作用・血糖調節・コレステロール低下作用（生理機能）などがあり，高齢者の健康維持に欠かせない食品素材として注目されている[1]。

本稿では，当社が扱う，消化性の澱粉およびその分解物であるデキストリン，非消化性の難消化性デキストリンの利用を中心に紹介する。

3.2 加工澱粉

澱粉は自然界の植物に蓄えられており，主な成分はグルコースが多数連結したアミロース（直鎖分子）とアミロペクチン（分岐分子）からなる。馬鈴薯澱粉，甘藷澱粉，コーンスターチ，タピオカ澱粉，米澱粉，小麦澱粉など多くの種類が流通しており，それぞれ特有の物性を持っている。例えば，馬鈴薯やタピオカなどの芋系の澱粉は糊化温度が低く，糊液の粘稠度が高い。コーンや小麦などの穀物系の澱粉は，逆に糊化温度が高く，粘稠度が低い傾向にある。

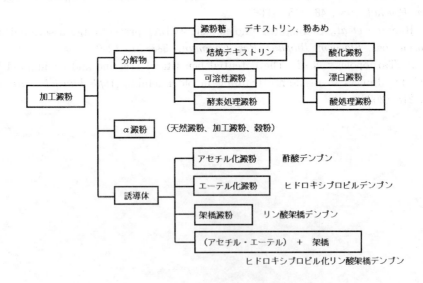

図1 加工澱粉一覧

---

* Tomokazu Okazaki 松谷化学工業㈱ 研究所 第二部 3グループ グループリーダー

第5章 高齢者食品向け食品素材

これらの澱粉を低分子化（分解物など）したり，物理変性（α化など）や化学変性（誘導体など）で，機能を持たせたものが加工澱粉である。原料澱粉の起源，加工方法，加工度を組み合わせると，非常に多くの種類があり，用途や目的によって最適な加工澱粉を選択する必要がある。主な加工澱粉を，図1に示した。

次に高齢者食品の開発に使用の多い加工澱粉について簡単に紹介する。

3.2.1 デキストリン

澱粉を酸や酵素により加水分解すると最終的にグルコースにまで分解されるが，その中間物質がデキストリンで，水に容易に溶けて，わずかな甘味を持つ。デキストリンの加水分解の程度を表す指標としてDE（Dextrose Equivalent／ブドウ糖当量）が用いられることが多く，次式で表される。

$$DE = \frac{直接還元糖（グルコースとして表示）}{全固形物} \times 100$$

これらはDE10以下をデキストリン，DE10～20をマルトデキストリン，20～40程度の粉末を粉あめと細分類することができる。

3.2.2 アルファ化澱粉

アルファ化澱粉とは，澱粉を水と加熱し，糊化後，急速に乾燥・粉末化したものである。水を加えると容易に糊液を得ることができ，様々な食品の結着剤や増粘剤として使用されている。また，穀粉を同様の行程で加工したアルファ化米粉やアルファ化小麦粉もある。

3.2.3 澱粉誘導体

澱粉は食品素材として優れた特性を有するが，未加工の場合，糊液は長期保存や冷解凍により老化し，テクスチャーの変化や離水を生じる。また，熱（例えばレトルト殺菌），酸（酸性食品），機械的せん断力（例えば強い撹拌）により粘度が低下する。これらの澱粉の欠点を補ったり，新しい機能をもたせる目的で開発されたのが，澱粉誘導体である。

澱粉誘導体は，澱粉の基本構造であるグルコースの持つ水酸基にエステル結合あるいはエーテル結合で官能基を付加・導入したものであり，食品添加物に指定されている。酢酸基をエステル結合で付加・導入した酢酸デンプン（アセチル化澱粉）や，ヒドロキシプロピル基をエーテル結合で付加・導入したヒドロキシプロピルデンプン（エーテル化澱粉）は，糊化開始温度が低下し，老化耐性に優れた特性を持つ。これは，老化の原因である澱粉分子の再配列に，付加された親水性の官能基により立体障害が生じるためと考えられている。

水酸基間にリン酸やアジピン酸をエステル結合して架橋構造を取った架橋澱粉は，澱粉粒の膨潤を抑制することにより，耐熱・耐酸・耐せん断性を持つ。また，ヒドロキシプロピル化リン酸架橋デンプン（エーテル架橋澱粉）やアセチル化アジピン酸架橋デンプン（アセチル架橋澱粉）などは，2つの加工を施し，両特性を持たせた優れた加工澱粉である。その他オクテニルコハク酸をエステル結合で付加・導入したオクテニル酸デンプンナトリウムは，乳化機能を持つ。

これらの付加された機能を利用して，澱粉誘導体は様々な加工食品に使用されている。

3.3 加工澱粉の高齢者食品への利用

　高齢者を対象にした食事は，咀嚼障害や嚥下障害により，摂食能力が低下した人でも食べやすいよう工夫がされている。お茶などの飲料は咽喉に落ちる速さを調節し誤嚥を防ぐためにとろみをつけたり，食事は咀嚼力が低下しても砕けるよう組織を軟らかくし，飲み込みやすくしている。

　また，豊富なメニューに対応するために，冷凍食品やレトルト食品など，長期保存が可能で簡便に調理できる加工食品が，多く開発されている。

3.3.1 とろみ調整剤

　とろみ調整剤とは，高齢になり咽頭蓋がうまく機能せず，水やお茶などの粘度の低い液体が，誤って気管などに入る誤嚥を起こさないように，液体にとろみをつけるための粉末品である。

　加熱することなく糊液を得られることから，アルファ化澱粉を造粒して作ったとろみ調整剤が最初に開発された（第一世代）。これは液体への分散性もよく，粘度調整がしやすいが，飲食中に唾液によって分解され粘度低下を起こしたり，透明性に乏しく白濁したり，付着性が高いと言った課題があった。そこで，デンプン＋グアガム系が開発され，添加量が少なく付着性も軽減されたが，粘度の安定性や白濁など満足するものは得られなかった（第二世代）。現在では，キサンタンガム系のものが主流となっており，少量で高い粘度を発現し，粘度安定性にも優れ，付着性も少ないものが開発されている（第三世代）。しかし，キサンタンガム系のとろみ調整剤は，水への分散性が悪く，だまになり溶解するのに時間がかかる。そこでスプーンなどで容易に溶解でき，すぐに粘度を発現させるために，DE10 全後のデキストリンを分散剤として混合し，造粒している。DE が大きいデキストリンは，甘味が増し味に影響するばかりでなく，造粒する際，吸湿してブロッキングを起こしやすくなる。逆に DE が小さいと，溶解しにくくなりだまを作りやすくなる。

　表1にそれぞれの調整剤の特性をまとめた。

3.3.2 インスタント粥

　アルファ化米粉は，お湯で溶くと米粒の残らないお粥，重湯が簡単に作れる。嚥下障害者向けには，誤嚥を起こさず食べやすくするためアルファ化米粉にゲル化剤と分散剤としデキストリン

表1　とろみ調整剤の特性

	第一世代	第二世代	第三世代
	デンプン系	デンプン＋グアガム系	キサンタンガム系
使用量	多い	少ない	少ない
分散性	○	○	△
唾液安定性	×	△	○
透明性	白濁	白濁	透明
唾液の影響	ある	ある	ない

第5章 高齢者食品向け食品素材

を加えることで,お湯で溶くだけでできるインスタントのミキサー粥が開発されている[2]。

3.3.3 レトルト食品

加圧加熱殺菌により長期常温保存が可能となるレトルト食品の場合,使用する澱粉には,保存安定性とともに強い耐熱性が求められる。介護食には誤嚥を防ぎ,飲み込みやすくするため,澱粉で出汁やスープにとろみをつけたり,ペースト状の食品に適度な粘性を付与するために澱粉が使用される。未加工の澱粉は熱により粘度低下を起こしたり,長期保存時に老化してしまうので,耐熱性,耐老化性に優れたヒドロキシプロピル化リン酸架橋澱粉が適している。

3.3.4 冷凍食品

一般に食品を冷凍すると,澱粉の老化,卵や豆腐などの蛋白の冷凍変性,水が氷になり容積増大による組織破壊などにより品質の劣化を起こす。加えてソフト食には水分も多く,冷凍・解凍による離水現象が大きな問題になる場合がある。老化耐性に優れたエーテル化澱粉やアセチル化澱粉を使用することで,これらは解決できる。実際には加熱時に耐熱性が要求されたり,付着性を下げるために架橋処理を組合せたものが多く使用されている。

表2は,すり身を利用したソフト食の配合例である。原材料を練り上げ成型後,蒸煮し冷凍する。パインデックス#100(デキストリン/松谷化学工業製)をすり身に混合すると,蛋白がゲル阻害を起こし,かまぼこ特有の弾力感が低減し,ユニバーサルデザインフードの区分3の規格を満たす「舌でつぶせる」硬さのかまぼこができる。またファリネックスVA70C(エーテル架橋澱粉/松谷化学工業製)を併用することで,自然解凍しても品質の劣化や離水を抑えることができる。

表3は,嚥下障害者用にペースト状にしたにんじんをゲル化剤で固めて食べやすくした食品(区分3)の配合である。原材料を混合・加熱後,容器に入れ冷凍する。ゲル化剤だけだと冷凍・解凍時に離水という問題を生じる。離水した水分は誤嚥を起こしやすいことから,松谷はまゆり(エー

表2 冷凍練り製品

原材料	配合割合
すり身	100.0
食塩	3.0
砂糖	1.0
味醂	4.0
ファリネックスVA70C	15.0
パインデックス#100	12.0
キサンタンガム	0.25
生姜	2.5
油	15.0
卵白	7.5
加水	150.0
合計	310.15

表3 冷凍野菜

原材料	配合割合
にんじんペースト	25.0
オニオンソテー	1.5
バター	3.0
砂糖	2.0
脱脂粉乳	1.0
コンソメ	1.5
松谷はまゆり	4.0
ゲル化剤	1.0
水	61.0
合計	100

テル架橋澱粉/松谷化学工業製）を併用して，冷凍耐性を持たせている。エーテル化とともに架橋することにより，粘稠性の少ないゲルを作り，飲み込みやすいテクスチャーを作っている。

加工澱粉やデキストリンは，テクスチャーの調整とともに，加工特性や流通特性に優れた特性を持つため，高齢者食品の設計には欠かせない素材である。

3.4 難消化性デキストリン

難消化性デキストリンは，澱粉を原料とした水溶性の食物繊維である。溶解性が高く，低粘性，低甘味など加工食品に利用しやすい特徴を持つため，食物繊維強化食品や特定保健用食品など様々な食品に利用されている。高齢者は咀嚼困難，嚥下障害などの問題から，食事のみで十分な食物繊維を摂取することは難しいが，難消化性デキストリンを利用することで，不足しがちな食物繊維を手軽に補うことが可能である。また難消化性デキストリンは，整腸作用，血糖上昇抑制作用，血清脂質低下作用，ミネラル吸収促進作用などの生理機能を有していることから，高齢者の健康の維持増進に役立つことも期待できる。

高齢になると大腸機能の低下などによって，自然排便が難しくなり，排便回数や排便量が減少し，いわゆる便秘の問題を抱える人が増加することが知られている。健常成人に関しては難消化性デキストリン摂取により便秘の改善が見られることが多くの論文で報告されており，整腸に関する規格基準型特定保健用食品の関与成分として認められている。難消化性デキストリンの90％は消化されずに大腸に達し，約半分はビフィズス菌など有用な腸内細菌に資化され，残りは便中に排泄される。そのため腸内菌叢を改善するとともに，便の嵩を増やすことによって，糞便量及び糞便回数を増加させ，下痢を誘発することなく便秘を改善する[3]。

これは健常成人だけでなく，最近，高齢者の便秘改善にも効果があることが報告されている[4,5]。

また，高齢になると亜鉛，鉄，カルシウムの吸収率低下や摂取量不足によって味覚障害，褥瘡，貧血，骨粗鬆症などになりやすく，これらミネラル欠乏症の増加が問題視されている[6]。

難消化性デキストリンは，オリゴ糖など同様にミネラル吸収を促進することが明らかになってきた。ラットを用いた動物実験では，難消化性デキストリンを飼料に添加することによって，カルシウム，マグネシウム，鉄，亜鉛の吸収率が有意に増加したと報告されている[7]。また，貧血の疑いのある女子大生を対象とした試験では，貧血の指標項目であるヘモグロビン，ヘマトクリット，赤血球の値が改善し有効であったとの報告もされている[8]。

さらに，糖尿病実態調査（平成14年）では高齢化に伴い「糖尿病を強く疑われる人」「糖尿病の可能性を否定できない人」の割合が増えており，70歳以上では両方を合わせると実に37.4％が該当する。難消化性デキストリンは，食後の血糖値上昇を抑制することが多くの論文で報告されており，整腸作用と同じく，規格基準型特定保健用食品の関与成分として認められている。血清脂質低下作用も含め，高齢化に伴う成人病の予防という観点からも，難消化性デキストリンは非常に有効な食品素材である。

3.5 おわりに

今後，高齢者の増加とともに高齢者食品の需要は確実に増加する。食事は単なる栄養補給だけでなく，食べる楽しみを与える必要があり，品質の向上および多様化が求められている。それに合わせて澱粉および澱粉の加工品の使用方法も広がっていくものと考えられる。

文　　献

1) 高橋禮治，でん粉製品の知識，p125-129
2) 特開 2010-187600
3) Nathaniel D. Fastinger, PhD, Lisa K. karr-Lilienthal, PhD, Julie K. Spears, PhD, Kelly S Swanson, PhD, Krista E. Zinn, MS, Gerardo M. Nava, MS, Kazuhiro Ohkuma, PhD, Sumiko Kanahori, MS, Dennis T. Gordon, PhD, and George C. Fahey, Jr, PhD, *Journal of the American College of Nutrition*, **27**(2), 356-366 (2008)
4) 谷口啓子，遠藤順朗，小坂和江，加藤英資：第21回全国介護老人保健施設大会　岡山　抄録集 CD-ROM 11-コンベ-Q-4-7 (2011)
5) 前嶋さゆり，第21回全国介護老人保健施設大会　岡山　抄録集 CD-ROM 12-コンベ-Q-2-2 (2011)
6) 厚生労働省「日本人の食事摂取基準（2010年版）」
7) Shoko Miyazato, Chie Nakagawa, Yuka Kishimoto, Hiroyuki Tagami, Hiroshi Hara, *Eur J Nutr*, **49**, 165-171 (2010)
8) 能代千鶴恵，岸本由香，宮里祥子，橋本通子，吉村智春，野々村瑞穂，日本未病システム学会雑誌，**16**(2) (2010)

4 その他（増粘安定剤他）

船見孝博[*]

4.1 はじめに

　加齢や疾病などにより咀嚼や嚥下機能が低下する場合がある。特に嚥下機能の低下は，誤嚥性肺炎や脱水などの原因となる。誤嚥を回避するため，栄養摂取の方法を経口から経管あるいは経静脈に一時的に変えることがあるが，食べる楽しみの喪失という面でQOL（Quality of Life）の低下は避けられない。日本はいまや高齢者（65歳以上）人口が総人口の21％を超える超高齢化社会である。高齢者にとって食べやすい，飲みやすい食品の開発が求められている。

　現在，高齢者用食品および咀嚼・嚥下困難者用食品として多くの製品が販売されている。これらの食品は，やわらか食／きざみ食，ミキサー食／ブレンダー食，栄養補給食品，水分補給食品，補助食品（とろみ調整食品など），および濃厚流動食（経腸栄養剤を含む）に分類することができる（図1）。本稿ではこれらの食品を便宜上，高齢者用食品と総称する。高齢者用食品の開発においては，通常の加工食品に比べて力学特性の設計がより重要である。食品の力学特性は口腔，咽頭での感覚（すなわち，テクスチャー）に直接的に関与するからである。高齢者や咀嚼・嚥下困難者にとって，「かみ砕けるかたさかどうか」，「口の中でまとまりやすいかどうか」，「飲みこみやすいかどうか」が重要であり，従って，高齢者用食品の力学特性は高齢者や咀嚼・嚥下困難者の摂食能力や感覚特性に配慮したものでなければならない。

　食品の力学特性やテクスチャーを調節，制御する食品成分としてハイドロコロイドがある。ハイドロコロイドとは直径10-1,000 nmの粒子が水を連続相として分散している状態のことであり，そのような食品状態を調節，制御するために用いられる多糖類やタンパク質が食品ハイドロコロイドである。食品ハイドロコロイドには，ゲル化性，増粘性，保水性，分散性，乳化性，起泡性など，多様な機能があり，これらの機能により食品のテクスチャーを調節，制御することができる。通常の加工食品に比べてテクスチャーの設計がより重要となる高齢者用食品では，食品

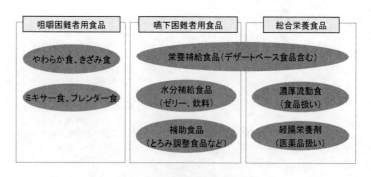

図1　高齢者用食品の分類

---

[*] Takahiro Funami　三栄源エフ・エフ・アイ㈱　第一事業部　次長

第5章 高齢者食品向け食品素材

ハイドロコロイドの活用が新製品開発の鍵となる。

本稿では，テクスチャーモディファイヤーとしての食品ハイドロコロイドの有用性および高齢者用のゼリー状食品に使用されている食品ハイドロコロイドについて解説する。

4.2 テクスチャーモディファイヤーとしての食品ハイドロコロイドの有用性

4.2.1 食品ハイドロコロイドの種類と起原

食品ハイドロコロイドとして利用される多糖類（食品多糖類）には，グアーガム，ローカストビーンガム，タマリンド種子多糖類（キシログルカン），水溶性大豆多糖類，でん粉，コンニャクグルコマンナン，ペクチン，アラビアガム，およびセルロースに代表される植物由来の多糖類，カラギナン，寒天，およびアルギン酸に代表される海藻由来の多糖類，キサンタンガム，ジェランガム，カードラン，およびプルランに代表される微生物由来（醱酵性）の多糖類，およびキチンおよびキトサンに代表される動物由来の多糖類がある。このように，食品ハイドロコロイドは天然由来の素材である。

4.2.2 食品ハイドロコロイドによる食品テクスチャーの制御

食品テクスチャーの制御にゲル化能を有する食品多糖類が使用される場合があり，食品多糖類のゾル-ゲル転移について多くの研究が行われている。食品多糖類のゲル化機構を一般的な解釈に基づいて模式的に示す（図2）。カラギナンおよびジェランガムはゲル化のメカニズムが最も詳細に調べられている食品多糖類である。これらの多糖類の分子コンホメーションは高温でコイル状態であり，単一鎖として存在するが，低温ではダブルヘリックスに構造転移する。分子間の

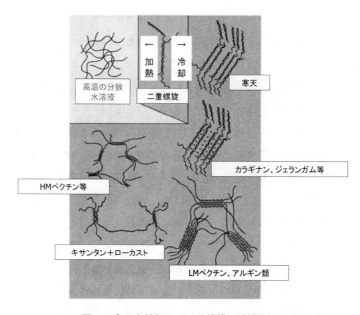

図2 食品多糖類のゲル化機構（模式図）

静電反発を抑制するカチオンの添加により，ヘリックス同士が会合，凝集して架橋領域を形成し，ゲルを形成する。ゲル化は3次元網目構造の形成を必ずしも伴うものではなく，会合，凝集した分子自体が系の弾性発現に寄与するというゲル化モデル（フィブラスモデル）も提唱されている[1]。

ヘリックスの会合，凝集状態が，ゲルの力学特性やテクスチャーはもちろんのこと，弾性率の温度依存性（熱可逆性あるいは不可逆性）や離水（シネレシス）に影響を及ぼす。特に離水について，フレーバーリリースという観点からみれば，離水が多いほうが味を強く感じやすくなり好ましい。一方，高齢者用食品のテクスチャーという観点からみれば，誤嚥を招く可能性があり，必ずしも好ましいとはいえない。

4.2.3 食品ハイドロコロイドによるフレーバーリリースの制御

ゲルの破断歪みが小さいほど，甘味の感覚強度が大きくなる（甘味を感じやすくなる）ことが報告されている[2]。破断歪みが小さく，脆いテクスチャーのゲルは，咀嚼の初期段階で容易に崩壊し，食塊の表面積が増加する。口腔内で食塊が唾液と接触しやすくなるため甘味を感じやすくなると考えられる。つまり，食塊を形成するゲル粒子のサイズが，唾液との相互作用という点で味の感覚強度に影響を及ぼす。さらに離水の影響も無視できない。脆いテクスチャーのゲルは壊れにくいゲルよりも離水が多いのが一般的である。離水が多いほど水溶性の味成分を知覚しやすい。

また，ゲルの破断応力が大きいほど，甘味と酸味を合わせた味の感覚強度が小さくなる（味を感じにくくなる）という報告がある[3]。ただし，ゼラチンゲルは同じ破断応力を有する他のゲルに比べて味の感覚強度が大きくなるのに対し，ジェランガム／キサンタンガム／ローカストビーンガムの併用ゲルは，同じ破断応力を有する他のゲルに比べて味の感覚強度が小さくなる。ゼラチンゲルは他のゲルに比べて融解温度が低く，味成分が唾液中に溶出しやすい。一方，併用ゲルは変形しやすく，壊れにくいテクスチャーであり，味成分がゼリー内部に閉じ込められるとともに，食塊と唾液の接触面積が減少することにより，味成分が唾液中に溶出しにくいものと考えられる。

液状およびペースト状食品では，粘度が高くなると味や匂いの感覚強度が低下することが知られている[2]。粘度の増加により味および匂い成分の拡散が抑制されるためと考えられる。増粘剤がグアーガムなどの鎖状高分子の場合，味や匂いの感覚強度が減少し始める増粘剤濃度は，増粘剤の種類によらず C^*（糸まり状高分子重なり合い濃度）付近にあるとされている。

固体状および液状のいずれの食品形態であっても，食品ハイドロコロイドによるテクスチャーの調節，制御によって味や匂いの感覚強度を変えることができる。

4.2.4 高齢者用食品における食品ハイドロコロイドの利用

食品ハイドロコロイドは，第一義的にはテクスチャーモディファイヤーであり，高齢者用食品では食塊にいわゆる弱いゲルの性状を付与する機能が求められる。例えば，嚥下機能が低下した高齢者には，とろみのついたお茶やプリン，ゼリーなどが提供される場合が多いが，いずれの食品も食塊の咽頭相通過速度が比較的遅いというだけでなく，付着性（べとつき）が小さく，まとまり感（保形性，内部結着性）が高い食塊を容易に形成できるという特徴がある。高齢者用食品

第5章　高齢者食品向け食品素材

に求められるこのようなテクスチャーを食品ハイドロコロイドによって具現化できる。

　高齢者用食品は少量摂取を前提に設計されるため，栄養成分および機能性成分の含有率が通常の加工食品に比べて高い場合が多い。人は好ましい味の食品ほど積極的に摂食する傾向がある。テクスチャーの調節，制御を通じて好ましい味は感じさせやすく，好ましくない味は感じさせにくくすることで，人の摂食行動を惹起できる可能性がある。食品ハイドロコロイドは味と匂い（フレーバーリリース）の観点からも高齢者用食品の開発に有用である。総じて，食品ハイドロコロイドは高齢者用食品のおいしさの設計に必要不可欠である。

4.3　高齢者用のゼリー状食品に使用されている食品ハイドロコロイド（テクスチャーデザインコンセプトによる新しい介護食ゼリーの開発）

　高齢者用食品の開発においては，力学特性やテクスチャーの設計だけでなく，見た目をいかに常食に近づけるかということも重要である。特に日本人は「目で食べる」と言われるほど外観を重要視する。ある程度不均一な構造をもたせることで摂食中のテクスチャーやフレーバーの変化を味わい，感じさせながら，一方で食塊を容易に形成できる（飲み込める状態に容易に変化する）食品が高齢者食の目指すべき方向の一つであると考える。

　本項では「全ての人に食べるよろこびを」というコンセプトにより開発した三栄源エフ・エフ・アイ株式会社のゲル化剤製剤とその食品応用について紹介する。

4.3.1　レトルト惣菜ゼリー

　おいしい高齢者食の一例として，カットゼリー入りゼリーおよび二層ゼリーなど，常食に近い外観と不均一な構造を有しながらも，食べやすさ，飲みやすさにこだわった新規な惣菜ゼリーを示す。いずれも保存性に配慮し，レトルト加熱殺菌により常温保存が可能である。

（1）　カットゼリー入りゼリー

　カットゼリー入りゼリー用のゲル化剤製剤として，サンサポート®G-1024とサンサポート®G-1026を使用する。これらのゲル化剤製剤を使用することにより，具材を固めたゼリーが，連続相である調味ゼリー中に分散したゼリー状食品を調製することができる。肉じゃがゼリー，きんぴらごぼうゼリー，うどんゼリーはこの技術を応用した惣菜ゼリーである（図3：レトルト惣菜ゼリーの外観，表1，2：肉じゃがゼリーの処方）。

　サンサポート®G-1024はカットゼリー用のゲル化剤製剤であり，サンサポート®G-1024を用いて調製したゼリーは耐熱性が高く，例えば121℃で20分のレトルト加熱殺菌でもゼリーが溶け出すことがない。そのため，カットゼリーの形や大きさの調節が容易である。やや脆い感じのテクスチャーであるが，舌で容易につぶすことができ，さらに食塊がばらけることはない。一方，サンサポート®G-1026は外側の連続相ゼリー用のゲル化剤製剤である。外側の連続相ゼリーは，醤油や調味料等で味付けをするため食塩含量が高くなる場合があるが，食塩含量が高い系でもサンサポート®G-1026のゲル化力は低下しない。弾力と脆さのバランスを考慮したテクスチャーであり，カットゼリーとのテクスチャーの違いを感じることができる。

高齢者用食品の開発と展望

表1 肉じゃがゼリー－カットゼリー（具材部）の処方

		にんじん	じゃがいも	肉	
1	生クリーム	2.0	2.0	−	
2	粉末水飴	10.0	10.0	5.0	
3	サンサポート®G-1024	0.6	0.6	0.6	＊
4	ケルコゲル®HM	−	0.1	0.1	＊
5	サンアーティスト®PG	−	0.45	−	＊
6	乳酸カルシウム	0.2	0.2	0.2	
7	パプリカベース NO.35792	0.2	−	−	＊
8	ニンジンピューレ	50.0	−	−	
9	マッシュポテトパウダー	−	5.0	−	
10	マリーゴールドベース NO.33380	−	0.07	−	＊
11	ポテトオイル SV-2556	−	0.2	−	＊
12	50％牛モモ肉分散液（ミキサー処理）	−	−	34.0	
13	サングリーン®GC-EM	−	−	0.3	＊
14	パプリカベース 70R	−	−	0.15	＊
15	リコピンベース NO.35153	−	−	0.075	＊
16	水	37.0	81.38	59.575	
合計		100.0	100.0	100.0	

＊は三栄源エフ・エフ・アイ株式会社の製品
1) 1，12，16に 2～5，9の粉体混合物を加え，80℃10分間加熱撹拌溶解します。
2) 6（予め少量の湯に溶解したもの），7，8，10，11，13～15を添加し，水で重量を補正します。
3) 8℃の冷却水槽にて3時間以上冷却します。
4) 約1センチ角にカットし，容器に充填します。

表2 肉じゃがゼリー－連続相ゼリー（外側のだしゼリー）の処方

1	濃口醤油	3.0	
2	薄口醤油	3.0	
3	本みりん	4.0	
4	清酒	4.0	
5	サンライク®ソテードオニオン 9Y55E	0.2	＊
6	粉末水飴	13.0	
7	グラニュー糖	2.0	
8	食塩	0.5	
9	乳酸カルシウム	0.2	
10	L-グルタミン酸ナトリウム	0.2	
11	サンサポート®G-1026	0.6	＊
12	ビストップ®D-2029	0.1	＊
13	サンスイート®SA-5050	0.005	＊
14	水	69.195	
合計		100.0	

＊は三栄源エフ・エフ・アイ株式会社の製品
1) 1～5，14に6～13の粉体混合物を加え，80℃10分間加熱撹拌溶解します。
2) 水で重量を補正します。
3) 具材部を充填した容器に，約60℃にホールディングした連続相ゼリー部を充填します。
4) 121℃20分間レトルト殺菌します。

第5章　高齢者食品向け食品素材

肉じゃがゼリー

うどんゼリー

きんぴらごぼうゼリー

図3　レトルト惣菜ゼリーの外観

　病院や施設などの介護の現場では，食事を提供する際，食事一膳を保温車に保管し，温めることがある（例：60℃で30分）。これは，高齢者や咀嚼・嚥下困難者の方々に温かい食事を提供し，おいしく食べてもらうための工夫である。しかし，ゼリーは高温で長時間保存すると，常温時よりもゼリーがやわらかくなり，崩れやすくなる傾向があり，特にゼラチンを使用した場合は顕著である。サンサポート®G-1024およびサンサポート®G-1026を使用したゼリーは，60℃で30分〜60分間保持しても形状を保ち，常温でも温かい状態でも喫食できる。温めて食べるものを温かい状態で提供できることもおいしさの重要な要件である。

表3　ゼリー状食品の20℃における「かたさ」および規格区分

		かたさ* (N/m^2)	ユニバーサル デザインフードの 区分	えん下困難者用 食品の 許可基準
肉じゃがゼリー		$3.1×10^3$	3	Ⅲ
きんぴらごぼうゼリー		$9.5×10^3$	3	Ⅲ
うどんゼリー		$3.7×10^3$	3	Ⅲ
カレーライスゼリー	カレーソースゼリー	$5.7×10^3$	3	Ⅲ
	ライスゼリー	$6.3×10^3$	3	Ⅲ
擬似果肉入りゼリー	メロンゼリー	$5.9×10^3$	3	Ⅲ
	マンゴゼリー	$5.4×10^3$	3	Ⅲ
	ラフランスゼリー	$5.9×10^3$	3	Ⅲ

※えん下困難者用食品の物性測定法に準ずる。

肉じゃがゼリー，きんぴらごぼうゼリー，うどんゼリーは，いずれも舌でつぶせる程度のやわらかさであり，いずれも UDF 区分 3，えん下困難者用食品の許可基準Ⅲに相当する（表 3）。外観が常食に近く，ワンカップで多様のテクスチャーを味わうことができる。また，カットゼリーと外側の連続相ゼリーは，スプーンですくった際にゼリー同士が分離することなく同時にすくえるため，摂食時の利便性も高い。また，本稿に記載した処方をベースに，カロリーやミネラル，食物繊維を増量するなど，目的にあわせて栄養成分のコントロールも可能である。

（2） 二層ゼリー

二層ゼリー用のゲル化剤製剤として，サンサポート®G-1023 とサンサポート®G-1026 を使用する。これらのゲル化剤製剤を使用することにより，主食としてのライスゼリーにゼリー状の調味ソースを積層させることができる。カレーライスゼリーはこの技術を応用したゼリー状食品である（図 4：カレーライスゼリーの外観，表 4，5 カレーライスゼリーの処方）。

サンサポート®G-1023 はライスゼリー用のゲル化剤製剤であり，米飯の粘りを抑えつつ，食塊にまとまり感を付与し，さらに離水が少ないライスゼリーを調製することができる。

一方，サンサポート®G-1026 は調味ソース用のゲル化剤製剤であり，前述のように食塩含量

表 4　カレーライスゼリー－カレーソースゼリー（上層部）の処方

1	精製ラード	2.0	
2	トマトペースト	1.0	
3	リンゴペースト	1.0	
4	CLEAR TOMATO CONCENTRATE 60° BX (CTC)	0.2	*
5	ジンジャーペースト	0.2	
6	ガーリックペースト	0.1	
7	カレー粉	1.3	
8	食塩	0.4	
9	L-グルタミン酸ナトリウム	0.3	
10	サンサポート®G-1026	0.9	*
11	サンアーティスト®PG	0.3	*
12	ケルコゲル®LT100	0.05	*
13	小麦粉	3.0	
14	リン酸架橋澱粉	0.5	
15	サンライク®チキンコンソメ	1.0	*
16	サンライク®和風だし L	1.0	*
17	サンライク®ソテードオニオン 9Y55E	1.0	*
18	サンライク®チキンエキス 2822E	0.5	*
19	サンライク®香味野菜 LB-2103	0.2	*
20	カレーオレオレジン SV-1525	0.1	*
21	水	84.95	
合計		100.0	

＊は三栄源エフ・エフ・アイ株式会社の製品
1） 1～6，16～19，21 に 7～15 の粉体混合物を加え，80℃ 10 分間加熱撹拌溶解します。
2） 20 を添加し，水で重量を補正します。
3） 70℃でホールディングします。

第5章 高齢者食品向け食品素材

表5 カレーライスゼリー－ライスゼリー（下層部）の処方

1	アルファー米	10.0	
2	食塩	0.3	
3	サンサポート®G-1023	1.2	*
4	ケルコゲル®LT100	0.05	*
5	水	88.45	
合計		100.0	

＊は三栄源エフ・エフ・アイ株式会社の製品
1） 1，5に2～4の粉体混合物を加え，80℃10分間加熱撹拌溶解します。
2） 水で重量を補正します。
3） 70℃でホールディングします。
4） 容器にライス部（50部，70℃）を充填し，直後にカレーソース部（50部，70℃）を充填します。
5） 121℃20分間レトルト殺菌します。

図4 カレーライスゼリーの外観

が高い系でもゲル化力が低下しないため，カレーのような調味ソースのゼリーに適している。また，ライスゼリーと混合しにくいという特徴があり，加熱殺菌後にもきれいな層状構造（界面）を形成できる。弾力と脆さのバランスを考慮したテクスチャーであり，ライスゼリーとのテクスチャーの違いを感じることができる。

サンサポート®G-1023およびサンサポート®G-1026を使用したカレーライスゼリーは，前述の肉じゃがゼリー等と同様に，常温でも温かい状態でも喫食できる。

上層のカレーソースゼリー，下層のライスゼリーは，いずれも舌でつぶせる程度のやわらかさであり，いずれもUDF区分3，えん下困難者用食品の許可基準Ⅲに相当する（表3）。

4.3.2 擬似果肉入りゼリー（果肉を一切使用せず，ゲル化剤のみで調製したゼリー）

高齢者向けのフルーツゼリーが多種販売されているが，惣菜ゼリーと同様，そのほとんどが均一な構造を有するゼリー状食品である。舌でつぶせる程度のやわらかさでありながら，通常のフルーツと同じような感覚で食べることができる高齢者向けの擬似果肉入りゼリーを示す。カットゼリー入りゼリーの製造技術を応用し，フルーツの食感を有するカットゼリーが外側の連続相ゼリー中に分散したゼリー状食品である。

擬似果肉入りゼリー用のゲル化剤製剤として，サンサポート®G-1028とサンサポート®G-1029を使用する（図5：擬似果肉入りゼリーの外観，表6，7：擬似果肉入りゼリーの処方）。サンサポート®G-1028は，カットゼリーにあたる擬似果肉用のゲル化剤製剤であり，耐熱性，耐酸性に優れ，本物の果肉に近い繊維感のあるテクスチャーを再現することができるという特徴がある。一方，サンサポート®G-1029は，外側の連続相ゼリー用のゲル化剤製剤であり，透明性が高く，耐熱性，耐酸性に優れて，離水が少なく，やや弾力のあるテクスチャーが特徴である。

この擬似果肉入りゼリーはあたかもカットフルーツが入っているかのような外観を有し，離水を低減しながらもフルーツを口に含んだ際のみずみずしさを維持している。また，舌でつぶせる程度のやわらかさでありながら，カットゼリーと外側の連続相ゼリーは，スプーンですくった際にゼリー同士が分離することなく同時にすくえるため，摂食時の利便性も高い。

メロンゼリー，マンゴゼリー，ラフランスゼリーは，いずれも舌でつぶせる程度のやわらかさであり，いずれもUDF区分3，えん下困難者用食品の許可基準Ⅲに相当する（表3）。実際の

表6　擬似果肉入りゼリー－カットゼリー（擬似果肉）の処方

		メロン	マンゴ	ラフランス	
1	果糖ぶどう糖液糖	5.0	5.0	5.0	
2	グラニュー糖	10.0	10.0	10.0	
3	デキストリン	10.0	10.0	10.0	
4	生クリーム	2.0	2.0	2.0	
5	サンサポート®G-1028	0.7	0.7	0.7	＊
6	乳酸カルシウム	0.15	0.15	0.15	
7	クエン酸（無水）	0.2	0.2	0.2	
8	加糖メロン果汁（50：50）	4.0	－	－	
9	サングリーン®GC-EM	0.16	－	－	＊
10	マリーゴールドベース NO.34851	0.04	－	－	＊
11	メロンフレーバー NO.21-B	0.2	－	－	＊
12	マンゴピューレ	－	5.0	－	
13	カロチンベース NO.80-SV	－	0.05	－	＊
14	マンゴフレーバー NO.71066	－	0.13	－	＊
15	マンゴーベース NO.3399FA	－	0.13	－	＊
16	ミルクフレーバー NO.71005	－	0.04	－	＊
17	6倍濃縮洋梨果汁	－	－	2.0	
18	サンエロー®NO.2AU	－	－	0.005	＊
19	ペアーフレーバー NO.61932	－	－	0.2	＊
20	水	67.55	66.6	69.745	
合計		100.0	100.0	100.0	

＊は三栄源エフ・エフ・アイ株式会社の製品。
1）　1，4，20に2，3，5の粉体混合物を加え，80℃10分間加熱撹拌溶解します。
2）　ゼリー液を約60℃まで下げた後，7～19を添加します。
3）　予め湯に溶解した6を添加します。
4）　水で重量を補正し，8℃の冷却水槽にて3時間以上冷却します。
5）　一口サイズにカットし，容器に充填します。

第5章　高齢者食品向け食品素材

表7　擬似果肉入りゼリー－連続相ゼリー（外側のゼリー）の処方

		メロン	マンゴ	ラフランス	
1	グラニュー糖	15.0	15.0	15.0	
2	デキストリン	10.0	10.0	10.0	
3	サンサポート®G-1029	0.7	0.7	0.7	＊
4	5倍濃縮りんご果汁・清澄	1.0	1.0	1.0	
5	クエン酸（無水）	0.1	0.1	0.1	
6	メロンフレーバー NO.21-B	0.2	－	－	＊
7	マンゴフレーバー NO.71066	－	0.2	－	＊
8	ペアーフレーバー NO.61932	－	－	0.2	＊
9	水	73.0	73.0	73.0	
合計		100.0	100.0	100.0	

＊は三栄源エフ・エフ・アイ株式会社の製品
1）　9に1～3の粉体混合物を加え，80℃10分間加熱撹拌溶解します。
2）　4～8を添加し，水で重量を補正します。
3）　カットした擬似果肉（50部）を充填した容器に連続相ゼリー部（50部）を充填します。
4）　85℃30分間加熱殺菌します。

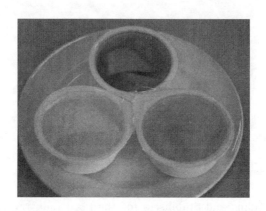

図5　擬似果肉入りゼリーの外観（上：メロン，下右：マンゴ，下左：ラフランス）

フルーツ（生果）は一切使用しておらず，カロリーやミネラル含量の調節も可能である。生果と比較すると，カロリーは約170～260％に増加し，カリウム含量は約6～24％に低下する（表8）。少量で必要なカロリーを摂取できるとともに，水分補給を同時に行うことができる。また，腎臓病患者の方々など，カリウム摂取制限のある方にも適している。

4.4　おわりに

食べるよろこびを与えることが食開発の使命であり，高齢者用食品の開発においてもおいしさにこだわる必要がある。食べやすさ，飲みやすさの面からテクスチャーを考えることはもちろん重要であるが，味や匂い，外観も含め，五感を刺激するテクスチャーデザインが今後の高齢者食の開発にとって重要である。

表8 擬似果肉入りゼリーのカロリーとカリウム含量（生果との比較例）

		カロリー (Kcal/100 g)（計算値）	カリウム含量 (mg/100 g)（計算値）
メロン	擬似果肉入りゼリー	110	20
	生果	42	340
マンゴ	擬似果肉入りゼリー	107	40
	生果	64	170
ラフランス	擬似果肉入りゼリー	109	25
	生果	54	140

※ 「サンサポート」,「サンアーティスト」,「サングリーン」,「サンライク」,「ビストップ」,「サンスイート」,「サンエロー」は,三栄源エフ・エフ・アイ株式会社の登録商標です。

※ 「ケルコゲル」は,CPケルコ社の登録商標です。

文　献

1) Gunning A. P., Kirby A. R., Ridout M. J., Brownsey G. J. and Morris V. J., Investigation of gellan networks and gels by atomic force microscopy. *Macromolecules*, **29**, 6791-6796 (1996)
2) Morris E.R., Rheological and organoleptic properties of food hydrocolloids. In Food Hydrocolloids: Structures, Properties and Functions (Nishinari K and Doi E eds.), Plenum Press, New York, pp.201-210 (1994)
3) Clark R., Influence of hydrocolloids on flavour release and sensory-instrumental correlations. In Gums and Stabilisers for the Food Industry 11 (Williams P.A. and Phillips G.O. eds.), Royal Society of Chemistry, Cambridge, pp.217-224 (2002)
4) 合田文則,胃瘻からの半固形短時間摂取法ガイドブック,医歯薬出版㈱ (2006)
5) 船見孝博,堤之達也,岸本一宏,とろみ調整食品や介護食品に使用されている増粘剤およびゲル化剤,日本調理科学会誌 **39**(3), 233-239 (2006)
6) Nakauma M., Ishihara S., Funami T. and Nishinari K., Swallowing profiles of food polysaccharide solutions with different flow behaviors, *Food Hydrocolloids*, **25**, 1165-1173 (2011)
7) Hamlet S. L., Patterson R. L., Fleming S. M. and Jones L. A., Sounds of swallowing following total laryngectomy, *Dysphagia*, **7**, 160-165 (1992)

第6章　高齢者食品向け容器・包装技術

1　緒言

石谷孝佑*

　日本の少子・高齢化は近年さらに加速しており，政府の試算によると，65歳以上の高齢者人口は，2012年現在で総人口の約25％（4人に1人），2050年頃には40％（5人に2人）となることが予想されている。この高齢化に伴い，日本の労働人口は減少し，看護師・介護師の不足や医療の一極集中などの問題により，高齢者や病患者向けの調理済み加工食品市場は，これからもさらに増加していくものと予測される。

　現在，このような加工食品市場は年率10％の伸びを示しており，様々な食品が各メーカーから発売され，それぞれの高齢者や病患者の健康状態に合わせて製品が選択できるようになっている。その背景としては，高齢者の生活の質（QOL）の向上という観点からのメニューの増加なども進んでおり，また，それらの製品が人に優しい包装技術やそのための容器・包装の開発にも支えられているといえる。

　包装資材の生産額（出荷額）からみると，人口の減少と景気の低迷などからやや減少傾向にあるが，包装資材全体では6兆円弱の産業であり，食品用途としては全体の6～7割の4兆円程度と推定される。包装資材の原料別内訳（2010年）は，紙・板紙製品が約42％，プラスチック製品が約30％，金属・ガラス製品が約19％である。

　本章では，高齢者食品向け容器包装技術として，現在の加工食品のロングライフ化の流れを受けて，①「長期保存用容器包装と包装技術」，包装簡便化の重要な革新技術として，②「高齢者向け液体食品のスパウト付き包装容器の機能」，そして，人に優しいユニバーサルデザイン包装の重要な技術である易開封・再封技術を切り口に，③「高齢者食品の開封強度の考え方と易開封性・イージーピール」を取り上げ，それぞれに現状の解説をお願いした。

---

*　Takasuke Ishitani　一般社団法人　日本食品包装協会　理事長

2 高齢者向け食品の長期保存用容器包装と包装技術

小野松太郎[*]

2.1 はじめに

　高齢者を対象とした食品には「高齢者向け」という表示は無いが，例えば日本介護食品協議会の定める「ユニバーサルデザインフード」表示（図1）のように，食品の軟らかさが段階的に調整されているものや，その軟らかさのレベルが一目でわかるようなもの，とろみなどが調整されているものなどがある。

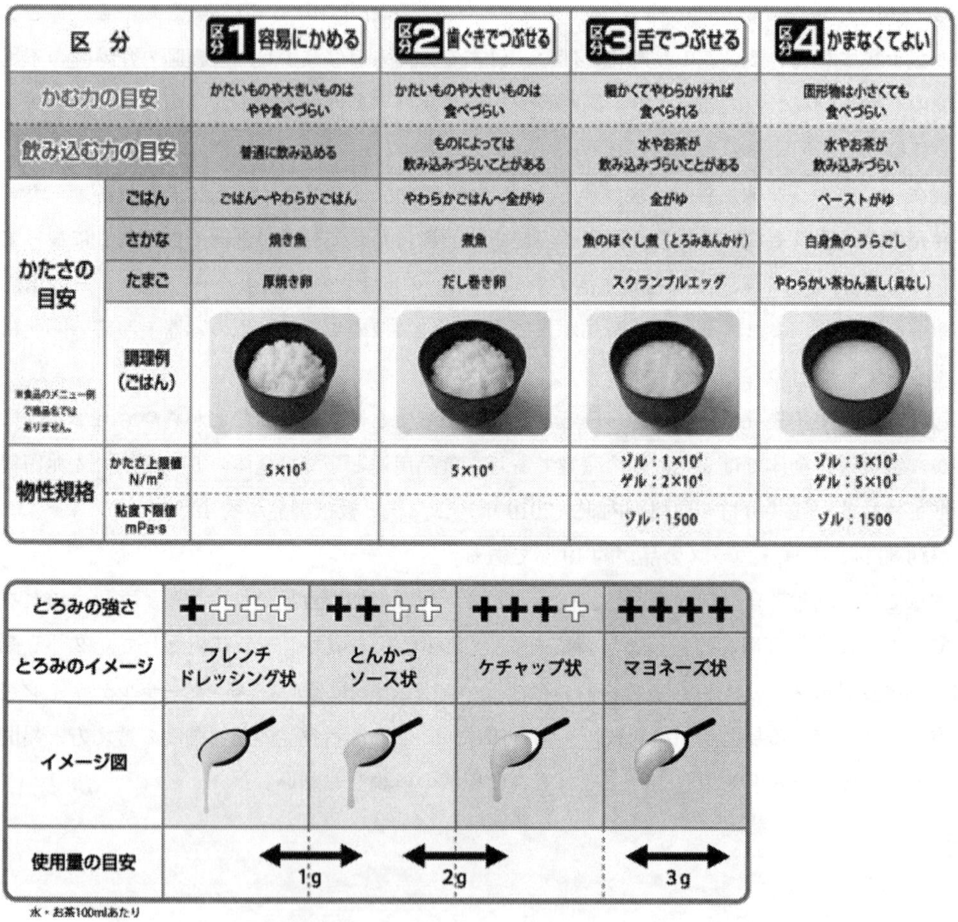

図1　食品の軟らかさのレベルが一目でわかるような標準化の表現例[1]

---

*　Matsutarou Ono　藤森工業㈱　研究所　パッケージ開発グループ　主任

2.2 高齢者向け食品と包装形態

現在，高齢者向け食品は，業務用・一般用を問わず，様々なメーカーから多種多様な製品が販売されているが，これらの食品は，対象者の健康状態によって以下の3つに分類することができる。

① 介護食（咀嚼困難者対応食品，嚥下困難者対象食品など）

高齢者の身体的難易度に応じて食品の状態を一般的な食品と比べ，調整されたもの。例えば，歯が無いことや，噛む力が衰えたりする咀嚼困難者向けの食品は，その柔らかさが段階的に調整されていたり，噛み砕く必要のない状態になっている。また，飲み込む機能の衰えなどによる嚥下困難者向けの食品は，とろみなどを添加して飲み込みやすさを向上させている。

② 治療食（身体の症状により成分摂取制限などが必要な人が，回復のために必要な食品）

高齢者の諸症状（高血圧や様々な疾患等）により，カロリーが調整されているものや，塩分，蛋白質，リンなどの様々な成分の制限などに対応した様々な種類の食品がある。

③ 流動食（噛む力，飲み込む力が衰えた人が，安定して栄養摂取ができる食品）

噛む力や飲み込む力が衰え，充分な食事が出来ず，低栄養状態に陥る高齢者へ，安定して栄養を摂取するための液体状食品。摂取形態（経口，経管）により粘度等が調整されているものもある。

これらの製品は，主に表1のような包装形態が使用されている。

2.3 食品の長期保存のために

食品の長期保存を可能にすることは，その食品を如何に変質させないかということである。食品が変質する要因としては，主に以下のようなものがある。

食品が変質・変敗する要因の中で，特に影響が起こりやすいのが微生物と酸素の作用である。そのため，長期保存が可能な食品（ロングライフ食品）にするためには，食品・包装食品の殺菌と包装による酸素や水蒸気のバリアーが非常に重要となる。

食品を長期保存するための殺菌は，「食品を商業的無菌状態にする」ことを前提としており，そのための殺菌方法として，①食品を容器に充填し，100℃以上で加熱・加圧により殺菌処理を

表1 高齢者向け食品の包装形態

包装形態	特徴
ソフトバッグ（パウチ）	液体（レトルト，アセプティック，ホットパック等）や固体（粉体等）という内容品の状態を問わず，その食品の特徴や形態に合った様々な対応が可能
紙パック	殺菌された液体等を充填する製品（アセプティック）に多く用いられている。
カップ＋蓋材	ゼリー状などの固体的食品に多く用いられているが，近年では米飯などにも多く用いられている。
トレー＋パウチ	冷凍食品などに用いられ，トレーに食品が盛られた状態となっている。電子レンジ対応商品などにも多く用いられている。
金属缶	液体固体問わず，様々な内容品に用いられている。レトルト処理をされた金属缶入り製品は，上記形態に比べ，保存可能期間が長い。

表2 食品の変質要因

要因	変質・変敗の状態
微生物	微生物の繁殖作用により食品が分解, 発酵が起こる。それにより味や匂い, 色などに変化が起こるが, ある程度変敗が進行しないと感じられないことがある。
水分変化	乾燥食品の吸湿, 含水食品の乾燥により変質が起こる。吸湿により菌類（カビ）の繁殖などを伴うこともある。
酸化	酸素による食品成分（脂質や色素など）の化学的変化（酸化）が起こる。色や味, 匂いなどの変化が比較的確認しやすい。
光線	光線の作用により食品成分の化学的変化が起こる。脂質や色素などの酸化や分解により変色が起こりやすく, それに伴う味や匂いの変化も起こる。
温度変化	保存中の加温もしくは冷却により内容品の変質が起こる。粘度変化や固化などの状態変化が起こりやすい。

する方法（レトルト食品）と, ②高温で殺菌処理した食品を, 無菌化した容器に無菌充填する方法（無菌充填食品, 無菌化包装食品, クリーン包装食品など）がある。

その他, 食品を容器に充填し, 100℃以下の加熱により殺菌処理する方法（ボイル殺菌食品）と, 冷蔵による低温保存, 塩蔵・砂糖漬け等による水分活性制御及び酢漬けなどによるpHコントロールを併用することにより, 食品を長期保存する手法も一般的になっている（表3）。

また, 製品製造時に行われる食品の酸素対策には, ①容器中の空気を抜く（真空包装）, ②容器中の空気を抜き, 不活性ガスを注入する（ガス置換包装）, ③容器中に脱酸素剤を入れ, 容器内の空気に含まれる酸素を取り除く（脱酸素剤封入包装）, などがある（表4）。

表3 食品殺菌方法

包装技法	特徴	対象食品
レトルト殺菌包装	食品を遮光性及びガスバリアー性を有する密封容器に充填し, 食品の中心温度を120℃で4分以上（F＝3.1以上）保持するように加圧加熱殺菌する。	カレー, スープ, 食肉加工品, タレなど
無菌充填包装	食品を高温短時間殺菌し, 食品に接する包装材料面を過酸化水素水に浸漬後, 高温乾燥して無菌化した後, 無菌的に充填する。	紙パック入り牛乳, 果汁飲料, 充填豆腐, 豆乳, 流動食など
静菌化包装	高温殺菌した食品を, バイオクリーンルーム（クラス1,000以下）で包装容器に無菌化充填されたもの	チーズ, ハム, 無菌米飯, めんつゆなど

表4 食品の酸素対策

包装技法	特徴	対象食品
真空包装	容器中の空気を真空で脱気して密封する。乾燥品以外は, ボイル殺菌する。	乳製品, 食肉加工品, 水産加工品など
ガス置換包装	容器（パウチも含む）の残存エアーを脱気し, N_2, CO_2, O_2ガスと置換し密封する。	どらやき, 削り節, スナック, お茶など
脱酸素剤封入包装	ガスバリアー性容器に, 食品と一緒に脱酸素剤を入れて密封する。	菓子, もち, 米飯, 乳製品など

第6章　高齢者食品向け容器・包装技術

これらに加え，容器にバリアー性（物理的強度により微生物の侵入を防ぎ，酸素や水蒸気等を通過させないこと）を持たせることにより，製品の製造時の状態を長期間維持することが可能となる。

2.4　長期保管のための包装容器と包装技術（流動食パウチ製品を具体例として）

ここからは，流動食ソフトバッグ製品を例に挙げ，高齢者向け食品の長期保管のための包装容器とこれらの製品に必要な包装技術について述べる。

2.4.1　流動食について

（1）流動食市場

図2に示すように流動食の使用量は年々増えており，これからも超高齢化社会が進行することから，流動食の使用量はさらに伸び，流動食市場もさらに拡大していくものと予測される。

（2）流動食の摂取方法

流動食は，噛む力や飲み込む力が衰え，充分な食事が出来ず，低栄養状態に陥る高齢者へ，安定して栄養を摂取するための液体状食品である。この流動食には液体のものと半固形のものがある。これらはどちらもそのまま飲むことも可能であるが，それぞれ経口や経鼻（経管）もしくは胃ろう（PEG）を経由して摂取されることが多い（図3）。

（3）流動食製品の種類

食品・医薬品のメーカー各社から，各摂取（投与）方法に対応した様々な包装形態の製品が販売されている（図4）。

近年では，経管栄養摂取においては，看護介護師不足による効率化の要求や，院内感染防止等の衛生管理の面から，従来からあるイルリガードルボトルによる投与から，チューブを接続するだけで使える利便性，ワンウェイ（1回の使い捨て）製品のため衛生管理が容易であることなどから，スパウト付きソフトバッグ製品への切り替えが進んでいる。

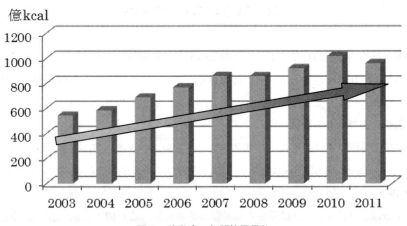

図2　流動食の年間使用量[2]

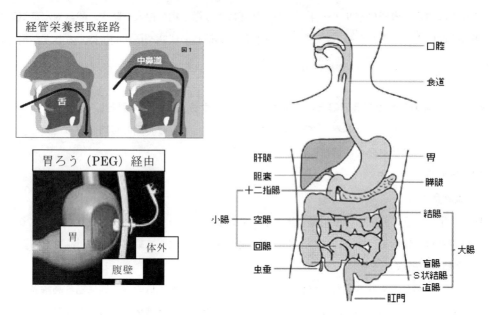

図3　流動食の摂取方法

摂取方法	経口（飲む）	経管栄養	
		ボトル経由	パウチ接続
製品例	 ブリックパック カート缶	 ブリックパック	 スパウト付き ソフトバッグ

図4　摂取方法に対応した包装形態

　現在市販されている流動食ソフトバッグ製品の形態には様々なものがあるが，主に図5のようなものがある。現在は利便性とコストの関係から，スパウト＋ジッパー形態が数多く採用されている。

2.4.2　滅菌処理とフィルム構成

　流動食の滅菌処理は主にレトルトと無菌包装であるが，パウチの表面は製品保護（耐久性）のためにPETやナイロンが用いられるというのは共通しているが，接着層のフィルムが異なる。

（1）レトルト

　120℃/4分以上（F=4）の殺菌をする必要があるため，これ以上の耐熱性が必要となる。一般にパウチのヒートシール層やスパウトには，融点が高いポリプロピレンが用いられる。

第6章　高齢者食品向け容器・包装技術

チューブ接続	スパウト	スパウト	別添コネクター
補水開口部	スパウト	ジッパー	スパウト
製品外観例	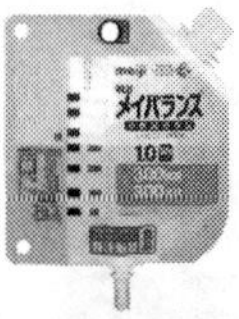		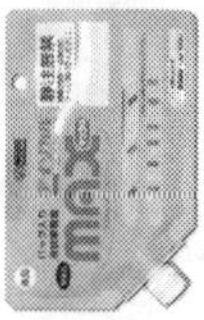
特徴	チューブに直接接続可能なスパウト付き。口径の大きな補水専用スパウトも付いている。	チューブに直接接続可能なスパウト付き。補水にはジッパー部を開口する。	大きめの口径のスパウトが1個付いており、補水とコネクターによるチューブ接続とを兼ねる。

図5　流動食ソフトバッグ製品の形態

なお、レトルト食品に使用する包装材料は、食品衛生法にて以下のように規定されている。
・遮光性を有し、気体透過性のないもの（ただし、内容物が油脂の変敗による品質の低下の恐れのない場合は除く）
・水を満たして密封し、製造時の加圧加熱条件と同一の加熱を行なった時、破損、着色、変形、変色などをしないもの
・耐圧縮試験：内容物の水漏れがないこと
・ヒートシール強度試験：強度23N（ニュートン）以上
・落下試験：内容物の水漏れがないこと

また、日本農林規格では「材質」と「状態」について以下のように規定されている。
・材質の内側は、ポリエチレンフィルム、ポリプロピレンフィルムであり、外側はアルミニウム箔（アルミ箔）とポリエステルフィルム、ポリアミドフィルム（ナイロン）、ポリエチレンフィルムまたはポリプロピレンフィルムを多層に貼り合わせたものであること
・内側はポリエチレンまたはポリプロピレンのフィルムであり、外側はアルミ箔であること
・状態は、外観が良好であること、ヒートシール部の内側に内容物のかみ込みがないこと

（2）無菌充填（アセプティック充填）

無菌充填では、滅菌処理をした流動食を無菌環境下で充填するため、ソフトバッグ自体を事前に滅菌する必要がある。ちなみに、包装容器の滅菌処理には、図6のように様々なものがあるが、ラミネートフィルムでできたソフトバッグにガンマー線滅菌を行う場合には、バッグのシール層やスパウトには、ポリプロピレンと比較し、より放射線で劣化しにくいポリエチレンが用いられる。

2.4.3　ソフトバッグのバリアー性

滅菌処理をした流動食も、味や成分、濃度などの点での変質を防ぐためには、酸素や水蒸気などのバリアー性が重要となる。そのバリアー性能が高ければ高いほど、内容品の変質を防ぐことができ、賞味期限の長期化が期待できる。

ソフトバッグのバリアー性能は、構成された全てのフィルムの種類と厚さにより決まるが、特

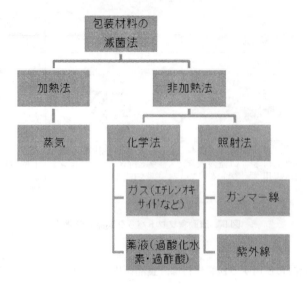

図6　無菌充填用包装資材の滅菌法

にバリアー層を設けることにより，酸素や水蒸気のバリアー性が著しく向上する。

表5の通り，各社の流動食ソフトバッグにはバリアー層を設けたラミネートフィルムが用いられており，各社で多少の差はあるものの，その性能は非常に高く，ハイバリアー包材となっている。バリアー層については，酸化アルミ蒸着およびEVOH（エチレン・ビニルアルコール共重合体）が使用されることが多い。

2.4.4　製品の使いやすさ

今日では，製品の使いやすさに配慮することは重要であり，普段の生活では気がついていないだけで，様々な配慮がなされた製品はもはや当たり前ともなっている。例えば，前項でソフトバッグのバリアー性について述べたが，ここで長期保管を考慮するならば，なぜ酸素や水蒸気を全く通さないアルミ箔を使わないのか疑問に思われると思う。しかし，流動食用ソフトバッグ製品が全て透明の材料構成であるのは，使いやすさに配慮した結果である。袋が透明で中身が見えることにより，投与前に内容品に異常が無いかを確認でき，投与中には内容品の残量が確認できる。また，アルミ箔を用いたフィルムは硬く，袋の端で手を切る可能性もあり，安全面からも敬遠される。

表5　流動食ソフトバッグ用ラミネートフィルム

メーカー	A社	B社	C社	D社	E社	F社	G社	H社
構成	4層	4層	3層	3層	3層	3層	5層	4層
バリアー層	Al_2O_3蒸着	Al_2O_3蒸着	Al_2O_3蒸着	Al_2O_3蒸着	Al_2O_3蒸着	Al_2O_3蒸着	EVOH	EVOH
酸素透過度	1.89	0.25	0.54	0.11	0.16	0.02	0.05	5.54
水蒸気透過度	1.93	2.00	1.73	1.02	1.03	1.80	1.24	4.03

※酸素透過度＝[cc/m^2・24hr・atm] 30℃, 70%RH, 水蒸気透過度＝[g/m^2・24hr] 40℃, 90%RH

第 6 章　高齢者食品向け容器・包装技術

表6　ユニバーサルデザイン7原則[3]（より多くの人に使い易くする）

1	公平な利用	様々な人が同じ手段を利用できること
2	利用における柔軟性	使う際の自由度が高いこと
3	単純で直感的な利用	使う際に直感的に（簡単に）理解することができること
4	認知できる情報	様々な人にも情報が認知できること
5	失敗に対する寛大さ	失敗に対し寛容であり，また最小限にさせること
6	少ない身体的努力	利用の際の身体的な負担が少ないこと
7	接近や利用のためのサイズと空間	利用するために充分に近づき，使える寸法および空間があること

　これからの製品は，高齢化社会の更なる進行から，今までよりも一層ユニバーサルデザインの考え方に考慮することが重要となる。

　また，流動食に関しては，世界的な利用人口の増大を背景に，現在，誤接続防止のための医薬品・食品関連の国際規格（ISO80369-3：医療機器品質マネジメントシステム（栄養））が策定中であり，2015年頃に制定される予定である。これにより，投与チューブに関する接続部品形状が，静脈注射等の接続具と接続できなくなるため，ニュースなどで時折聞かれるような医療事故の懸念がかなり減少するはずであり，使いやすさがさらに向上すると考えられる。

2.5　おわりに

　日本では高齢化社会の更なる進行に伴い，これからも高齢者向け食品の製品群は拡大を続けていくであろう。その製品群を安定供給するためにも長期保存が可能な包装容器は必須である。

文　　　献

1）　日本介護食品協議会 HP（http://www.udf.jp/index.html）
2）　日本流動食協会 HP（http://www.ryudoshoku.org/）
3）　日本ユニバーサルデザイン研究機構 HP（http://www.npo-uniken.org/）

相羽孝昭・西出亨・横山理雄，「便利で美味しく安全なこれからの高齢者食品開発」，幸書房（2006）

3 高齢者向け液体食品のスパウト付き包装容器の機能

大山 彰*

　高齢者向けの液体食品であるが，高齢者と言うよりも，栄養摂取の困難な人達に対する液体食品である「流動食」を中心に述べる。

　流動食の包装形体として，高濃度栄養補給食品の面から，無菌包装容器の代表であるテトラパックが着目され，新たな投資を必要としない面もあり，各社が一斉にその包装形態で商品化が広がった。テトラパックは大変手軽で衛生面にも優れているが，流動食を必要とするような栄養摂取の困難な人達は，経口摂取のできない人が多い。非経口の経管摂取にはテトラパックでは不向きであり，専用の経管バッグ等への詰め替えが必要となり，その煩雑性と衛生面での問題を抱えている。

　それを解決する包装形体として，ソフトバッグと呼ばれるスパウト（ポート）付きパウチが1980年代の後半に登場し，その後大きく市場を伸ばしてきた。また，胃ろう（PEG）と呼ばれる患者への投入方法の発達に伴い，当社製品のチアーパック®に代表されるスパウト付きパウチを使った高粘度の半固形化された商品が登場し，市場を大きく伸ばしてきた。表題のスパウト付き包装容器では，この二つの点について述べてみたい。

　はじめにソフトバッグであるが，利便性と安全性にはとても優れているが，テトラパックと比較すると包材コストが大幅にアップしてしまい，販売価格の上昇を招いた。しかしながら，テトラパック型の商品では，イルリガートルのような医療器具に頼らざるを得ないし，器具の使い回しや不完全な洗浄等から，衛生面で患者への負担が大きくなる。また，そうした器具の購入費とリスクを考えると，ソフトバッグ型の商品の割高感が消えてきて，市場では割高になっても詰め替える手間と，その安全性から一定の伸びを示してきた。

　しかし，介護保険や医療保険の改正並びに病院等の経営環境の厳しさから，価格選別が一層進んでいるようである。包材専門メーカーから見ると，先発のソフトバッグの形体は，包装容器の製造コストを無視し，ニーズだけに特化して開発された包装容器のように映る。利便性が高く，安全なソフトバッグであるが，こうしたコストを無視した開発の結果，高価な商品になってしまい，潜在的な需要を大きく伸ばせないままになっている。また，ソフトバッグ型の商品は高価なため，流動食メーカーの収益も押し下げているのが実態であるとみられる。

　当社では，そうした点を徹底的に洗い直し，シンプルな構造にすることで製造コストを大幅に下げ，且つハンドリング性の改善も狙って新たなバッグを開発した。この製品の最大の特徴は，ソフトバッグの開封性改善とスパウト（ポート）のワンピース化（写真1）である。

　先発のソフトバッグはスパウト（ポート）が複数のパーツで構成され，且つアルミでスパウト（ポート）を密封シールする構造になっている。これを簡素化したものでも，ツーピース構造の

---

*　Akira Ohyama　㈱細川洋行　営業事業部　取締役副事業部長

第6章 高齢者食品向け容器・包装技術

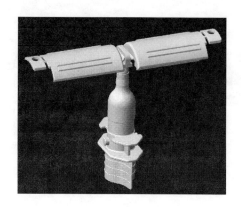

写真1　ワンピーススパウト（ポート）

ままであり，スパウト（ポート）部を一体化するための工程が必要なのには変わりはない。

　それに対して，当社で開発したワンピース型のスパウト（ポート）は，金型費用も含めて大幅なコストダウンを実現した。パウチに装着するためのセットアップが不要となり，大幅なコスト削減に寄与する構造を実現した。パウチ部分では，バッグの開封性（写真2）を簡便にし，加水して再封する際のチャック部と，開封時に内容液の飛散防止の構造部を一体にしたチャック（写真3）を開発した。

　これにより，パウチ製造工程を簡素化し，利便性と大幅なコストダウンを両立させることに成功した。この結果，味の素のソフトバッグ（写真4）に全面採用となった。

　また，前述のワンピース型スパウト（ポート）とチアーパック®との組合せにより，ソフトバッグのコストを更に半分にする包材の提案を，各ユーザーに紹介しているところである。

　チアーパック®は，製袋スピードが速く，面付けも多く，現行のソフトバッグと比較すると大幅なコストダウンが可能である。チアーパック®とワンピース構造スパウト（ポート）との組合せが「究極的な低コストソフトバッグである」と自負するところである。再封可能なチャックは

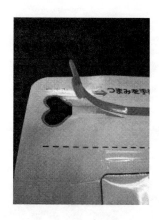
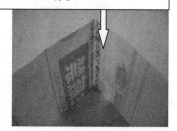

・チャック嵌合部に内容物が触れない構造
・袋表面にのみチャック嵌合部がある
・チャック下部に容易に開封ができる様にポイントシールがある

写真2　オープニングテープ　　　　写真3　チャック

261

写真4 ソフトバッグの採用実績

付かないが，患者の状態によっては，現行のソフトバッグ型の良さを損なわず，半分のコストが可能なソフトバッグ型（写真5）の包材は，魅力ある商品の提供が可能になると考えている。

流動食の摂取にはスパウト（ポート）付きの包装容器が不可欠であり，問題はコストだけである。このコストが解決出来れば，まだまだ伸び代が大きい包装容器であると思われる。使う側にも売る側にも大きなメリットが期待できると確信する。

次に，半固形流動食に採用されているチアーパック®型包装容器について述べる。前述したように，流動食の摂取方法として胃ろうへの注入を中心に，ソフトバッグ型の商品が一定の伸びを示している。ただし，ソフトバッグ型の濃厚流動食は粘性がないため，注入スピードによっては胃食道逆流現象や下痢を伴う場合があり，患者への負担が大きいと言われている。特に逆流した流動食が肺に入り込む誤嚥性肺炎を併発する可能性があり，危険が伴う。誤嚥性肺炎は死亡原因の第4位に数えられ，特に注意が必要である。そこで粘性の高い半固形化した流動食にすると，胃ろうから注入しても胃から食道への逆流の心配や下痢の発生も抑えることができると発表された。

さらに，寒天による栄養剤の固形化が発表されると，瞬く間に全国に広がっていった。こうした粘性の高い内容物を経口摂取するにせよ，胃ろうから注入するにせよ，弊社が世界で初めて開

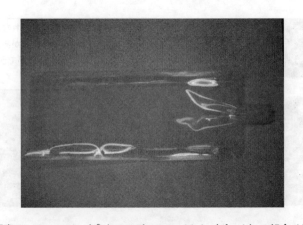

写真5 チアーパック®とワンピーススパウト（ポート）の組合せ例

第 6 章　高齢者食品向け容器・包装技術

発したチアーパック®（スパウト付きパウチ：写真 6 ）があって初めて可能になったわけである。
　カップタイプのゼリーもあるが，胃ろうに注入するには，容器に移し替える必要があり，その点ソフトバッグとは違って，チアーパック®での商品化はトータルコスト面でも，市場から受け入れ可能な商品となった。また経口摂取でも嚥下困難者にはチアーパック®型の方が楽に摂取できる。このような患者には栄養剤の濃厚流動食だけでなく，水分補給としてもチアーパック®型の容器包装が主流となっている。
　半固形流動食は，粘度によって注入スピードに差が生じる。また粘度が増せば増すほど，注入する人の手による圧力を強くしていかなければならない。介助者のこうした負担を和らげるために，粘性を落として注入しやすくした製品が出されているが，注入しやすくなった分，逆流の危険性が増してしまう。
　こうした背景から，粘度の最適な数値化に至っていない中，当社としては，現状の粘度をそのままにして，パウチの形状を革新することによって，注入する介助者の負担を大幅に低減できるチアーソフト®（写真 7 ）を開発した。
　現状のチアーパック®型は，四隅にシール部があって，パウチを手で圧縮させて胃ろうに入れる際に，その四隅のシール部が手に食い込んで痛みが伴う。粘性の高さに比例して，押し続ける時間と手にシール部が食い込んで痛みを伴う時間が延びるわけである。今回開発したチアーソフト®は，その四隅のシール部が完全になくなっている。
　この製品は，半固形流動食を扱っているメーカーから非常に高い評価を得ている。流動食メーカーは，介助者の負担を気にせず，患者本人に最適な粘度設計が許されることになる。これによっ

写真 6　チアーパック®の採用例

写真 7　チアーソフト®

て胃食道逆流のリスクが無くなり，介助者の負担が少ない包装容器は，流動食の発展に大きく寄与すると確信する。

　高齢者の栄養摂取は深刻な問題であり，患者の状態によって，安全且つ簡便に，そして低コストで毎日摂取できる環境が，老後の豊かさをもたらすものと考えている。そうした環境を実現するには，包装容器の果たす役割が非常に高く，更なる開発が求められていると思う。

文　　　献

1）　石谷孝佑監修「最新食品用機能性包材の開発と応用」，日本食品包装研究協会編，シーエムシー出版，丹羽　進,「スパウト（吸い口）付きパウチ」, 136-143（2006）

4 高齢者食品の開封強さの考え方と易開封性・イージーピール

大須賀 弘[*]

4.1 はじめに

　ISO/1EC ガイド 71：2001（Guideline for standards developers to address the needs of older persons and persons with disabilities）は，高齢者・障害者配慮の標準化の重要性に鑑み，日本が 1998 年に ISO へ提案し，規格作成ワーキンググループの議長，幹事国を務めて 2001 年 11 月に制定されたものである。このガイドは，高齢者・障害者配慮の製品，サービス及び生活環境に関する規格作成者に設計ガイドライン（指針）を与えるものであると共に，消費者や生産者にとっても有用な国際的なガイドである。この提言書の原案は，㈶日本規格協会が経済産業省の委託を受け，「高齢者・障害者配慮生活用品の標準化に関する調査研究」により作成し，消費者政策特別委員会において審議し公表したものである。この ISO/IEC ガイド 71 の制定を受けて 2003 年 3 月に JISZ 8071：2003「高齢者及び障害のある人々のニーズに対応した規格作成配慮指針」が制定された。また，2003 年 6 月には上記調査研究をベースにした「高齢者・障害者への配慮に係る標準化の進め方について」という提言書が発表されている。

　この JIS 指針の「7. アクセシブル・デザインを確実にするため，規格作成時に配慮すべき要素」の概要には「7.1 心身の機能等の劣った人々が製品やサービスや環境を利用する際に，どのような課題が生じるのかを規格の作成に携わる人が見きわめるのに役立つように作られている」としており，「7.2 個々の表の目的」に「包装に関する箇条での配慮すべき要素」が挙げられている。ここには包装に関する具体的な記述はないが，8.12.4 項には「容器と袋等容器は開閉しやすいように，適切な形，大きさ及び表面仕上げであることが望ましい。食品の袋等の開けづらい包装では，使用者が開封しようとして刃物を用いる可能性があるので，怪我の原因にもなり得る。包装は，中身の安全確保と両立する範囲で，可能な限り弱い力でも開閉できることが望ましい」という記述がある。

　包装・容器についての高齢者・障害者向けの指針 JIS には，具体的には以下のものがある。

　　a）JIS S 0021：2000 高齢者・障害者配慮設計指針－包装・容器
　　b）JIS S 0022：2001 高齢者・障害者配慮設計指針－包装・容器－開封性試験方法
　　c）JIS S 0022-3：2007 高齢者・障害者配慮設計指針－包装・容器－触覚識別表示
　　d）JIS S 0022-4：2007 高齢者・障害者配慮設計指針－包装・容器－使用性評価方法
　　e）JIS S 0025：2004 高齢者・障害者配慮設計指針－包装・容器－危険の凸警告表示

4.2 開封性の JIS 規格

4.2.1 JIS S 0021：2000 高齢者・障害者配慮設計指針－包装・容器

　この規格の序文には「身体機能が低下した高齢者，障害者を含むすべての人が用いる包装・容

---

　*　Hiroshi Ohsuga　一般社団法人 日本食品包装協会　顧問

器に関し，識別性，使用性の向上のために望ましい配慮事項について規定する」と書かれている。「3．包装・容器の表示などに対する配慮事項」として開け口，開封部の場所を識別しやすくすること，「4．開けやすくするための配慮事項」として，フィルム容器の場合，ノッチをつけるなど手で簡単に開けられるようにすることや，シールされた容器の場合は充分大きな舌部を備えること，さらに缶のふたはプルタブであること，ねじ式容器の場合には，ねじに縦の大きな溝をつけること，外装ラップフィルム，収縮フィルムには開封用の短冊などをつけることが記されている。

4.2.2　JIS S 0022［高齢者・障害者配慮設計指針－包装・容器－開封性試験方法］

　このJIS規格はユニークな規格で，まさに使用者側に立って作られた規格である。7種類の容器・包装の開封性を数値化しようとしている。この試験法は，JIS Z0238の「ヒートシール軟包装袋及び半剛性容器の試験方法」の内容に全くとらわれない現実的な方法である。引裂き強さについては，一般的には，JIS K 7128-1「プラスチック－フィルム及びシートの引裂強さ試験方法－第1部：トラウザー引裂法」が用いられるが，このJIS S0022では現実的な測定方法が規定されている。屋根型紙パックの開封性も従来の内圧破裂試験を離れて，標準的な方法が規定されている。このようにJISで測定法が規定されたことにより，後述するような様々な開封性の定量的研究が発表されるようになってきている。

4.2.3　JIS S 0022-4：2007 高齢者・障害者配慮設計指針－包装・容器－使用性評価方法

　このJIS規格は，消費生活用製品の包装・容器の使用性について使用者の立場で客観的に評価する方法について規定したものである。この規格「4 包装・容器評価項目一覧表」には，JIS Z 8071に規定されている「配慮すべき要素」から包装・容器に関連する項目を抽出し，あらゆる形態の包装・容器にも適用できるように「基準」として共通化・一般化したものである。表1

表1　包装・容器の評価項目の一覧

区分		評価項目
開封	開封箇所	開封箇所は分かりやすいか ・直観的な認知，一般的な開封箇所 ・開封箇所の分かりやすさ 視覚に頼らなくても開封箇所は分かるか ・触れて分かる切れ込み，開封部に凸凹加工など
	開封方法	開封方法は分かりやすいか ・直観的な認知，簡単な開封構造 ・新しい開封構造の場合，開封の手順・図解の分かりやすさ
	開封性	開けやすいか ・開けやすさの配慮（つまみ，直線カット性，滑り止め等） ・弱い力，手指の大きさ，利き手などへの配慮
再封	再封方法	再封方法は分かりやすいか ・直観的な理解 ・再封の手順・図解の分かりやすさ
	再封性	再封しやすいか ・弱い力，利き手などへの配慮 ・再封確認のしやすさ（感触・音など）

第 6 章 高齢者食品向け容器・包装技術

には「高齢者及び障害のある人々に配慮した設計」の観点から，上記一覧表から抜粋した包装・容器の開封性，再封性について評価すべき項目をまとめている。

この評価項目を評価する製品の特性に応じた適切な表現に置き換えていくことによって，評価項目の抜けと偏りを防止するものとして表1を用いることができる。評価項目の区分には，購入，保管（開封前），開封，使用，再封，保管（開封後），分別，排出と分けられ，具体的に示されている。実際の評価は，出来れば比較品と同時に行い調査票を用いて評価すると良い。

4.3 バリアフリーとユニバーサルデザイン

日本では，当初はバリアフリーという用語が「広義の障害者を含む高齢者等の社会生活弱者が，狭義では障害者が，社会生活に参加する上で生活の支障となる物理的な障害や精神的な障壁を取り除くための施策と，具体的に障害を取り除いた状態」を意味する用語として広く用いられた。しかし，世界的にはこのような用例は少ないということで，最近では「全ての人のためのデザイン」を意味し，年齢や障害の有無にかかわらず，最初からできるだけ多くの人が利用できるようにデザインすることを意味するユニバーサルデザインという用語が一般的に用いられている。

高齢化社会が進展して高齢化人口が増えているが，このような世の中が予想されなかったわけではないし，高齢者・障害者は昔からいたので，バリアフリー包装，ユニバーサルデザイン包装という考え方は古くからあった。筆者が「1997年のバリアフリー開封容易包装例」にリストした実例の中には，開口箇所の判別が容易，指が掛かる，滑りにくい，弱い力で開く，片手で開く，内容物が余分に出ないなどの区分と包装の実例が挙げられている。また，再封性についても実例が挙げられている。このように，易開封，易再封という考え方は古くからあり，年々改良が加えられている。

4.4 種々の易開封性の考え方

前述のような高齢者・障害者用の規格が作られるのは，高齢者の身体機能が低下するからである。図1は，引用文献の表の一部を抜粋した「日常生活のアンケート結果」[1]であるが，加齢とともに身体機能が着実に落ちることが分かる。上から6番目の「調味料や茶の袋を開封するのに苦労する」が，7番目の「ボトルのふたの開封」や8番目の「缶のプルトップの引き開け」よりも加齢による困難さが大きくなっている。このように，全ての開封力が加齢とともに一律に低下するのではなく，体の部位の力量の低下度合いに応じて開封の困難性も異なってくる。

山梨大学の花輪先生が高齢者・障害者の医薬品包装についてまとめておられる[2]。例えば，既存の散剤・顆粒剤の包装に用いられている分包包装について，引張り強さを機械測定と人による官能試験から測定し，手指の機能に障害がある患者に適した包装形態を検討した結果，開封しやすい包装の条件として開封強度が11.4 N 未満であり，アイ（I）ノッチを付けることであると結論している。実際の医薬品包装に着目すると，①切り口を表示した例，②真空状態で包装することにより内容物の安定性を担保するとともに注意事項の印字面積を広くしたもの，③海外での販

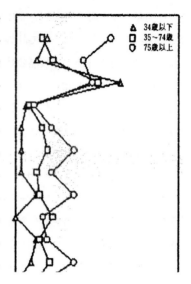

図1　加齢とともに落ちる身体機能のアンケート

売を想定して開封部分に必要事項のための印刷スペースを広くとったことが，偶然にも開封時に必要な「ねじりの力」の低下に役立っていると思われるものなど，様々な包装形態がある。

最近の具体的な易開封の考え及び実例を示すと，大日本印刷[3]は「パッケージにおけるユニバーサルデザインの5原則」として以下のような原則を挙げている。

原則1）必要な情報の分かりやすい表現

原則2）簡単で直感的な使用性

原則3）使用の際の柔軟性・安全性

原則4）適切な重量とサイズ

原則5）無理のない力や動作での使用感

これら原則が開封性に適用されている実例はいろいろある。原則1の例としては，パウチの開封口の位置，カット位置が分かりやすく示されているもの，原則2の実例は，液体詰め替えパウチで，形を工夫することで，経験や知識，知覚能力などに関係なく，正しい使い方になるようになっている。原則5の実例の紙カートンは，無理な姿勢や必要以上に強い力を使わずに，スムーズに取り扱えるようになっている。

次にお菓子の易開封性[4]の例を示す。文献では，包装の基本機能として，①内容物の保護，②利便性，③情報伝達，④安全・安心の確保，⑤美粧性の5つが挙げられるが，その中の②利便性の解釈の範囲を広げて，お客様にとっての「使いやすさ」の追求がUD視点での包装設計と考え，お客様への「思いやり」を包装で具現化するという視点で行われた菓子の包装のUD化の事例が紹介されている。また，外装の開封口を分かりやすい色使いで「あけくち」と表示した例や，左利きの人にも配慮した左右どちらからでも開封できる「あけくち」や，カートンの開け口部を設ける稜線の部分の罫線を円弧状に変形させ，凹ませて開け口部分に指が引っ掛かるように

第6章　高齢者食品向け容器・包装技術

し，触覚で開封口と分かるようにした例，袋包装を中身が取り出しやすい方向に引き裂くことができるように加工して，引き裂きの案内表示をしている例などがある。

4.5　開封性の定量的評価の動向

最近の動向として，易開封性を定量的に評価する傾向が増えている。以下，包装形態ごとにいくつかの例を示してみる。

4.5.1　袋の開封性[5]

背張り袋の開封性が定量的に検討された例がある。背張り袋の開封力が，剥離長さLに比例することから，狭幅シールによる剥離長さの減少に示されるように，シール部に幅の狭い部分を設けてLを小さくすることで，開封の力を減少させることが試みられている。「開封に要する力の計算値と実測値」が示すように，狭幅シールによりLが小さくなり，それに伴って剥離力のS-Sカーブのピークが低下して曲線の下の面積が減少し，結果として開封の仕事量が小さくなることが計算値から推測され，実測値でも確認されている。実際に，開封時のつまむ位置により剥離の長さLが変動し，つまむ位置がシール部に近くなるほどLが小さくなり，剥離の力が小さくなることが予想されるが，これについても計算値，実測値とも剥離の仕事量が小さくなることが検証されている。

4.5.2　カップ容器の開けやすさ[6]

カップ型容器を開けやすくするためには，開封の際に発生する蓋の剥離強度を低く抑える必要がある。図2の「摘み（タブ）部分の長さと引張り力の関係」は，タブの長さと引張る力の関係を示している。タブが長いほど引張り力は上昇し，一般的なタブの長さの15 mmでは，幼児で14 N（ニュートン），高齢者で23 N，一般女性で26 Nの値となっている。したがって，特定のタブの長さに対して，この引張り力未満の剥離強度を作ることによって開けやすさが実現できる

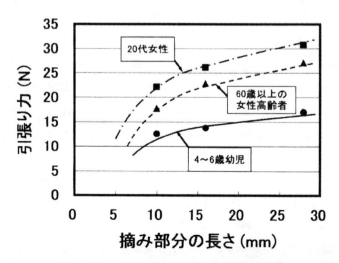

図2　摘み（タブ）部分の長さと引張り力の関係

ことに着目し，タブ長さを長くした商品が実用化されている。

また，前項の袋の開封性と同様に，カップ型容器における剥離強度の推定ができる。カップ容器における開封の仕事量が計算され，実測値と一致する例が示されている。これをさらに発展させて，開封性を重視したカップ型容器を作ることができるが，それにはタブを大きくし，かつ剥離の開始点を鋭角にして初期の剥離力を小さくすることである。

4.5.3　クロージャーの易開封性[7]

クロージャーの開栓に関する要求事項としては，例えば，ヒンジタイプキャップの上蓋の開閉強度や中蓋のプルリングの引張開封強度などにおいて「非常に大きな力が必要である」との指摘があり，握力，引張力，締付力，ピンチ力などと開閉性の関連の研究が行われている。高齢者20名，若年者10名（男女同数）について力量検査を行い，理想の引張力について，全体の最小値を対象とした場合は16.8 N（ニュートン），女性ユーザーの平均を前提とした場合は40.0 N以下が好ましいという結果を得ている。プルリングを引っ張って開封するタイプのクロージャーについては，開封強度を最大強度54 NのB試料と42 Nまで下げたA試料を試作し，ユーザビリティーの評価を行い，42 N（A）の方が良いという被験者28％に対し，54 Nの方（B）が良いと評価した被験者61％の結果を得た。このように，開封に関する評価は最大開封強度だけを設計値として管理するだけでは完全ではないことが分かっている。開封時の荷重の変化は，開封荷重曲線で示されるように，評価の良かったB試料は第1ピーク後の荷重低下が素早く滑らかであるのに対し，A試料は第1ピークの後にさらに小さなピークがあり，B試料より高くなっている。荷重曲線から考えて，開封力を改善するために応力を集中させるように形状を変更して改良品を作成し，引張り力のピークも小さくなり，開封にかかる総荷重も小さくなり，ユーザビリティーの評価では，改良後の開封の方が明らかに良いと全ての被験者に評価された。この研究では，使い勝手の善し悪しを判断する項目として，開封の心地良さ等の感覚的な要素も非常に関係していることが分かったとして，感覚的な表現を数値として管理することが有効であるという結論を出している。

4.5.4　イージーピールの研究[8]

シール部の剥離形状には，凝集剥離，共押出し品の層間剥離，界面剥離があるが，シール温度，時間等の外的条件に左右されずに安定した剥離強さが得られるのは凝集剥離である。幾つかの典型的な剥離設計では，基本的な例として，同種のポリマーは加熱溶融時に相溶するためシール出来るが，異種材料では非相溶であるため，明確な界面が存在し，界面の相互作用は著しく弱いためシールできないことを利用するという剥離設計がある。容器にポリプロピレン（PP），フタ材のシール層にPPとポリエチレン（PE）のブレンドを用いると，同種材料のPPは相互にシールできるが，PPとPE間ではシールできず，フタ材のシール層にPPとPEの組成や分散の程度を考慮することにより，剥離設計をしている。

これを敷衍した例として，PPホモポリマーと少量のエチレン成分とのコポリマーを用いた例がある。PPコポリマーとLLDPE（直鎖状低密度ポリエチレン）のブレンド試料ではシール温

第 6 章　高齢者食品向け容器・包装技術

度100℃以上でシール強度は顕著に増加する。これに対し，PPホモポリマーとLLDPEブレンド試料では，シール温度120℃以上から強度は徐々に増加するが，150℃においても8 N/15 mm以下であり，剥離性は確保され，シール温度により剥離強さの制御も可能であるという。

袋やカップの開封性について，形状を主とする物理的対策とともに，このような材料面からの配慮により，より高齢者・障害者に適した開封性を追求することができる。

文　　献

1）　畠中順子,「人間生活工学から見た包装のユニバーサルデザイン」, 包装技術, **42**(12),（2004）
2）　花輪剛久,「高齢者にやさしいバリアフリー製剤」, 薬事, **53**(4),（2011）
3）　土村健治,「パッケージにおけるユニバーサルデザイン」, 日本印刷学会誌, **46**(3),（2009）
4）　田中定典,「菓子包装におけるユニバーサルデザイン化事例」, 包装技術, **46**(5),（2008）
5）　若井宗人他,「袋型容器の剥離開封の幾何学的検討」, 日本包装学会誌 **20**(3),（2011）
6）　松野一郎,「乳・乳製品の容器にみるユニバーサルデザイン」, 包装技術, **46**(5),（2008）
7）　遠藤明子, 津島秀成,「力量計測に基づいたクロージャーの設計値について」, 包装技術, **44**（2004）
8）　宮田剣,「剥離特性の制御と加熱接合のメカニズム」, 日本包装学会誌, **21**(1),（2012）

第7章 高齢者福祉施設などにみる高齢者の食事と食介護の問題点

1 食介護とサルコペニア

若林秀隆*

1.1 はじめに

　食介護とは「高齢者が人として尊重され，幸せに生きていくために，食をとおしてよりよい栄養状態・QOLを維持・向上できるように支援していくこと」である[1]。そして，単なる食事介助ではなく，高齢者が個々に保有する食文化・食習慣などをも包含した"食環境"を包括的に理解・把握したうえで「口からおいしく食べられる食によって高齢者を全人的に介護・支援しようとするもの」である[1]。

　高齢者の食を支援するためには，高齢者の特性を考慮した評価が重要となる。近年，高齢者の寝たきり，摂食・嚥下障害，呼吸機能障害の原因の1つとしてサルコペニアが注目されている。ここでは食介護とサルコペニアについて紹介する。

1.2 サルコペニアとは

1.2.1 サルコペニアと診断基準

　サルコペニアは日本語にすると骨格筋減少症，筋減弱症という意味になるが，サルコペニアとそのまま使用することが多い。サルコペニアの定義には，狭い範囲のものから広い範囲のものがある。狭義では加齢による筋肉量の低下[2]，広義ではすべての原因による筋肉量と筋力の低下となる[3]。つまり，広義では廃用症候群や低栄養による筋肉量と筋力の低下もサルコペニアである。

　サルコペニアの定義が統一されていないため，サルコペニアは狭義つまり加齢による筋肉量低下の意味で使用して，加齢による筋力低下はダイナペニア[4]，すべての原因による筋肉量と筋力の低下はミオペニア[5]と呼ぶことが提唱されている。

　サルコペニアの診断基準も統一されたものはない。Cruz-Jentoftらは，筋肉量の低下（例：若年の2標準偏差以下）を認め，筋力の低下（例：握力：男<30 kg，女<20 kg）もしくは身体機能の低下（例：歩行速度0.8 m/s以下）を認めた場合にサルコペニアと診断する基準を提示した[6]。筋肉量と筋力の低下だけでなく，身体機能の低下を含んでいるのが特徴である。

　サルコペニアの診断には，筋肉量の評価が必須である。DEXA，BIA，CT，MRIといった検査機器で筋肉量を評価できる場合には，これらを使用することが望ましい。臨床現場でこれらを使用できない場合，身体計測で上腕周囲長21 cm以下，もしくは下腿周囲長31 cm以下を筋肉

＊　Hidetaka Wakabayashi　横浜市立大学附属市民総合医療センター　リハビリテーション科　助教

第7章 高齢者福祉施設などにみる高齢者の食事と食介護の問題点

量低下の一つの目安とすることができる。ただしこの場合，サルコペニアと肥満を合併したサルコペニア肥満を見落とす可能性がある。サルコペニア肥満の診断には，検査機器が必要である。筋力の低下と身体機能の低下は，それぞれ握力と歩行速度といった日常臨床で測定可能な項目で判断できる。

1.2.2 サルコペニアの原因

広義のサルコペニアの分類を表1に示す[6]。食介護の実践で問題になるのは狭義よりも広義のサルコペニアのことが多いため，本稿は広義のサルコペニアについて解説する。

原発性サルコペニアは，加齢に伴う筋肉量の低下である。20歳代後半から30歳頃が筋肉量のピークであり，以降は徐々に加齢に伴い筋肉量は低下していく。80歳になると，ピーク時の5～7割程度の筋肉量になる。80歳では2人に1人がサルコペニアという報告もあり[3]，80歳以上の高齢者ではサルコペニアの存在を疑う。高齢者では，筋蛋白質同化刺激による筋蛋白質の合成促進反応と分解抑制反応の減弱（抵抗性）が原因で，サルコペニアが起こると考えられている。

活動に関連したサルコペニアは，ベッド上安静，無重力などによって生じる。廃用症候群による廃用性筋萎縮はここに含まれる。廃用性筋萎縮では原発性サルコペニアと異なり，筋線維数には変化がなく，速筋線維よりも遅筋線維に萎縮を認める。

栄養に関連したサルコペニアは，吸収不良，消化管疾患，薬剤使用，食思不振などに伴うエネルギーと蛋白質の摂取量不足によって生じる。つまり飢餓による筋肉量と筋力の低下である。他の疾患を合併していない神経性食思不振症が典型例である。

疾患に関連したサルコペニアは，進行した臓器不全（心臓，肺，肝臓，腎臓，脳），炎症疾患，悪性疾患，内分泌疾患（甲状腺機能亢進症など）によって生じる。侵襲，悪液質，原疾患（多発性筋炎，筋萎縮性側索硬化症など）による筋萎縮が疾患に含まれる。

侵襲とは，生体の内部環境の恒常性を乱す可能性がある刺激である。具体的には手術，外傷，骨折，急性感染症，熱傷などがあり，急性の発熱やCRPの上昇が目安となる。侵襲下の代謝変化は，傷害期，異化期，同化期の3つの時期に分類される。異化期では筋肉の蛋白質の分解が著明で，分解後のアミノ酸の糖新生で治癒反応へのエネルギーが供給される。一方，同化期では適切な栄養投与と運動療法を併用することで，筋肉量を増やすことができる。

悪液質は，ヨーロッパ緩和ケア共同研究（European Palliative Care Research Collaborative）で以下のように定義されている。「悪液質は多くの要因による症候群である。従来の栄養サポー

表1 サルコペニアの分類[6]

原発性サルコペニア （Primary sarcopenia）	加齢（Age）以外の原因なし
二次性サルコペニア （Secondary sarcopenia）	活動（Activity）に関連したサルコペニア
	栄養（Nutrition）に関連したサルコペニア
	疾患（Disease）に関連したサルコペニア 　侵襲，悪液質，神経筋疾患など

表2 前悪液質・悪液質・不応性悪液質の診断基準[8]

前悪液質	6ヶ月で5％未満の体重減少
	（食思不振や代謝変化を認めることがある）
悪液質	6ヶ月で5％以上の体重減少
	もしくは
	BMI＜20かサルコペニアの場合，6ヶ月で2％以上の体重減少
	（食事量減少や全身炎症を認めることが多い）
不応性悪液質	悪液質の診断基準に該当
	生命予後が3ヶ月未満
	Performance statusが3か4
	抗がん治療の効果がない
	異化が進んでいる
	人工的栄養サポートの適応がない

※いずれもがんなど悪液質の原因疾患が存在することが必要条件

トでは十分な回復が難しい骨格筋減少の進行を認める。脂肪は喪失することもしないこともある。食思不振や代謝異常の併発で蛋白とエネルギーのバランスが負になることが，病態生理の特徴である[7,8]。」

悪液質の原因疾患には，がんだけでなく，慢性感染症（結核，AIDSなど），膠原病（関節リウマチなど），慢性心不全，慢性腎不全，慢性呼吸不全，慢性肝不全などがある。これらの疾患を有する高齢者が低栄養であった場合，その原因は飢餓ではなく悪液質の可能性がある。悪液質を前悪液質，悪液質，不応性（難治性）悪液質の3つの時期に分けて診断する基準がある。（表2）[8]。

1.2.3 サルコペニアへの対応：リハビリテーション栄養

サルコペニアへの対応は，原因によって異なり，リハビリテーション栄養の考え方が有効である。リハビリテーション栄養とは，栄養状態も含めて国際生活機能分類（以下，ICF）で評価を行ったうえで，障害者や高齢者の機能，活動，参加を最大限発揮できるような栄養管理を行うことである[9]。

原発性サルコペニアの場合，レジスタンストレーニングが最も有効である。BCAAも有用であるが，レジスタンストレーニングと併用することが望ましい。低栄養の場合には，適切な栄養管理を併用する。

活動に関連したサルコペニアの場合，不要な安静や禁食を避けて，四肢体幹や嚥下の筋肉量を低下させないことが最も重要である。早期離床や早期経口摂取が大切であるが，臨床では十分に実施されているとは言い難い。レジスタンストレーニングも有効であるが，低栄養の合併に留意する。

栄養に関連したサルコペニアの場合，適切な栄養管理が必要である。他の原因によるサルコペニアを合併していなければ，適切な栄養管理でサルコペニアは改善する。飢餓で不適切な栄養管理のときにレジスタンストレーニングを行っても筋肉量は減少するので，レジスタンストレーニ

第 7 章　高齢者福祉施設などにみる高齢者の食事と食介護の問題点

ングは禁忌となる。

　疾患に関連したサルコペニアの場合，原疾患の治療が最も重要である。同時に飢餓予防の栄養管理と低強度の運動療法を行う。高度の侵襲や重症の悪液質の場合，レジスタンストレーニングは禁忌となる。一方，同化期に移行した侵襲や軽症の悪液質の場合，軽〜中負荷の運動（有酸素運動とレジスタンストレーニング）を行う。悪液質の場合，n-3 脂肪酸（EPA）が有効という報告がある。

　以上のようにサルコペニアの原因にあわせて，臨床栄養管理とレジスタンストレーニングをどう組み合わせて行うかを判断することが必要である。

1.3　食介護とサルコペニア

　食介護を要する高齢者では，サルコペニアを認めることが少なくない。このうち，広義のサルコペニアでその原因が栄養の場合，食事や栄養によってサルコペニアを改善できる。ただし実際には，飢餓単独によるサルコペニアの高齢者は少ない。加齢，活動，疾患によるサルコペニアを合併していることが多く，筋肉量や筋力を増やすためにはレジスタンストレーニングの併用が必要となる。

1.3.1　四肢体幹筋のサルコペニア

　四肢体幹の筋肉のサルコペニアが著明な場合，寝たきりとなり ADL や QOL が低下する。閉じこもりや廃用症候群による寝たきりの多くはサルコペニアであり，脳卒中による寝たきりでもサルコペニアを合併していることがある。栄養によるサルコペニアが原因で寝たきりとなっている場合，適切な食介護で栄養状態を維持・向上することで，ADL や QOL の改善を期待できる。

1.3.2　嚥下筋のサルコペニア

　摂食・嚥下にかかわる筋肉のサルコペニアが著明な場合，嚥下障害となり栄養状態や QOL が低下する。摂食・嚥下障害の原因疾患で最も多いのは脳卒中であるが，次は広義のサルコペニアという仮説がある。摂食・嚥下障害の結果，栄養障害になるだけでなく，栄養障害が摂食・嚥下障害の原因になる。栄養によるサルコペニアが原因で摂食・嚥下障害となっている場合，適切な食介護で栄養状態を維持・向上することで，摂食・嚥下機能や QOL の改善を期待できる。

1.3.3　呼吸筋のサルコペニア

　肺の機能が良好であっても，呼吸にかかわる筋肉のサルコペニアが著明な場合，呼吸機能障害となり栄養状態や QOL が低下する。例えば悪液質の原因疾患の一つである慢性閉塞性肺疾患による呼吸機能障害では，肺の機能障害だけでなく呼吸筋のサルコペニアによる機能障害を合併することが少なくない。栄養によるサルコペニアが原因で呼吸機能障害となっている場合，適切な食介護で栄養状態を維持・向上することで，呼吸機能や QOL の改善を期待できる。

1.4　おわりに

　食介護とサルコペニアについて解説した。特に摂食・嚥下障害に対する栄養管理に関しては，

今までは代償手段としての嚥下調整食に関するアプローチが多かった。これからは代償手段とともに，摂食・嚥下障害の原因となっている栄養障害やサルコペニアを改善することで，摂食・嚥下機能を改善させるアプローチも重要になると考える。臨床現場で食介護やリハビリテーション栄養をより推進するために，サルコペニアを改善させる高齢者用食品の開発に期待したい。

文　　献

1) 食介護研究会ホームページ　http://www.shokukaigo.jp/
2) Muscaritoli M, et al, Consensus definition of sarcopenia, cachexia and pre-cachexia, Joint document elaborated by Special Interest Groups (SIG) "cachexia-anorexia in chronic wasting diseases" and "nutrition in geriatrics". *Clinical Nutrition*, **29**, 154-159, 2010
3) Baumgartner RN, et al, Epidemiology of sarcopenia among the elderly in New Mexico. *Am. J. Epidemiol*, **147**, 755-763 (1998)
4) Manini TM, Clark BC, Dynapenia and Aging, An Update, J. Gerontol A Biol. Sci. Med. Sci. **67**, 28-40 (2012)
5) Fearon K, et al., Myopenia-a new universal term for muscle wasting, *J. Cachexia Sarcopenia Muscle* **2**, 1-3 (2011)
6) Cruz-Jentoft AJ, et al, Sarcopenia, European consensus on definition and diagnosis, *Age and Ageing* **39**, 412-423 (2010)
7) Fearon K, Strasser F, Anker SD, et al., Definition and classification of cancer cachexia, an international consensus. *Lancet oncology* **12**, 489-495 (2011)
8) European Palliative Care Research Collaborative. Clinical practice guidelines on cancer cachexia in advanced cancer patients, http://www.epcrc.org/guidelines.php?p=cachexia
9) 若林秀隆編著, リハビリテーション栄養ハンドブック, 医歯薬出版 (2010)

2 高齢者の栄養の問題点

饗場直美*

2.1 高齢者の栄養問題とその背景

高齢者の栄養の問題は，単なる栄養素の過不足にとどまらず，高齢者の食をめぐる環境を含めた食の問題としてとらえる必要がある。

高齢者の栄養障害としてよく見受けられるいわゆる低栄養状態であるタンパクエネルギー栄養障害（protein energy malnutrition;PEM）は，体の筋肉量の減少や筋力の低下を加速させ，二次性のサルコペニア（sarcopenia）を引き起こす。さらに，筋肉量・筋力の低下は転倒・外傷のリスクを高め，ADL（Activity of daily living）/QOL（Quality of life）を低下させ，さらなる筋肉量の減少と筋力の低下という負の循環に陥ると，寝たきりの原因ともなる。

その反面，身体活動量の低下による生活は，エネルギー摂取過多による肥満をおこし，筋力の低下と体重増加による膝関節への負荷の増加が一層の身体活動の低下と肥満の悪化や，膝関節等への過大なる負荷のため歩行困難等が起こり，ADL/QOLの低下が引き起こされる。この様に，高齢者の栄養問題は高齢者のQOLに直接関連してくる重要な問題としてとらえることができる。高齢者が陥りやすい栄養問題を解決するためには，高齢者の栄養問題を引き起こす要因を明らかにし，それに対しての適切な予防的あるいは介助などの支援をすることが必要である。

高齢者の栄養状況に影響を及ぼす要因は，①身体的要因，②心理・社会的要因，③社会・経済的要因に分類することができる（図1）。身体的要因は，加齢に伴う身体的機能低下によるもので，摂食・嚥下機能の低下や味覚・嗅覚・視覚などの感覚機能低下や身体活動量低下による食欲不振，消化・吸収の低下や慢性疾患等がある。心理・社会的要因は，抑うつ感，社会とのかかわ

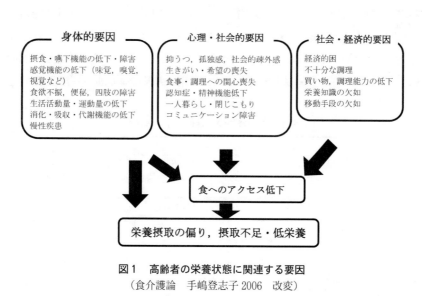

図1　高齢者の栄養状態に関連する要因
（食介護論　手嶋登志子 2006　改変）

---

* Naomi Aiba　神奈川工科大学　応用バイオ科学部　栄養生命科学科　教授

りが少なくなることによる孤独感や疎外感，認知症等の精神機能低下などがある。社会・経済的要因は，経済的困窮や買い物や調理能力の低下，移動手段の欠如などがある。これらの要因が複雑に絡まって，高齢者の食へのアクセスが遠くなり，食物の適切な摂取が難しく，低栄養に陥りやすくなる。高齢者への低栄養への食の支援は，この食へのアクセスを近くに戻し，食の摂取を安全にかつ適切な量で確保することにある。この際，在宅高齢者と施設入居者においては，食をめぐる環境は大きく異なっていることから，食への支援の仕方も異なってくる。また，在宅高齢者よりも施設入居者の方が要介護も高く，より専門的な支援を求められている。

2.2 高齢者施設における栄養管理

高齢者の身体状況は個人差が大きく，個人個人に残存している摂食・嚥下機能に応じた食の提供が求められる。栄養の専門家が常勤している高齢者施設においても，実は多くの施設において低栄養や脱水状況に陥っている高齢者を抱えているのが現状である。このことは，食の支援が管理栄養士・栄養士などの食・栄養の専門家がいる施設においても，摂食・嚥下機能が低下している高齢者への栄養管理が難しいことを示唆している。

低栄養に陥りやすい高齢者の栄養管理について，日本静脈経腸栄養学会でも適正な栄養摂取のための静脈経腸栄養ガイドラインを提唱している（表1）。

PEMなどの低栄養を予防するためには，適切なエネルギーとタンパク質の供給が基本であり，それらに伴ってビタミンやミネラルの摂取が求められる。必要エネルギーの算出法として，日本人の食事摂取基準策定に活用されている基礎代謝基準値やそれから求められた推定エネルギー必要量，Harris-Benedict（ハリス・ベネディクト）式，Ganpuleらの式による推定式がある。現在我が国において広く活用されている食事摂取基準は，自由活動ができる健康人を対象として算定されているものであり，また高齢者においては75歳以上がすべて一つのくくりとなっているため，身体活動の非常に低下している高齢者や長期臥床している高齢者への適応は別途判断する必要がある。そこで，ハリス・ベネディクトの式を用いた基礎エネルギー消費量（BEE: basal

表1　高齢者の栄養管理ガイドライン

内　　容	推奨度
1．高齢者では栄養摂取量の低下が頻繁にみられ，栄養学的リスクを有している患者も多い．高齢者の栄養障害は見逃しやすいので，栄養アセスメントを実施し，必要な症例に対して栄養管理計画を作成する。	A
2．高齢者の栄養状態を評価する場合，年齢及び生活習慣を考慮する。	A
3．高齢者では糖と脂肪の利用低下が顕著であるため，過剰投与に注意する。	B
4．高齢者ではタンパク質の需要は低下しないので，十分量のタンパク質を投与する。	B
5．高齢者は脱水および電解質異常もきたしやすいので，適切な補正を行う。	B
6．認知症や意識障害患者，末期高齢者に対する栄養療法の検討に当たっては，患者のliving willや家族の意向を十分に尊重する。	B

推奨度A：強く推奨する，推奨度B：一般的に推奨する
（日本静脈経腸栄養学会静脈経腸栄養ガイドラインより）

第7章 高齢者福祉施設などにみる高齢者の食事と食介護の問題点

energy expenditure）推定が一般的によく使用されるが，日本人に対しての検証が少ない。特に身体活動量低下等による肥満を伴っている場合には，実測値よりもハリス・ベネディクトの式によるBEEが過大評価されやすいことや，低活動高齢者で筋委縮等が認められる高齢者においても正確なBEEを測定できないことより，高齢者等の身体構成成分のばらつきのある場合には必ずしも正確に推定することができないとされている[1]。このことからも，高齢者施設の個人差の大きい高齢者（肥満がある場合や長期臥床や筋委縮等）においては，適切なエネルギー量の提供に至るための必要エネルギー量の算定においても実は簡単ではないことがわかる。このような場合，間接熱量計にて安静時エネルギー代謝を測定することが適切だと考えられているが，専門的な機器が必要である。

　タンパク質における栄養管理は，日本人の摂取基準に基づくものとして0.9 g/kgが算定されているが，施設入所者や在宅で療養している高齢者においては，窒素出納が負に傾いていることも報告されており，個人別に身体状況を把握する必要がある。

　摂食・嚥下障害のある高齢者においては，水分摂取の管理も大きな問題になる。食事量の低下や水分摂取の低下は脱水を引き起こしやすくなる。一般的な水分摂取量は，高齢者においては30〜40 ml/kg程度の水分の摂取が必要であるが，嚥下困難な場合においては，水分は誤嚥を起こしやすく，増粘剤による誤嚥に対する対処が必要となる。

2.3 高齢者の摂食・嚥下状況の把握

　人が栄養を摂取する方法は，口から食べる経口摂取や，誤嚥による窒息や誤嚥性肺炎などの危険性が高い場合に選択される経管栄養や経静脈栄養などがある。経管や経静脈による栄養法は，低栄養や脱水を生じやすい高齢者に対して介助が簡単・安全であり，栄養も管理しやすいが，口から食べないために，これまで得られていた食事摂取による様々な刺激や，楽しみが失われたり，不適正な投与により高齢者に苦痛を与えたり，浮腫を引き起こすこともある。摂食・嚥下障害のある高齢者には，食べられる食形態にして食を提供する必要がある。摂食・嚥下障害に合わせた食事の提供をするためには，摂食・嚥下機能を的確に判断し，その状況に見合った食事を調整する必要がある。

　施設での食事提供は，栄養アセスメントをもとに栄養診断を行い，適切な栄養量を算定し提供されている。その際，誤嚥等の危険を回避するために，高齢者が持ち合わせている摂食・嚥下機能が把握されている。摂食・嚥下機能の判断には，客観的判断指標としてVF（videofluoroscopic examination）やVE（videoendscopic examination）があるが，実際は比較的簡便で実施しやすい水のみテストやフードテスト等の簡易検査が実施されている。食形態の決定は，実際の摂食場面を見る「ミールラウンズ（食事回診）」をその判断基準としているところが多い[2]。また，食形態の決定には，さまざまな職種の専門家（看護師，介護職員，管理栄養士，医師，歯科医師，言語聴覚士など）が関わっており，この食形態決定にもっともよく関与している職種は，看護師，介護職員，管理栄養士，医師である。ミールラウンズによって，毎日の食事介助のときにその摂

食状況から日々の摂食・嚥下状態を判断することは，日々変化する状況に細やかな対応を可能とさせる。しかしながら，そのミールラウンズの際に，摂食・嚥下機能状況を把握するための一定のリストを使用している施設は少ないのが現状である。摂食状況の判断と食種決定には，多職種がかかわっており，専門的知識も異なっていることから，すべての専門職が一定の基準での判断が可能になるようなガイドライン等の策定が必要であると考えられる。

2.4　口から食べることの意味と難しさ

　「口から食べる」ということは，人が食事をするときの「おいしさ」を，五感を使って感じていることにつながっている。食べるということは，食を「視覚」「聴覚」「嗅覚」「触覚」「味覚」の五感で感じとり，最終的に大脳で「おいしさ」として統合されている。食べるという行為は，私たちの五感を総動員して行う行為であり，「生きる」ことに繋がる行為にほかならない。また，食べるという行為は，この五感を使うことによって，脳に刺激を与えている。例えば摂食嚥下障害のある高齢者に対して，その障害度に合わせて「刻み食」や「ミキサー食」「とろみ食」が提供される。障害がなければ，ごはんを食べて主菜，副菜を食べながらそれぞれの味を楽しみながら，ごはんとの組み合わせで味わうことができる。もし，それがすべて一緒にされてしまうと，食を安全に食べるということを確保しながらも，その一方では食べる楽しみが薄れる可能性を示している。食べるという行為は高齢者のみならず人間すべてにとって生きることへの証であり，食が体に与える影響は単に体に必要な栄養素の補給だけではなく，生きることへの意欲をつなぐ行為である。その意味において，特に摂食・嚥下機能の低下している高齢者に対しては，栄養素の補給や安全な食の提供を前提におきながらも，食を「おいしい」と五感が感じられるような食の提供が望まれる。毎日の食事提供のなかでは，何段階にもおよび食形態での食事提供は非常に手間のかかるものであるが，適正で十分な栄養を確保するためには，摂食機能にあった食事の提供をしていくことが不可欠である。

　しかしながら，Leibovitzら[3]は，高齢者施設において，嚥下障害があるが，体重減少や誤嚥はなく，大幅な食形態の変更や時間をかけながらも口から食べている高齢者と経鼻胃管や胃瘻による経管栄養を受けている高齢者で，エネルギー摂取量やタンパク質摂取量や血清アルブミン値などの栄養指標においては差が認められないにもかかわらず，免疫指標であるCD4数やCD4/CD8比を比較すると，経管栄養を受けている高齢者の方が良好であることを示している。体の免疫機能を保持するためには，エネルギーやタンパク質等のマクロニュートリエントの維持のみではなく，ビタミンやミネラル等の微量栄養素の管理も重要であり，経管栄養の方がこれら微量栄養素の管理がしやすいことを示唆している。

　また，水分摂取の管理においても，経管栄養を受けている高齢者の方が脱水に対して良好に保たれていることも報告されている[4]。

　これらのことは，口から食べることの幸せと身体状況を共に良好に保っていくことの難しさを示しているが，終の棲家となる高齢者施設での特にターミナル期にある高齢者に対しては，静脈

第7章　高齢者福祉施設などにみる高齢者の食事と食介護の問題点

経腸栄養学会でのガイドラインにあるように患者の living will や家族の意思を含めて心身を含めた全身管理からの栄養管理について総合的判断をする必要があり，ここに高齢者の栄養管理での難しさがある。

2.5　在宅高齢者への食の支援

在宅高齢者の状況は，独居老人や高齢者世帯が多くなっている現在において，食の自立が求められているが，四肢の障害等によって買い物や調理などに制約が生まれ，食べ物が限局されることも多い（図1）。また，経済的困窮，不十分な調理，買い物・調理・貯蔵設備等の不備などによって食へのアクセスが遠くなり，栄養障害が引き起こされることもある。このように，高齢者の栄養障害には，摂食・嚥下機能の低下のほか，食へのアクセスが遠くなることによる栄養障害も引き起こされてくる。

在宅における食介護は，食の提供のみならず自立した食生活をできるだけ長く保持するためのADL等維持までも含んだ総合的な食支援が必要である。

文　　献

1) 摂食・嚥下障害患者の栄養，日本摂食・嚥下リハビリテーション学会編集，医歯薬出版（2011）
2) 川上順子，饗場直美，石田淳子，日摂食嚥下リハ会誌，15, 292-303（2011）
3) Leibovitz, A., Sharon-Guidetti, A., Segal, R., Blavat, L., Peller, S. and Habot, B. Dysphagia, 19, 83-86（2004）
4) Leibovitz, A., Baumoehl, Y., lubart, E., Yaina, A., Platinovitz, N. and Segal, R. Gerontology, 53, 179-183（2006）

3 介護老人福祉施設における高齢者の食事と問題点

増田邦子[*]

3.1 はじめに

　介護老人福祉施設（特別養護老人ホーム）では栄養ケア・マネジメントが施行されるようになり，多職種と協働しながら，要介護状態にある高齢者の摂食状況を考慮し食環境を整えた食事援助や摂食嚥下困難な方への個別に対応した栄養管理が必要となっている。

　近年，生活の場である介護老人福祉施設は，長期利用による高齢化と介護の必要性の高い希望者から優先的に入所する制度となったことから，身体的機能障害，摂食機能障害を有するケースが多く，重度化もすすんでいる。入退院をくりかえす高齢者では免疫力の低下から感染症や褥瘡，唾液の誤嚥による誤嚥性肺炎等を発症することも多く介護の現場でも食事前の喀痰吸引や経腸栄養による摂取など専門的ケアの援助も多くなっている。

　食事については「介護の必要な人に提供する食事」が基本となり，咀嚼・嚥下障害だけでなく，認知・運動機能の低下，不穏，記憶障害から起こる摂食不良等，介助技術と合わせた食介護の対応が求められている。摂食機能と適切な食事形態が栄養改善には欠かせない対応であることから，経口維持の取り組みとともに機能評価を実施して食べやすく形態調整して工夫をしていくことが必要である。

3.2 介護老人福祉施設における食事と多職種の連携

　高齢者は，食事は最大の楽しみであり食べ慣れたものを今までと同じように食べたいと願っている。しかし様々な障害によって普通の食事を摂ることが出来ず食べることの幸せを失う事例も多くみられている。施設入居の際には，食事中の食介護のアセスメント（表1）を実施して食べることでの問題がないかを評価し，ミールラウンズにより日々の変化をチェックする。摂食状況にあわせて食形態を検討するために，摂食・嚥下残存機能評価，咀嚼の程度，舌の動き，口腔内麻痺の程度，嚥下の状況などを評価し，窒息等の危険を回避しながら食べやすく，さらにおいしい介護食や嚥下調整食を提供し，食べてもらえるように栄養管理を実施する。

　摂食・嚥下障害に起因する「脱水」，「誤嚥性肺炎」，「低栄養」等のリスクを持つ高齢者に，個々の摂食機能に応じた栄養ケアプランを作成し，多職種の連携で経口での摂食方法を工夫していく。食事による栄養補給や水分の摂取が良好になることで，体重の増加や，血清アルブミン値等の変化がみられ，要介護高齢者の全身状態を改善するケースもあり，安定して生活を送ることも可能となる。

---

[*] Kuniko Masuda　社会福祉法人母子育成会　特別養護老人ホームしゃんぐりら　栄養係係長

第7章　高齢者福祉施設などにみる高齢者の食事と食介護の問題点

表1　食介護のためのアセスメント

観察ポイント	摂食状況（例）	対応（例）
覚醒状態	●ボーっとしている。 ●食べ物を口の中に入れたまま，咀嚼・嚥下が止まってしまう。 ●食事に集中できない。	○覚醒の良い時に食事をする工夫や，口腔冷却刺激，マッサージで覚醒レベルを高める。 ○食事環境・姿勢などを見直し，精神面での安定をはかる。
食べ物の認知	●食べ物の認知が悪い。 ●食べ始めることができない。 ●食欲がわかない。	○五感（味覚・嗅覚・視覚・触覚・聴覚）の評価・観察。 ○認知しやすいように，食器の位置を変えたり，手を添えて食べるための補助動作を促す。
姿勢・座位の保持	●座位の保持ができない。 ●円背。 ●姿勢が不安定・頸部が緊張している。	○姿勢や体幹を保持しやすい様にマット等を入れ安定した姿勢で食べやすく工夫する。 ○頸部や肩のマッサージで緊張をほぐす。
口への取り込み一口量	●1回量が極端に多い。 ●食べ物が口からこぼれる。 ●取り込むことができない。開口不良。	○摂食がしやすい介助スプーンの選択。 ○口へ取り込みやすい食形態に工夫し，必要に応じて食事介助を行う。
舌・頬・顎・唇の動き	●舌や頬，口唇の麻痺。 ●口唇の閉鎖がしっかりできない。 ●食べ物が口腔にためたままになっている。 ●舌での食塊形成及び保持が困難。	○口腔マッサージ。 ○症状に合わせ，軟らかな食事や，とろみ付けまたは，ゼリー状にし，まとまりのある食形態にする。 ○べたつきが少なく，滑りやすい食形態にする。
咀嚼状態（回数）	●義歯が合わない。 ●咀嚼回数が少なく，咀嚼力が弱い。 ●歯がない。	○歯科治療・指導を受ける。 ○まとまりがあり，軟らかなメニューに変更し，食べやすくする。
嚥下反射	●送り込みができず，嚥下時間が長い。 ●飲み込みに集中できない。	○状態に合わせ，飲み物や食事をとろみ付けや，ゼリー状にし，まとまりのある食形態にする。 ○口の中に食べ物が残っていないか確認してから次の物を口に取り込む。
むせの有無	●嚥下と同時または，嚥下後にむせを生じる。 ●食事中や食後に，湿性嗄声がみられる。	○嚥下したものがのどに残るときは，空嚥下または，ゼリーやとろみで交互嚥下をする。 ○口腔ケアの徹底。

増田邦子：食介護のためのアセスメント 2012

3.3　摂食機能にあわせた食形態の分類

　当施設で提供している食事は，要介護状態にある（平均年齢88歳，要介護度3.8）入居者が対象となるため，高齢者向きの食事を，ある程度の歯ごたえは残し，やわらかく調理した"やわらか食"を基本に段階的に摂食機能に対応して調理により調整し，摂食・嚥下困難な"高栄養ムース食"まで大きく5段階に展開している。調理の工夫により物性を調整した，摂食機能に対応した食形態・調理形態の分類（表2）としている。
（献立展開例：軟らか赤飯，刺身，かぼちゃの煮物くるみあんかけや，そうめんのすまし汁，柿・なし）

　摂食機能にあわせて，食形態の硬さ，食べやすさ，口当たり，飲み込みやすさなど食事内容の選択のめやすとしている。

表2 摂食機能にあわせた食形態・調理形態のめやす

形態区分	Iやわらか食	IIやわらか一口食	IIIやわらか粗つぶし・つぶし食	IVやわらかゼリー・トロミ食	V高栄養ムース食
献立展開例					（高栄養補助食品）
形状	常食タイプ	1〜2cmにカット	不均質ゾル・ゲル状、ほぐし身ゼリー状	やわらかい均質ゾル・ゲル状	極めてやわらかい均質ゾル・ゲル状
摂食機能	摂食機能良好な高齢者。何でも食べられるが、かたいもの大きいものは食べにくい。	噛む力が低下。かたいものや大きいものは食べにくい。手指の機能が不自由な人、食べ物が認知できず、食べる行為に結びつかない人。	ほとんど噛めないために、噛まずに飲み込んでしまう。食塊の形成・送り込みが困難	口唇が閉じにくいために、口中への取り込みおよび食塊形成が困難。時々、むせがあり、飲み込むのに時間がかかる。	重度の嚥下機能の低下がみられる。嚥下機能障害の状態にあわせて粘度調整が必要
	咀嚼・嚥下機能正常	咀嚼機能低下		嚥下機能低下	
調理形態	やわらかい食材を選ぶ。ある程度の歯ごたえは残すが、やわらかく調理する。	やわらかく調理したものを、一口大あるいは熟煮する	軽くスプーンでもつぶせ、舌でもつぶせる硬さ。ほぐす又はつぶして、調整食品でまとめる。	舌で軽くつぶすことができる硬さのゼリー状、ペースト状に調理。むせたり、のどにつかえたりしないで食べられる。	極めてやわらかくなめらかな均質なゼリー状、ムース状、トロミ状。（高栄養補助食品の併用）

（特別養護老人ホームしゃんぐりら）

当施設の入居者に提供している食事副食の食形態の分布は，施設で常食とするやわらか食は14％程度，主に咀嚼機能低下対応の一口大食15％，粗つぶし食19％，嚥下機能低下対応のつぶし食19％，ゼリー・トロミ食20％，重度の嚥下困難対応の高栄養ムース食は6％となり，胃瘻から摂取している経腸栄養は7％程度である（図1）。施設によって異なるが，市内の特養ホームでは平均的食形態の分布でもある。

このように食物の認知・口腔機能・嚥下機能の低下した高齢者向きの調整食，特に粗つぶし・つぶし等では，見た目がよく形があり認知しやすいことも大切である。口腔機能低下に対応して，口中でバラけず，咀嚼を引き出すよう，味とテクスチャーを調整した調理の工夫が重要である（写真1，2）。主食については，ご飯は30％，粥は70％（ゼリー粥・粥ペーストを含む）に提供。粥を食べる人でも寿司や赤飯，丼物など変わりご飯の時は普通に食べられる人も多い。義歯調整困難にも問題があり，咀嚼困難で粥を食べている人が多く，水分の多い水っぽい粥は嫌われる。粥の炊き方の工夫と味にも変化が求められる。

第7章　高齢者福祉施設などにみる高齢者の食事と食介護の問題点

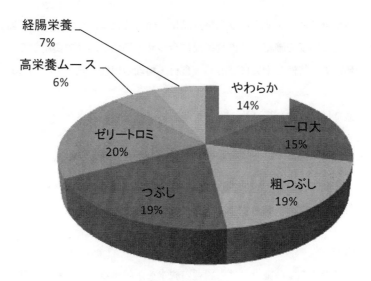

図1　食形態の分布

写真1　やわらか食：鮭の粗焼タルタルソースかけ

写真2　粗つぶし食：鮭の油焼タルタルソースかけ（ほぐし身ゼリー状）

3.4　高齢者向き調整食の調理の工夫

　高齢者は何よりも長年慣れ親しんできた家庭的な食事が好むまれるので，軟らかい食事で咀嚼・嚥下を意識した飲み込みやすく食べる喜びを実現できる食事が必要となる。食べやすい高齢者向きの食事に以下のように調理の工夫を展開する。

1．食材の特性により，切り方を工夫する。繊維を切り火の通りをよくし，やわらかく調理をする。肉・魚など硬くぱさつきがあるときは酵素を使ってやわらかくしっとりとジューシーに仕上げる。

2．ひき肉料理・ハンバーグなどではつなぎの工夫で豆腐，卵，油分など加えることでふっくらと口当たりがよくなり，冷凍の介護食用すりみ，はんぺん，長芋，ケチャップなどを利用してもなめらかさを増す。

3．食形態を調整する調理器具の使い方ではフードプロセッサー，ミキサーなどの使用の際は必ず食材の粘性・味をチェックしてなめらかに，不足水分を補い味や栄養量の低下を防ぐようにする。

4．高齢者向き調整食で使用するとろみ調整食品は，経時変化に注意する。調理器具ミキサーなど使用する時は素材の粘度を確認して摂食状況に合わせて適切な濃度で使用する。ゼリー状食品はゲル化剤の種類により特性を十分に理解し，食材・料理の相性や嚥下の状態にあったものを使用する。

5．彩りのよい盛り付けは食欲を高め，摂食状況を考慮した食器で食べやすく工夫することで自力摂取を可能にする。

調理の工夫と食形態の調整によって咀嚼する力を引き出し嚥下するという一連の動きで食事時間が短縮されリハビリとなっていることもある（写真1，2参照）。ほぐし身ゼリー状などに固型化することでお箸でも摂取可能となり食べる意欲が向上する。

3.5 水分補給の工夫

点滴など医療行為のできない施設では入居者の脱水を予防するためにも，介護者による水分管理の工夫は重要である。特にムセがあり飲み込み困難な人には，水分摂取時はトロミ調整食品を使用し，温度による粘度の経時変化や食材による違いに注意する。日頃の入居者の摂食状況とあわせて，トロミ調整食品の使用濃度を検討し，弱めのトロミ，中くらいのトロミ，強めのトロミなど個々に決定する。誰でも均一な濃度で提供できるようにトロミ調整食品の使用方法のマニュアルシートを作成，いつも決まったカップで，水分量に対してトロミ専用スプーンを（〇〇ccカップにスプーン〇杯）使用する。スプーンのすくい方にも十分注意する。

時にトロミ調整食品を嫌う人もいるが，味に変化をつけゲル化剤でゼリー状などにして，個々に安全なテクスチャーや摂取方法を検討する。体幹保持ができない時や多動の時は，残存機能を生かしてラクラクごっくんやドレッシングボトルなど使用すると送り込みが補助され飲みやすくなる。自力摂取の時には，摂食状況にあった食べやすい食具で一口量などを検討し姿勢についても注意していく。水分摂取が良好になると口腔内がうるおい飲み込みや食物の送り込みもスムーズとなる。

食事の摂食困難な時には，口腔機能の状態にあわせて栄養補助食品をテクスチャー調整することで不足栄養量が確保でき，栄養状態を維持・改善することも可能となる。

摂食機能にあわせた食形態を提供し，多職種協働で摂食方法や食環境を工夫していくことで安全に食べることが訓練となり，健康状態の維持改善がみられる。

3.6 おわりに

食事は思わず食べたくなる見た目や，フロア全体に食事の良い匂いが漂うことも重要で，それは介護するスタッフにも大きな効果があり，おいしそうと思うと入居者への食事介助も気がこもる。また入居者のおいしそうな笑顔が介護者にも大きな励みにつながってくる。このような心の通う介護が人を元気にしていくケアの本質ではないかと考える。介護をする人にも食事内容の指導や情報を密にとることが必要である。

第 7 章　高齢者福祉施設などにみる高齢者の食事と食介護の問題点

　口を使って食事を摂ることの意義を再認識し，高齢者一人ひとりの摂食・嚥下機能を適切に評価したうえで，経口での食事を実現していくことが，高齢者の QOL を高めることはもちろん，人間としての尊厳を取り戻すことにもつながっていくのではないかと考えている。

文　　献

1）　増田邦子，嚥下調整食の食形態の目安（「口から食べる」を支援する！ 摂食・嚥下障害患者の評価とケア），月刊ナーシング，31(9), 51-53（2011）
2）　増田邦子，高齢者の食事と栄養　摂食機能に対応した高齢者の食事，保健の科学 51(7), 485-490（2009）
3）　高橋智子ほか，摂食機能に応じた食事形態のテクスチャーの特徴，特別養護老人ホームの食事と市販レトルト介護食品の比較，栄養学雑誌 62(2), 83-90（2004）
4）　増田邦子，高齢者施設従事者の立場から　嚥下障害食を施設の中でどう教えるか（特集　摂食嚥下障害と食介護），医と食 2(2), 87-90（2010）
5）　増田邦子，介護老人福祉施設での嚥下調整食の取り組み，臨床栄養 119(4) 臨時増刊号（2011）

4 委託給食企業から見た高齢者の食事の問題点

品川喜代美[*]

4.1 はじめに

病院給食の外部委託は1986年に解禁され，それ以来外部委託率は，1991年（平成3年）には19.9％，2009年（平成21年）には62.3％と，年々増え続けてきている[1]。現在，病院および高齢者施設における給食は，外部委託が高い割合を占め，一方で給食会社にとってもこれらの施設は主要な取引先として定着している。このため，給食会社が提供する食事の質は，病院・高齢者施設全体の食事の質に大きな影響を及ぼすものと考えられ，給食会社もその改善に力を入れているところである。

弊社受託先において行った調査の結果によると，対象の病院・高齢者施設の全てにおいて，摂食・嚥下食を提供していた。高齢化や疾病の影響で，摂食・嚥下機能が低下した患者や利用者に対し，咀嚼しやすく，咽こみにくく，飲み込みやすく工夫された食事に対する要望は多かった。一方で，受託先の各病院や高齢者施設の食事や考え方が異なり，受託施設間において，用語や概念が必ずしも共通化されておらず，それがこれらの施設における食事の質の改善への取り組みを困難にしているという実態が明らかになった。

4.2 委託給食において提供される高齢者の食事

2006年5月に，全国で弊社が受託している病院・高齢者施設450件を対象として，当社運営担当の栄養士・管理栄養士に対して，「摂食・嚥下機能に低下が見られる利用者・患者にむけた食事提供」の実態について調査を行った[2]。回収できた299件の施設の種別は，病院125件（42％），介護保険施設91件（30％），病院・介護保険施設併設型10件（3％），デイケア・デイサービス29件（10％），その他老人ホーム44件（15％）であった。この調査結果より，各受託先の病院・高齢者施設で提供されている摂食・嚥下食の実態を整理した。

4.2.1 提供されている食形態

提供している食形態は，「名称」および「大きさ」，「対象者の特徴」について，各病院・施設で用いられている言葉による記載を依頼した。

食形態の種類は，アンケートに記載された食形態の名称を，漢字・ひらがな・カタカナによる表記の相違などを考慮し，特別養護老人ホーム潤生園で提供されている「介護食」の分類[3]および，介護食品協議会が在宅高齢者を対象として設定した「ユニバーサルデザインフード」[4]の区分から，名称と同義語に該当するものをA～Dグループの4つに区分した。

4.2.2 給食現場で用いられている食形態の名称

病院・施設で使用されている食形態の名称とその特徴から，A～Dの4つの区分に基づき，使用されている名称を表1に示した。Aグループは，「普通食」を調理したままの姿・形で提供す

---

[*] Kiyomi Shinagawa　シダックス㈱　総合研究所　管理栄養士

第7章　高齢者福祉施設などにみる高齢者の食事と食介護の問題点

表1　食形態の名称の回答結果

	名称	病院・施設で使用されている名称	数
A	普通食	普通食・固形・姿・形	4
B	軟菜食	軟菜・塾煮食・粥菜・五分菜・マッシュ・ソフト食	6
	荒刻み・刻み	粗きざみ・粗切り・粗粗きざみ・大きざみ・粗細かきざみ（固いもののみ）・きざみ・きざみ中・軟菜きざみ・千切り	9
	一口大	一口大・一口大カット・一口きざみ・サイコロ	4
C	刻みとろみ	きざみトロミ・極きざみトロミ・超きざみトロミ・トロミ食	4
	極きざみ	小きざみ・あられ・極きざみ・極小きざみ・細きざみ・超きざみ・超みじん・超フレーク・ブレンダー	9
D	ミキサー食・ペースト食	ミキサー・ペースト・流動状・とろみ食	4
	嚥下食	嚥下食・移行食・ゼリー食・プリン食・傾向準備食	5

る形態の食事で4種類。Bグループは，調理したものを一口サイズにカットしたものや，さらに軟らかく仕上げた形態の食事で，19種類。Cグループは，食事を細かく刻み，トロミをつけたり，食事の際にお粥と併せて食べたりする形態の食事で13種類。Dグループは，ミキサーにかけた滑らかなゾル状のものや，さらにゼラチンや寒天などで凝固させたゲル状の食事で9種類。食形態の名称は，全体で45種類が使われていた。

4.2.3　食形態の種類

図1に，施設種別に提供されている食形態の種類の数を示した。食形態は，普通食のみの1種類から，普通食，荒刻み，極刻み，ミキサー食といった異なる名称による提供は，最大で9種類だった。食形態の種類は，全施設において，4種類での提供が96件，5種類が93件で，全体の63％を占めており，4～5種類の段階を設けて提供している病院・施設が多く見受けられた。

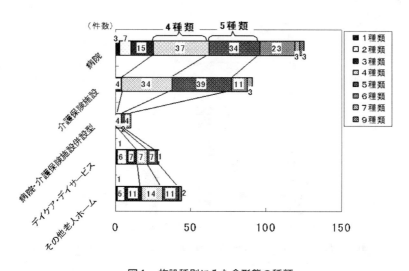

図1　施設種別にみた食形態の種類

4.2.4 提供されている食形態の大きさ

食形態に対する大きさについて，名称と提供している大きさの不一致が考えられた。そのため，先行研究[5]から，大きさを「0.4 cm 未満」，「0.4 cm 以上 1.0 cm 未満」，「1.0 cm 以上 2.0 cm 未満」，「2.0 cm 以上」の4つに区分し，各々，自由記載の名称とサイズから集計を行い，一覧表にまとめた。その4区分に分けた食形態名の名称と大きさについて整理したものを表2に示した。

同じ食形態の名称を使用している中で，提供サイズを比較したところ，その大きさは，様々であった。その一例を図2に示した。食形態に同じ名称が使われているものの中から，「荒きざみ食」「きざみ食」「極きざみ食」を取り上げ，その大きさについて比較した。荒きざみ食においては，0.4 cm 未満のものはなく，全部で3区分にわたっていた。同様に，きざみ食においては，4区分全部にわたっており，極きざみについては，2 cm 以上のものはなく，3区分にわたっていた。以上のことから，同じ食形態の名称でも，施設間によっては提供している大きさが異なることが明らかになった。

また，1 cm 以上 2 cm 未満の大きさのものが，荒きざみ食では24件，きざみ食では48件，極きざみ食で7件提供されているといったように，同じ大きさのものが，異なる食形態の名称で提供されていた。ここでは，例として3つのものを示したが，他の食形態の名称においても，同様のことが見られた。

表2　食形態の名称グループと提供サイズ（単位＝事例数）

	主な形態	0.4 cm 未満	0.4 cm 以上 1.0 cm 未満	1.0 cm 以上 2.0 cm 未満	2 cm 以上
A	普通食	0	0	0	29
B	軟菜・荒刻み・一口大	12	22	65	154
C	刻みとろみ・極刻み	56	86	58	33
D	ミキサー食・ペースト食	0	1	0	0

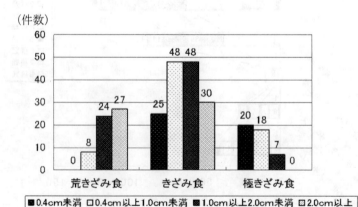

図2　同じ食形態の名称における提供サイズ

第7章　高齢者福祉施設などにみる高齢者の食事と食介護の問題点

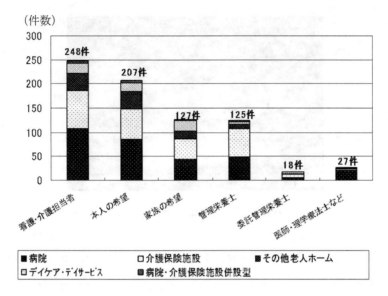

図3　食形態の決定者

4.2.5　喫食者の食形態の決定者

病院や施設において，喫食者の食形態の決定は，医師や看護師・栄養士・介護職により行われている[4]。喫食者の食形態の決定者は，「担当看護師・介護担当者の判断」が最も多く，次いで「本人の希望」，「家族の希望」により決定されていた。

4.2.6　摂食・嚥下機能評価の実施について

入院（入所）者の摂食・嚥下機能低下に関する「評価基準」の有無については，「評価基準がある」病院・施設は，22件（約7％）であった。一方で，「わからない」が130件（43％）であった。評価基準の有無について，把握できていない状況が多くみられた。

また，2010年（平成22年）に同様の社内調査を実施した結果では，調査対象の病院・施設の全てにおいて，摂食・嚥下食を提供しており，食品や食事の物性の指標を設けている病院・施設は全体の56％で，特に基準がない20％，わからないが24％であった。使用されている指標には，嚥下食ピラミッドや，UD区分，地域で共通化した基準が挙げられた。4年前に比べると，摂食・嚥下食の評価基準を設けている病院・施設は，約7％から56％に増加していたが，指標がない，わからないと回答された割合は，依然として約45％を占めていた。

このように，受託先給食施設において，咀嚼・嚥下機能が低下している喫食者には，きざみ食やミキサー食が提供されている。しかし，きざみ食は，見た目の悪さやむせや誤嚥を引き起こしやすい[6]ことから，必ずしも，喫食者に適した食事でないことが指摘されている。そこで，歯茎で容易に潰せて食塊形成のしやすい形態を，摂食・嚥下食のひとつとして提供する取り組みが進められている[3]。弊社受託先においても，いわゆるやわらか食やソフト食とよばれる形態の食事への改善が進められている。軟らかさやまとまりやすさ，滑らかさの改善は，病院独自の基準や

高齢者用食品の開発と展望

写真1　当社開発食品を用いた食事例

嚥下食ピラミッド，UD区分などをもとに，手探りで行われていたり，市販の介護食品や当社で開発した介護食品（以下，やわらかマザーフード）を，受託先施設で使用したりして，刻み食に代わる段階別の食形態の提供に向けて，質の向上に努めている（写真1）。

4.3　委託給食企業から見た高齢者の食事の問題点

調査結果より，受託先の各病院や高齢者施設の食事や考え方が異なり，受託施設間において，共通化されていないことがわかる。

調査した施設における食形態の種類は，1種類から最大で9種類まであり，また食形態の名称は，全部で45種類の呼称が使用されていた。受託先における使用基準が多様化している実態が把握できた。特に調理したものを刻んで提供している食形態の名称においては，同じ名称を使用していても，実際には何種類にもわたり，異なった大きさで提供されていることが明らかになった。これらのことは，喫食者ならびに，提供スタッフ側において，情報の共有化に問題と課題が考えられる。

例えば，提供スタッフ側においては，栄養士や調理師の勤務先が変わる（異動する）ごとに，その施設の提供区分や名称・その大きさなどについて習得する必要があり，業務が非効率であることや，食形態の改良に関する共同の取り組みを困難にしていることが課題である。

また，喫食者側の立場においては，同じ食形態の名称の下で，転院元とは異なった食形態の食事が，転院先で提供される可能性がある。その場合には，患者やその家族が改めて看護・介護スタッフへ食形態に対するオーダーをし直すことが必要である。また，転院元と先の医療関係者との間で，患者・入所者の食事内容に関する情報共有を困難にさせることが考えられる。

入院患者（入所者）の摂食・嚥下機能低下に関する「評価基準」の有無について調査した結果では，各病院・施設の独自のアセスメント基準により食形態を判断している実態，及びフードサービスと医療スタッフ間における情報の共有が十分でない実態が明らかになった。

今後，受託先における病院・施設間の入院患者（入所者）に対し，共通の食形態区分を設定し，

第 7 章　高齢者福祉施設などにみる高齢者の食事と食介護の問題点

それに基づいて硬さやまとまり具合といった品質管理を行いやすいやわらか食の提供を実現することにより，現状の課題に対する改善が可能と考えている．今後，患者や利用者に対する最適な食事の考え方について，多職種の医療スタッフ，専門家，日本摂食・嚥下リハビリテーション学会認定士などが集まる食介護研究会や各学会において，摂食・嚥下食の考え方の共通化が図られることを期待している．

文　　献

1)　㈶医療関連サービス振興会　平成 18 年度医療関連サービス実態調査結果
2)　岸喜代美ほか，*Shidax Research*, **6**, p.17-21（2006）
3)　大越ひろほか，総合リハビリテーション，**34**(10), p.994-995（2006）
4)　手嶋登志子，高齢者の QOL を高める食介護論－口から食べるしあわせ，p.42-43, 日本医療企画（2006）
5)　小城明子ほか，栄養学雑誌，**62**(6), p.329-338（2004）
6)　手嶋登志子，高齢者の QOL を高める食介護論－口から食べるしあわせ，p.106, 日本医療企画（2006）

5 急性期病院における高齢者の食事と問題点

房　晴美[*]

5.1 高齢者の病態の特徴

近年わが国は，高齢者人口が全人口の21％以上を占め"超高齢社会"に突入している。そして，急性期病院においても高齢患者が急増し高齢者医療を行う場面が多くなっている。

高齢患者は，そのほとんどが複数の臓器の障害を持っており，主疾患の治療中に新たな病態を併発しやすい。また，身体機能障害を抱えているために入院中に転倒したり，誤嚥性肺炎を併発することもあるため急性疾患からの回復は遅延しやすい（表1）[1]。このような独自性をもつ高齢患者は，低栄養に陥りやすいという特徴をもつ。短い在院日数の間に治療を行い，ある程度安定した状態に回復させる所である急性期病院においては，個々の患者の病態に合わせたチームアプローチによる早期の栄養介入が必要となっている。

表1　医療現場における高齢者の独自性[1]

疾病特性	多臓器疾患を抱えるケースが多い
	身体機能障害を抱える割合が高い
	非定型的な症状が多い
	免疫力低下が起こりやすい
	認知機能障害を併存する場合がある
	意識障害に陥りやすい
	水・電解質異状に陥りやすい
	多剤投与が多い
	抑うつ的になりやすい
摂食・嚥下　消化管の特性	食欲低下をきたしやすい
	咀嚼力が低下しやすい
	義歯が多い
	摂食・嚥下障害が起こりやすい
	経口摂取障害が起こりやすい
	人工栄養に依存している場合がある
	便通異状が多い
感覚器障害	味覚・臭覚異状を併発しやすい
	視力・聴力などの感覚器障害を併発しやすい
社会（環境）特性寿命の問題	生活（介護）環境により健康が左右されやすい
	独居が多い
	習慣を変えにくい
	寿命の問題を抱える

---

[*] Harumi Bou　医療法人ラポール会　青山第二病院　栄養科　管理栄養士

第7章　高齢者福祉施設などにみる高齢者の食事と食介護の問題点

5.2 高齢者の栄養管理

患者の栄養状態を適正に評価・判定するには，効率的な栄養アセスメントが必要であり，そのために栄養スクリーニングは不可欠である。SGA（主観的包括的アセスメント）は一般的に広く用いられている方法（表2）であり，MNA®-SF（Mini Nutritional Assessment-Short Form：簡易栄養状態評価法）は高齢者の栄養状態をわずか6項目で評価できる簡便なスクリーニングツールである（図1）。

表2　主観的包括的評価：SGA（subjective global assessment）

A　患者の記録
1．体重の変化
　　　過去6ヶ月間の合計体重減少　＿＿＿＿＿kg　減少率（％）＿＿＿＿＿
　　　過去2週間の変化　　　　　□増加　□変化なし　□減少
2．食物摂取量の変化（平常時との比較）
　　　□変化なし
　　　□変化あり　　　変化の期間　＿＿＿＿（週）　＿＿＿＿（日）
　　　食べられるもの　□固形食　□完全液体食　□水分　□食べられない
3．消化器症状（2週間以上の持続）
　　　□なし　□悪心　□嘔吐　□下痢　□食欲不振
　　　その他：＿＿＿＿＿＿＿＿＿＿
4．機能状態（活動性）
　　　機能障害　　□なし　　□あり　持続期間：＿＿＿＿（週）
　　　タイプ　　　□日常生活可能　□歩行可能　□寝たきり
5．疾患および疾患と必要栄養量の関係
　　　初期診断
　　　代謝需要（ストレス）　□なし　□軽度　□中等度　□高度
　　　身体症状

B　身体所見
　　　（スコアで表示すること：　0＝正常　1＋＝軽度　2＋＝中等度　3＋＝高度）
　　　皮下脂肪の減少（三頭筋，胸部）　＿＿＿＿＿＿＿＿＿＿
　　　骨格筋の減少（四頭筋，三角筋）　＿＿＿＿＿＿＿＿＿＿
　　　踝部浮腫　＿＿＿＿＿＿＿＿＿＿
　　　仙骨部浮腫　＿＿＿＿＿＿＿＿＿＿
　　　腹水　＿＿＿＿＿＿＿＿＿＿

C　主観的包括的評価
　　栄養状態
　　　□栄養状態良好
　　　□中等度の栄養不良
　　　□高度の栄養不良
　　　□極度の栄養不良

（中村丁次，管理栄養士技術ガイド，p3，株式会社文光堂（2008）引用）

簡易栄養状態評価表
Mini Nutritional Assessment-Short Form
MNA®

氏名：

性別：　　年齢：　　体重：　　kg　身長：　　cm　調査日：

下の□欄に適切な数値を記入し，それらを加算してスクリーニング値を算出する。

スクリーニング

A 過去3ヶ月間で食欲不振，消化器系の問題，咀嚼・嚥下困難などで食事量が減少しましたか？
　　　0＝ 著しい食事量の減少
　　　1＝ 中等度の食事量の減少
　　　2＝ 食事量の減少なし

B 過去3ヶ月間で体重の減少がありましたか？
　　　0＝ 3kg以上の減少
　　　1＝ わからない
　　　2＝ 1～3kgの減少
　　　3＝ 体重減少なし

C 自力であるけますか？
　　　0＝ 寝たきりまたは車椅子を常時使用
　　　1＝ ベッドや車椅子を離れられるが，歩いて外出はできない
　　　2＝ 自由に歩いて外出できる

D 過去3ヶ月間で精神的ストレスや急性疾患を経験しましたか？
　　　0＝ はい　　　2＝ いいえ

E 神経・精神的問題の有無
　　　0＝ 強度認知症またはうつ状態
　　　1＝ 中等度の認知症
　　　2＝ 精神的問題なし

F1 BMI(kg/m^2)：体重(kg)÷身長(m)^2
　　　0＝ BMIが19未満
　　　1＝ BMIが19以上，21未満
　　　2＝ BMIが21以上，23未満
　　　3＝ BMIが23以上

　　　BMIが測定できない方は，F1の代わりにF2に回答してください。
　　　BMIが測定できる方は，F1のみに回答し，F2には記入しないでください。

F2 ふくらはぎの周囲長(cm)：CC
　　　0＝ 31cm未満
　　　3＝ 31cm以上

スクリーニング値
（最大：14ポイント）
　12－14ポイント：　　栄養状態良好
　8－11ポイント：　　低栄養のおそれあり(At risk)
　0－7ポイント：　　　低栄養

図1　MNA^R-SF

第7章　高齢者福祉施設などにみる高齢者の食事と食介護の問題点

【栄養アセスメント】
5.2.1　身体計測
　身体計測は生体のエネルギー源となる身体構成成分中の体脂肪の消耗状態を評価する簡便で有効な手段である（表3）。
　BMI（体格指数）は体重を身長で補正した数値で身体計測指標として代表的である。しかし，ADL低下により立位保持が困難であったり，円背，拘縮などにより正確な測定ができない要介護高齢者では信頼のおける指標とはなりにくい。また，上腕三頭筋部皮下脂肪厚，上腕周囲，上腕筋肉周囲も栄養指標としては有効であるが，要介護高齢者で拘縮の進行している患者には正確な計測が困難となる。このような場合は，体重測定が可能であれば，定期的な体重測定と比較的測定しやすい下腿周囲長の計測での評価を，また体重測定不可能な場合は，下腿周囲長の計測と身体的所見の観察での評価を行う。

5.2.2　血液生化学検査
　栄養指標としては血清Alb値がよく使われている。しかし，血清Alb値は半減期が17〜23日と比較的長いこと，脱水状態下では正常域になることがあること，肝硬変・心不全・腎不全・ネフローゼ症候群の疾患があれば低アルブミンの原因となっていることなどがあるので，血清Alb値のみで評価せずに他の検査項目もみて総合的に評価を行う。

5.2.3　栄養必要量の設定
　栄養必要量を設定する時は，一般的に表4に示す予測式で算出する。そして，経過をモニタリングし調節をしていく。

表3　身体計測

項　目	評　価
実測体重（body weight：BW）	
%理想体重（%IBW）＝BW/IBW×100	80〜90%：軽度栄養障害 70〜79%：中等度栄養障害 0〜69%　：高度栄養障害
%通常体重（%UBW）＝BW/UBW×100	85〜95%：軽度栄養障害 75〜84%：中等度栄養障害 0〜74%　：高度栄養障害
体重変化率＝(UBW−BW)/UBW×100	≧2%/1週間　⎫ ≧5%/1ヶ月　⎬　栄養障害の可能性 ≧7.5%/3ヶ月⎪ ≧10%/6ヶ月 ⎭
BMI＝体重（kg）/[身長（cm）]^2	18.5＜　　　　　：やせ 18.5≦〜＜25　：標準 25≦　　　　　　：肥満
上腕三頭筋部皮下脂肪厚（TSF），上腕周囲，上腕筋肉周囲，下腿周囲長（cc）	

（小山　諭：身体計測方法，コメディカルのための静脈経腸ハンドブック　南光堂　2008.5　101　より引用）

表4 必要栄養量の決め方[2]

		エネルギー投与量	
Harris − Benedict の式	基礎エネルギー消費量 (BEE) [kcal/日]	《男性》 $66.5+13.75×$体重(kg)$+5×$身長(cm)$-6.76×$年齢 《女性》 $655.1+9.56×$体重(kg)$+1.85×$身長(cm)$-4.68×$年齢	
	必要エネルギー量 (TEE) [kcal/日] $=$BEE×AF×SF	《活動係数 (activity factor：AF)》	
		寝たきり(安静)	1.0
		ベッド上	1.2
		ベッド以外での活動あり	1.3
		《ストレス係数 (stress factor：SF)》	
		手術	1.1
		軽度侵襲(胆嚢・総胆管切除,乳房切除)	1.2
		中等度侵襲(胃亜全摘,大腸切除)	1.4
		高度侵襲(胃全摘,胆管切除)	1.6
		超高度侵襲(膵頭十二指腸切除,肝切除,食道切除)	1.8
		長管骨骨折	1.15〜1.3
		多発外傷	1.2〜1.55
		ステロイド薬投与中の頭部外傷	1.6
		腹膜炎,敗血症	1.1〜1.3
		重症感染症	1.5〜1.8
		(体温 1.0℃上昇ごとに0.2ずつアップ)	
		悪性腫瘍	1.1〜1.3
		多臓器不全	1.2〜1.4
		熱傷受傷面積〜20%	1.0〜1.5
		熱傷受傷面積 20〜40%	1.5〜1.85
		熱傷受傷面積 40〜100%	1.85〜2.05
		褥瘡	1.2〜1.6
体重をもとに計算する方法	正常	体重×25〜30 kcal/日	
	軽度ストレス	体重×30 kcal/日	
	中等度ストレス	体重×35 kcal/日	
	高度ストレス	体重×40 kcal/日	
たんぱく質必要量	正常	0.8〜1.0 g/kg	
	軽度ストレス(小手術,骨折など)	1.0〜1.2 g/kg	
	中等度ストレス(腹膜炎,多発外傷など)	1.2〜1.5 g/kg	
	高度ストレス(多臓器不全,広範熱傷など)	1.5〜2.0 g/kg	
	腎機能障害	0.6〜0.8 g/kg	
	褥瘡	1.1〜1.2 g/kg	
NPC/N 比	$\dfrac{\text{総エネルギー量(kcal)}-[\text{たんぱく質摂取量(g)}×4]}{\text{たんぱく質摂取量(g)}÷6.25}$		
糖質・脂質 (エネルギー)の割合	エネルギー(%)＝{TEE[kcal/日]−たんぱく質(g)×4}÷TEE×100 糖質(g)＝TEE[kcal/日]×糖質(%)÷4		
投与水分量 (ml)	30〜35×体重(kg)		

第7章　高齢者福祉施設などにみる高齢者の食事と食介護の問題点

5.2.4　水分管理

摂取水分量と排泄水分量を確認し管理するが，脱水には注意する。水分の投与量は基本的には体重×30 ml/日を基準とするが，心不全や腎不全などで水分制限がある場合や発熱による不感蒸泄量が増加する場合などは水分量の調節をかける[2]。

5.3　高齢患者の食事

高齢患者に提供する食事は，医学的管理のもと，医師の指示に基づき，患者個々の病状にあわせた栄養量で，一般食（常食，軟食，流動食）と特別食に区別され提供する。

高齢者は，加齢により多様な原因で嚥下機能も低下するため（表5），高齢患者に対しての一般食は医師や専門職による臨床的な評価と診断による食形態で提供する。特別食においては，治療食としての栄養量に摂食・嚥下機能にも対応した食形態での提供を行う。

5.3.1　摂食栄養量の評価

摂食調査は，患者にとってどの栄養素が不足しているかを見極めるのに重要である。例えば主食を残すのであれば，エネルギーになる糖質が不足する。主菜を残せばたんぱく質や脂質，微量元素も不足する。野菜を残せばβ-カロチン，ビタミンCなどのビタミンが不足する。ビタミンC摂取不足によって免疫能にも影響を及ぼしてしまう[3]。患者の食事場面を観察し，残食の原因を把握し，どの栄養素が不足しているおそれがあるのかを評価して，現疾患や患者の状態に合わせた栄養状態改善のアセスメントを行い，各スタッフと共にその対応を行う。

5.3.2　嚥下障害の病態と嚥下調整食

嚥下調整食を提供する際は，専門職による評価に基づき，病態別に対応して食形態を決定し提供する。さらに，実際の摂食場面を観察し評価を行い最適な食事の提供に努める必要がある。

（1）先行期（認知期）障害

意識レベルが低い，食べる事を認知できない，集中できない，拒食がある，向精神薬の副作用で覚醒が不十分であったりすると食べることが困難になるので各障害に適応した食形態にする。

表5　加齢に伴う嚥下機能の低下原因

・う歯，義歯の問題：咀嚼力低下
・唾液の性状（粘性，組成など），量の変化
・粘膜の感覚，味覚の変化（低下）
・口腔，咽頭，食道など嚥下筋の筋力低下
・咽頭が解剖学的に下降し，嚥下反射時に咽頭挙上距離が大きくなる
・無症状性脳血管障害の存在（潜在的仮性球麻痺）
・注意力・集中力低下，全身体力・免疫力低下
・基礎疾患，内服薬剤

（藤島一郎，嚥下障害ポケットマニュアル，p10，医歯薬出版株式会社（2003）引用）

（2）準備期（咀嚼期）障害

補食障害がある場合は，口から流出しやすい液体の物は避け，1つの塊にまとまるような軟らかい食品が適している。咀嚼・食塊形成障害の場合は軟らかくて水分含有量の多い丸のみできるゼリーが適している。

（3）口腔期障害

送り込み障害には，付着性の低い（滑らかで変形しやすくすべりのいい物），また早期咽頭流入には付着性の高い食物が適している。送り込みができなく口腔内で食物を溜め込んでしまう場合は，ケースに合わせて付着性を調整する。（溜め込むケースでは，ゼラチンは融解してしまい液体になるので注意する）

（4）咽頭期障害

鼻咽頭閉鎖不全の場合は，一瞬で変形しにくい食品が適している（ゲル）。嚥下反射遅延の場合は，咽頭通過が遅く，喉頭に滑り落ちない付着性が高めの食品が適している。また，味・臭い・温度に刺激のある食品の方が嚥下が惹起されやすい。喉頭蓋反転不全で喉頭蓋谷に残留する場合は，流れやすい食品が適している。また，嚥下中に喉頭に侵入する場合は，粘度が高めのゾルやゲルが適している。咽頭残留がある場合は，低粘度のゾルが適しているが，極端に滑りやすいと喉頭に滑り落ちてしまう事もある。リクライニング位での，梨状窩の容量を超えない少量の液体が適する場合もある。

（5）食道期障害

食事時は，食物移送を妨げたり，逆流を招くような体位を避け，できるだけ座位に近い状態で食べる。また，食後もすぐに寝ないで座位を保つ状態にして逆流を防ぐ。

食事は，変形しながらゆっくりと落ちる軟らかい物性で，吸水性が高く膨張する食品や，内壁に付着しやすい食品は避ける。食事は，ゆっくりと，少しづつ，固形物と液体を交互に食べると食物移送が助けらる[4]。

5.3.3 嚥下調整食の作り方

嚥下調整食は，液状食品やミキサー食（調理済食品に加水してミキサーにかけたもの）などにゲル化剤やとろみ調整食品を添加し，患者の摂食・嚥下状態に適合した物性に調整する。ゲル化剤やとろみ調整食品は，数多くの製品があり，発現性，添加量，安定時間，経時的変化など製品によって特徴があることを充分理解してから使用する。

（1）とろみ調整食品

・水やお茶などの液状食品にとろみをつける。
　注）飲水量や尿量のチェックを行い，1日の必要水分量を経口で摂取できなかった場合は，不足分を非経口的栄養補給法で補給をし，水分管理を行う。
・ミキサー食など，水分と固形を含んだ食品（調理済食品）にとろみをつける。

ⅰ）液状食品のとろみのつけ方

①液体量を量る。

②指示された物性になるようにとろみ調整食品を量る。
③液状食品をかき混ぜながら，とろみ調整食品を加える。
＊牛乳や濃厚流動食などとろみがつきにくい飲み物は，とろみ調整食品を加えて一度かき混ぜてしばらく放置してから再度よくかき混ぜるとよい。またハンドミキサーなどを利用すると作業が楽である。（とろみ調整食品の使用原材料によってはこの方法が適用できない場合もある）
＊濃厚流動食用のとろみ調整食品も発売されている。
＊『ダマ』ができてしまったら，必ず取り除く。
注）水，牛乳，ジュースなど食材によって調整してからの安定時間が違う。水，お茶，スポーツ飲料は一般的に発現性が早いが，それ以外は発現性は遅い。

ⅱ）ミキサー食のとろみのつけ方（基本）
①調理した食材（固形量）を計量する。
②固形量と加水量（ミキサーがまわるための最小の量とする）が１：１の割合となるように，加水量を量る。
③ミキサーにかけ，指示された物性になるようにとろみ調整食品を添加してよくかき混ぜる。
＊食材によっては１：１でもなめらかなミキサー食ができない場合もある。この時は，加水量を少し増やすが，最低量の加水量に留めておく。（１：1.2から１：1.5まで）
＊芋料理などのでんぷんが入っている食材は，とろみがつきやすいので，添加量は控える。
＊厨房でとろみをつけて提供する場合は，実際に患者の口に入る時の物性を考慮して厨房でのとろみをつける時間を決定する。
＊ベッドサイドでとろみをつける場合は，添加してすぐにかきまぜるが，瞬間的には発現性はでてこない場合が多いので，時間をおいた物性を考慮して添加量を調整する。
注）固形量が少なく加水量を多くすると，必要栄養量を提供するには全体量が倍以上になる。摂食・嚥下障害患者は多くの量の食事を摂取する事が困難なので提供量にも注意する。

（２）ゲル化調整食品
ゲル化調整食品には，ゼラチン，寒天，ペクチン，カラギーナンなどがあり，それぞれ性状や特性が違うので，患者の病態に応じてゲル化調整食品を選択する。
・お茶やジュースなどの液状食品をゼリーにする。
・ミキサー食など，水分と固形を含んだ食品（調理済食品）をゼリーにする。

ⅰ）液状食品のゼリーの作り方
①液体量を量る。
②指示された物性になるようにゲル化調整食品を量る。
③液状食品にゲル化調整食品を加えよくかき混ぜながら加熱する。（一般的に80℃以上）
＊牛乳や濃厚流動食など乳化剤が入った食品や酸味の強いジュースなどは溶けにくいので，ハンドミキサーなどを利用すると作業が楽である。

④冷めないうちに型にながしこみ粗熱をとって冷蔵庫で冷し固める。

ii）ミキサー固形食の作り方（基本）

①調理した食材（固形量）を計量する。

②固形量と加水量（ミキサーがまわるための最小の量）1：1.3～1.5 の割合で，加水量を量る。

③ミキサーにかける。

＊食材によって固まり方に違いがあるので調整をする。

④ミキサー食にゲル化調整食品を加えよくかき混ぜながら加熱する。（一般的に 80℃以上）

⑤冷めないうちに型にながしこみ粗熱をとって冷蔵庫で冷し固める。

⑥固まったら適当な大きさにきり盛り付ける。

＊一般食と同じように美味しく提供するために温冷配膳車にセットしても溶けないゲル化調整食品が販売されている。

5.4 おわりに

　急性期病院は，現疾患の治療を最優先とし医療を行う場である。高齢患者においても，治療中は絶食となり，末梢からの輸液のみで数日間過ごす場合も多い。高齢患者は，わずかの期間で栄養状態は急激に低下し，廃用症候群がみられたり，認知症が進行したり，また，食べることを忘れてしまい，新に嚥下障害が起こるケースも少なくない。そして，栄養状態が十分に改善されないままに在宅や他の施設へ移設する場合もある。このように，多様な病態をもつ高齢患者に対しては，早期にチームアプローチでの適切な栄養介入は治療上重要である。そして，個々の病態や栄養状態に応じた栄養量で摂食・嚥下機能にも考慮した病院食は，安全で美味しく，尊厳ある食事となるのである。

文　　献

1）葛谷雅文, 高齢者の栄養スクリーニングツール MNA ガイドブック　CD-ROM 付, p14-15, 医歯薬出版（2011）
2）吉田貞夫, 見てわかる静脈栄養・PEG から経口摂取へ, p52-53, 学研（2011）
3）巴美樹・井上由紀, 管理栄養士技術ガイド, p193, 文光堂（2008）
4）大宿茂, 頸部聴診法の実際と病態別摂食・嚥下リハビリテーション, p193, 日総研出版, （2009）

高齢者用食品の開発と展望《普及版》(B1285)

| 2012年7月2日 初　版 第1刷発行 |
| 2019年5月10日 普及版 第1刷発行 |

　　　　　監　修　　大越ひろ，渡邊　昌，白澤卓二　Printed in Japan
　　　　　発行者　　辻　賢司
　　　　　発行所　　株式会社シーエムシー出版
　　　　　　　　　　東京都千代田区神田錦町 1-17-1
　　　　　　　　　　電話 03（3293）7066
　　　　　　　　　　大阪市中央区平野町 1-3-12
　　　　　　　　　　電話 06（4794）8234
　　　　　　　　　　http://www.cmcbooks.co.jp/

　　　　　　　　　　　　　　　　　　　Ⓒ H.Ogoshi, S.Watanabe, T.Shirasawa, 2019
〔印刷　柴川美術印刷株式会社〕

　　　落丁・乱丁本はお取替えいたします。

　　　本書の内容の一部あるいは全部を無断で複写（コピー）することは，法律
　　　で認められた場合を除き，著作者および出版社の権利の侵害になります。

ISBN978-4-7813-1368-9　C3045　￥7200E